应用型本科院校
土木工程专业系列教材

YINGYONGXING BENKE YUANXIAO
TUMU GONGCHENG ZHUANYE XILIE JIAOCAI

U0240304

— 第2版

建筑工程测量

JIANZHU GONGCHENG CELIANG

主　编■岑敏仪

副主编■杨晓云　何泽平

参　编■章后甜　梁　鑫　王贵文

重庆大学出版社

内 容 提 要

本书共分 14 章,内容包括绪论、水准测量、角度测量、距离测量及直线定向、测量误差的基本知识、小区域控制测量、地形图测绘、地形图的应用、施工测量、民用建筑施工测量、工业建筑施工测量、管道工程测量、建筑物的变形测量、测量实验。全书内容表述深入浅出,结合工程实践,融入最新规范,介绍新方法和新工艺,突出实用性,便于提高读者学习的积极性和主动性。

本书可作为土建工程类各专业的测量学教材,也可作为城市规划、建筑学相关专业培训教材,还可作为工程技术人员自学参考书。

图书在版编目(CIP)数据

建筑工程测量/岑敏仪主编.—2 版.—重庆:
重庆大学出版社,2015.11(2020.8 重印)
应用型本科院校土木工程专业系列教材
ISBN 978-7-5624-5170-9

Ⅰ.①建… Ⅱ.①岑… Ⅲ.①建筑测量—高等学校—
教材 Ⅳ.①TU198

中国版本图书馆 CIP 数据核字(2015)第 254337 号

应用型本科院校土木工程专业系列教材
建筑工程测量
(第 2 版)
主 编 岑敏仪
副主编 杨晓云 何泽平
责任编辑:桂晓澜 版式设计:何 明
责任校对:秦巴达 责任印制:赵 晟
*
重庆大学出版社出版发行
出版人:饶帮华
社址:重庆市沙坪坝区大学城西路 21 号
邮编:401331
电话:(023)88617190 88617185(中小学)
传真:(023)88617186 88617166
网址:http://www.cqup.com.cn
邮箱:fxk@ cqup.com.cn(营销中心)
全国新华书店经销
POD:重庆新生代彩印技术有限公司
*
开本:787mm×1092mm 1/16 印张:17.75 字数:421 千
2010 年 2 月第 1 版 2015 年 11 月第 2 版 2020 年 8 月第 6 次印刷
ISBN 978-7-5624-5170-9 定价:38.00 元

前　言

　　为满足应用型本科院校建筑工程专业教学发展的需要,重庆大学出版社组织编写了《应用型本科院校土木工程专业系列教材》。本教材是根据教育部 1998 年颁布的《普通高等学校本科专业目录和专业介绍》所规定的专业方向和专业调整方向,结合我国当前教育改革、课程设置和学时分配的实际编写的。

　　本书在内容上力求讲清建筑工程测量的基本概念、基本理论,内容取舍适度,注重测量基本计算和测绘仪器的基本操作,使学生学完本课程后能理论联系实际,学会分析和解决建筑工程测量中的实际问题。本书配套出版了《建筑工程测量实训教程》。

　　本书由西南交通大学土木工程学院测量工程系岑敏仪教授任主编,并参与编写第 1,9 章,洛阳理工学院土木工程系章后甜编写第 2,3 章,广西科技大学土木建筑工程学院杨晓云编写第 4,5 章、梁鑫编写第 13,14 章,山西师范大学城市与环境科学学院王贵文编写第 6,7,8 章,重庆三峡学院建筑工程系何泽平编写第 10,11,12 章。全书由杨晓云统稿。

　　由于编者水平有限,书中难免存在缺点和错误,敬请读者批评指正。如有意见或建议请发邮件至 ailiou105@163.com 与作者联系。

编　者

2015 年 9 月

目　录

1

绪 论

〚**本章提要**〛

本章主要介绍建筑工程测量的基本任务和作用,简要概述地球形状和大小的相关概念,重点介绍测量工作中平面坐标系统和高程系统的建立,以及地面点位的确定方法和基本的测量工作方法,简要叙述测量工作的原则和程序,分析平面代替水准面的限度。

1.1 建筑工程测量的任务与作用

测量学是研究地球的形状和大小以及确定地面点位的学科。它的主要任务是测定和测设。测定,又称为测绘或测图,是指使用测绘仪器,按照一定的方法测定地面点的位置,将测区的地形按照一定的比例缩绘成地形图,供国民经济建设使用。测设,也称为放样,即按照设计图纸上工程建筑物的平面位置和高程,用一定的测量仪器和方法测设到实地,作为施工的依据。

1)测量学的分支学科

测量学按照研究范围和对象的不同,分成许多分支学科。

(1)大地测量学 研究整个地球的形状和大小,解决大范围地区控制测量和地球重力场问题,属于大地测量学的范畴。基本任务是建立国家大地控制网,测定地球的形状、大小和重力场,为地形测图和各种工程测量提供基础起算数据;为空间科学、军事科学及研究地壳变形、地震预报等提供重要数据资料。近年来,因人造地球卫星的发射和科学技术的发展,大地测量学又分为常规大地测量学、卫星大地测量学及物理大地测量学等。大地测量学要顾及地球曲率的影响。

（2）地形测量学　测量小范围地球表面形状时，不顾及地球曲率的影响，把地球局部表面当作平面看待所进行的测量工作，属于地形测量学的范畴。

（3）摄影测量学　利用摄影像片来测定物体的形状、大小和空间位置的工作，属于摄影测量学的范畴。根据获得影像的方式及遥感距离的不同，摄影测量学又可分为地面摄影测量学、航空摄影测量学、水下摄影测量学和航天摄影测量学等。特别是由于遥感技术的发展，摄影方式和研究对象日趋多样，不仅是固体、静态对象，即使是液体、气体以及随时间而变化的动态对象，都可以应用摄影测量方法进行研究。

（4）工程测量学　研究工程建设和自然资源开发中各个阶段进行的控制测量、地形测绘、施工放样、变形监测及各种与测量相关的工作，属于工程测量学的范畴。工程测量是测绘科学与技术在国民经济和国防建设中的直接应用。按工程建设程序，工程测量可分为规划设计阶段的测量、施工兴建阶段的测量和竣工后的运营管理阶段的测量。按工程测量所服务的工程类别，可分为建筑工程测量、线路测量、桥梁与隧道测量、矿山测量、城市测量和水利工程测量等。

（5）地图制图学　利用测量所得的成果资料，研究如何投影、编绘和制、印各种地图的工作，属于地图制图学的范畴。基本任务是利用各种测量成果编制各类地图，内容包括地图投影、地图编制、地图整饰和地图印制等。

（6）海洋测量学　以海洋和陆地水域为对象所进行的测量和海图编制工作，属于海洋测量学的范畴。

2）建筑工程测量的主要任务

建筑工程测量是测量学的一个重要分支，它是一门测定地面点位的学科，广泛用于建筑工程的勘测、设计、施工和管理各个阶段。主要任务是：

（1）测绘大比例尺地形图　将地面上的地物、地貌的几何形状及其空间位置，按照规定的符号和比例尺缩绘成地形图，为建筑工程的规划、设计提供图纸和资料。

（2）施工放样和竣工测量　把图纸上设计好的建（构）筑物，按照设计要求在地面上标定出来，作为施工的依据；在施工过程中，进行测量工作，保证施工符合设计要求；开展竣工测量，为工程竣工验收、以后扩建和维修提供资料。

（3）变形观测　对于一些重要的建（构）筑物，在施工和运营期间，定期进行变形观测，以了解其变形规律，确保工程的安全施工和运营。

由此可知，建筑工程测量对保证工程的规划、设计、施工等方面的质量与安全运营都具有十分重要的意义。因此，从事房屋建筑的技术人员必须掌握建筑工程测量的基本知识和技能。

1.2 地面点位的确定

▶ 1.2.1 地球的形状和大小

测绘工作大多是在地球表面上进行的。测量基准的确定、测量成果的计算及处理都与地球的形状和大小有关。地球的自然表面是很不规则的,有高山、深谷、丘陵、平原、江湖、海洋等,最高的珠穆朗玛峰高出海平面 8 844.43 m,最低的太平洋马里亚纳海沟低于海平面约 11 022 m,其高差将近 20 km,但是与地球的平均半径 6 371 km 相比,又是微不足道的,可忽略不计。就整个地球表面而言,陆地面积仅占 29%,而海洋面积占了 71%。

任何自由静止的水面称为水准面,与水准面相切的平面称为水平面。由于水面可高可低,因此符合上述特点的水准面有无数多个,其中与平均海水面吻合并向大陆、岛屿延伸而形成的闭合曲面,称为大地水准面,如图 1.1(a)所示。大地水准面是测量工作的基准面。由大地水准面所包围的地球形体,称为大地体。通常用大地体来代表地球的真实形状和大小。地面上任一点都要受到地球自转产生的离心力和地球引力的双重作用,这两个力的合力称为重力,重力的方向线称为重力方向线,也称为铅垂线。水准面是受地球重力影响而形成的,是一个处处与重力方向垂直的连续曲面,并且是一个重力场的等位面。(大地)水准面和铅垂线都是重要的测量基准。

由于地球内部物质分布不均匀,引起地面各点的铅垂线方向不规则变化,所以以大地水准面是一个有微小起伏的不规则曲面,不能用数学公式来表述,也难以在其上进行测量数据的处理。因此,测量上选用一个和大地水准面总体形状非常接近的,并能用数学公式表达的曲面作为基准面。这个基准面是一个以椭圆绕其短轴旋转而形成的椭球面,称为参考椭球面,它包围的形体称为参考椭球体或称参考椭球,如图 1.1(b)所示。测量工作就是以参考椭球面作为计算的基准面,并在这个面上建立大地坐标系和高程系统,从而确定地面点的位置。

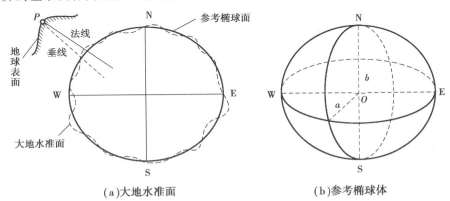

(a)大地水准面　　　　　　　(b)参考椭球体

图 1.1　大地水准面与参考椭球体

参考椭球体的形状和大小由椭球的基本元素确定,基本元素有:长半轴(a)、短半轴(b)和扁率(α)。扁率 α 的计算公式如下:

$$\alpha = \frac{a-b}{a} \tag{1.1}$$

几个世纪以来,许多学者分别测算出了许多椭球体元素值。建国初期,我国采用前苏联的克拉索夫斯基椭球,建立了"1954 年北京坐标系",其参数值:

$$a = 6\ 378\ 245\ m \qquad b = 6\ 356\ 863\ m \qquad \alpha = \frac{1}{298.3}$$

目前,我国采用的参考椭球体为国际大地测量与地球物理联合会 1975 年第三次推荐的地球椭球,其参数值:

$$a = 6\ 378\ 140\ m \qquad b = 6\ 356\ 755\ m \qquad \alpha = \frac{1}{298.257}$$

在陕西泾阳县永乐镇境内选取某点为国家大地原点,由此建立全国统一坐标系,命名为"1980 年国家大地坐标系"。此外,全球定位系统(GPS)采用的是 WGS-84 椭球。

由于参考椭球的扁率很小,当测区面积不大时,可把这个参考椭球近似看作半径为 6 371 km 的圆球。

▶ 1.2.2 确定地面点位的方法

确定地面点的位置是测量工作的基本任务。通常,空间点位的确定需要采用三个参数。其中两个参数用来确定点的平面位置,即地面点沿投影线方向在投影面(大地水准面、参考椭球面或平面)上的坐标;另一个参数用来确定点的高程位置,即地面点沿投影线到基准面的距离(高程)。因此需要分别建立大地坐标系统和高程坐标系统,通过两者的组合来表示地面点的位置。

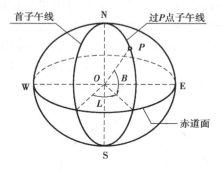

图 1.2 大地坐标系

1)大地坐标

以参考椭球面为基准面,地面点沿椭球面的法线(即椭球体表面各点的曲率半径方向)投影在基准面上的位置,称为大地坐标,通常用大地经度 L 和大地纬度 B 表示。

如图 1.2 所示,N,S 为地球的北极和南极,NS 为地轴。在地理学中,定义过 NS 的平面为子午面,子午面与球面的交线称为子午线或经线。通过英国格林尼治天文台的子午面称为首子午面或零子午面。过 P 点的子午面与首子午面所夹的二面角就称为 P 点的大地经度,用 L 表示。国际规定以首子午面起算,向东 0°～180° 称为东经,或写成 0°～180°E;向西 0°～180° 称为西经,或写成 0°～180°W。

过球心 O 与短轴正交的平面称为赤道面。过点 P 的法线与椭球赤道面所夹的角称为 P 点的大地纬度,用 B 表示。国际规定以赤道面起算,由赤道向北 0°～90° 称为北纬,或写成 0°～90°N;由赤道向南 0°～90° 称为南纬,或写成 0°～90°S。例如,北京位于北纬 40°、东经 116°,可表示为 $B=40°N,L=116°E$。

我国采用的大地坐标系有 1954 年北京坐标系和 1980 年国家大地坐标系。用大地坐标表示的地面点,统称大地点。

2)高斯平面直角坐标

大地坐标是球面坐标,表示地面点在参考椭球面上的位置,常用于研究地球的形状和大小,但它直接用于工程建设规划、设计、施工等很不方便,必须采用地图投影的方法将球面上的大地坐标转换为平面直角坐标,并绘制相应的地形图。目前我国采用的投影方法是高斯投影。高斯投影就是假设一个椭圆柱面横套在地球椭球体外,并与椭球面上的某一条子午线相切,这条相切的子午线称为中央子午线。假想在椭球体中心放置一个光源,通过光线将椭球面上一定范围内的物像映射到椭圆柱的内表面上,然后将椭圆柱面沿一条母线剪开并展开成平面,获得投影后的平面图形,即为高斯平面,如图1.3和图1.4所示。

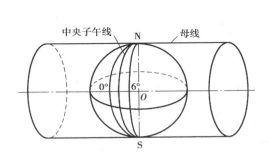

图 1.3 高斯平面直角坐标的投影

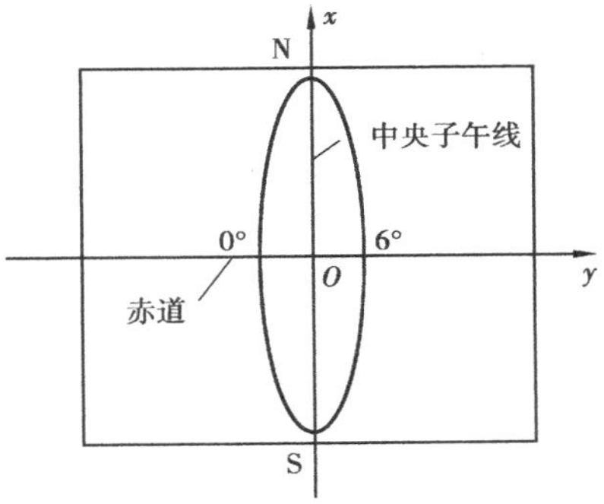

图 1.4 高斯投影带示意图

高斯投影的经纬线图形有以下特点:

①投影后的中央子午线为直线,无长度变化。其余的经线投影为凹向中央子午线的对称曲线,长度较球面上的相应经线略长;

②赤道的投影也为一直线,并与中央子午线正交。其余的纬线投影为凸向赤道的对称曲线;

③经纬线投影后仍然保持相互垂直的关系,说明投影后的角度无变形。

高斯投影没有角度变形,但有长度变形和面积变形,离中央子午线越远,变形就越大。为了对变形加以控制,测量中采用限制投影区域的办法,即将投影区域限制在中央子午线两侧一定的范围,这就是所谓的分带投影。投影带一般分为6°带和3°带两种,如图1.5所示。

6°带投影是从英国格林尼治起始子午线开始,自西向东,每隔经差6°分为一带,将地球分成60个带,其编号分别为1,2,…,60。位于各带边上的子午线称为分带子午线,位于各带中央的子午线称为中央子午线或轴子午线。每带的中央子午线经度可用下式计算:

$$L_6 = (6N - 3)° \tag{1.2}$$

式中 N——6°带的带号。6°带的最大变形发生在赤道与投影带最外一条经线的交点上,长度变形为0.14%,面积变形为0.27%。

3°投影带是在6°带的基础上划分的。每隔经差3°为一带,共120带,其编号分别为1,2,…,120。其中央子午线在奇数带时与6°带中央子午线重合,每带的中央子午线经度可用下式计算:

$$L_3 = 3n° \tag{1.3}$$

式中 n——3°带的带号。3°带的边缘最大变形较6°带缩小为长度变形0.04%,面积变形0.14%。

例如,北京 $L = 116°E$,如按6°带计算,其 $N = 116/6 = 20$(进位为整数),按式(1.2)计算,$L_6 = 117°$,故北京位于采用6°带投影时20带内中央子午线的西侧(因为 $116° < 117°$)。如按3°带计算,其 $n = 116/3 = 39$(进位为整数),按式(1.3)计算,$L_3 = 117°$,故北京位于采用3°带投影时39带内中央子午线的西侧。上述算例验证了3°投影带的中央子午线在奇数带时与6°带中央子午线重合。

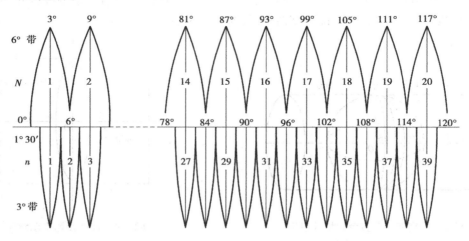

图1.5 高斯平面直角坐标系6°带投影与3°带投影的关系

通过高斯投影,将中央子午线的投影作为纵坐标轴,用 x 表示,将赤道的投影作为横坐标轴,用 y 表示,两轴的交点作为坐标原点,由此构成的平面直角坐标系称为高斯平面直角坐标系,如图1.6(a)所示。对应于每一个投影带,就有一个独立的高斯平面直角坐标系,为了区分各带坐标系则在横坐标值前冠以相应投影带的带号。

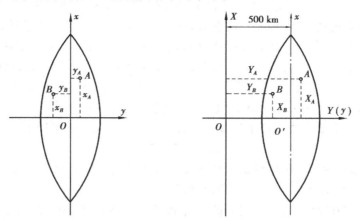

(a)坐标原点西移前的高斯平面直角坐标　　(b)坐标原点西移后的高斯平面直角坐标

图1.6 高斯平面直角坐标

我国位于北半球,x 坐标值恒为正,y 坐标值有正有负,为了使 y 坐标都为正值,将纵坐标轴向西平移 500 km,如图 1.6(b)所示,并在 y 坐标前加上投影带的带号,通用公式为

$$Y = N \times 1\ 000\ 000 + 500\ 000 + y \qquad (1.4)$$

式中 N——带号。

例如 B 点位于 18 投影带,其自然坐标为 $x = 3\ 384\ 451$ m,$y = -82\ 261$ m,它在 18 带中的高斯通用坐标则为 $X = 3\ 384\ 451$ m,$Y = \boxed{18}\ 417\ 739$ m。

我国领土位于东经 72°~136°,共包括了 11 个 6°投影带,即 13~23 带;22 个 3°投影带,即 24~45 带。由于两个带号没有重叠,所以根据横坐标值前的带号便可以知道是采用的 6°带还是 3°带投影。

3)独立平面直角坐标

当测区范围较小时,可以采用通过测区中心点 A 的水平面来代替大地水准面,如图 1.7 所示。在这个平面上建立的测区平面直角坐标系,称为独立平面直角坐标系。换句话说,在局部区域内确定点的平面位置,可以采用独立平面直角坐标。规定坐标纵轴为 x 轴,且表示南北方向,向北为正,向南为负;规定横轴为 y 轴,且表示东西方向,向东为正,向西为负。为了避免测区内的坐标出现负值,可将坐标原点选择在测区的西南角上。

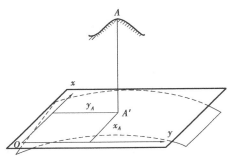

图 1.7 独立平面直角坐标系

测量学独立平面直角坐标系的象限分布是按顺时针方向编号,如图 1.8 所示,其编号顺序与数学直角坐标系的象限编号顺序相反,且 x,y 两轴线与数学直角坐标系的 x,y 轴互换,这是为了使测量计算时可以将数学中的公式直接应用到测量坐标系统中来,而无需作任何修改。

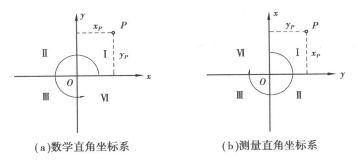

(a)数学直角坐标系   (b)测量直角坐标系

图 1.8 两种平面直角坐标系的比较

▶ 1.2.3 地面点的高程

地面点沿铅垂线方向到高程基准面的距离,称为高程。选用不同的基准面,有不同的高程系统。

1) 绝对高程

地面上任意一点沿铅垂线方向到大地水准面的距离,称绝对高程或海拔,简称高程,用字母 H 表示。如图 1.9 中的 H_A, H_B,分别表示 A 点和 B 点的高程。

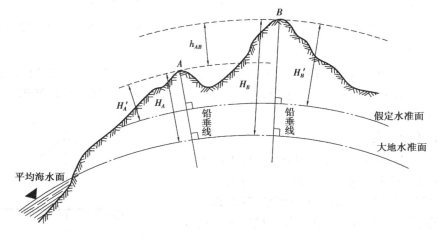

图 1.9 高程和高差

我国在青岛设立验潮站,长期观测黄海海水面的高低变化,取平均值作为大地水准面的位置(高程为零),并作为全国高程的起算面,如图 1.10 所示。为了建立全国统一的高程系统,在青岛验潮站附近的观象山埋设固定标志,用精密水准测量方法与验潮站所求出的平均海水面进行联测,测出其高程为 72.289 m,以它的高程作为全国高程的起算点,称为水准原点。根据这个面起算的高程称为"1956 年黄海高程系统"。

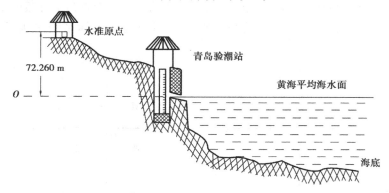

图 1.10 黄海验潮站示意图

从 1985 年开始我国采用新的高程基准,采用青岛验潮站 1952—1979 年潮汐观测资料计算的平均海水面为国家高程起算面,称为"1985 年国家高程基准"。根据新的高程基准推算的青岛水准原点高程为 72.260 m,比"1956 年黄海高程系统"的高程低 0.029 m。

2) 相对高程

局部地区采用绝对高程有困难或者为了应用方便,也可不用绝对高程,而是假定某一水准面作为高程的起算面。地面点沿铅垂线方向到假定水准面的距离称为相对高程,如图 1.9

中的 H'_A，H'_B。

3）高差

两个地面点之间的高程之差称为高差，常用 h 表示。图 1.9 中 B 点相对于 A 点的高差：

$$h_{AB} = H_B - H_A = H'_B - H'_A \tag{1.5}$$

高差 h_{AB} 有正负之分，当 B 点比 A 点高时，h_{AB} 为正（ + ），反之为负（ - ）。从上式可以看出，两点之间的高差与高程基准面的选择无关。

1.3　水平面代替水准面的限度

当测区范围较小时，可以用水平面代替水准面，直接将地面点投影到平面，以确定其位置，此时所产生的投影误差不应超过测量误差的容许范围。但是究竟在多大面积范围内才能用水平面代替水准面，这里需要分析地球曲率对水平距离、水平角和高差的影响。为讨论方便，假定大地水准面为圆球面。

▶ **1.3.1　对距离的影响**

如图 1.11 所示，地面上 A，B 两点在大地水准面上的投影点是 A'，B'，用过 A' 点的水平面代替大地水准面，则 B' 点在水平面上的投影为 B''。

设 $A'B'$ 的弧长为 D，$A'B''$ 的长度为 D'，球面半径为 R，D 所对圆心角为 α，则以水平长度 D' 代替弧长 D 所产生的距离误差 ΔD 为：

$$\Delta D = D - D' = R\tan\alpha - R\alpha = R(\tan\alpha - \alpha) \tag{1.6}$$

将 $\tan\alpha$ 用级数展开为：

$$\tan\alpha = \alpha + \frac{1}{3}\alpha^3 + \frac{5}{12}\alpha^5 + \cdots$$

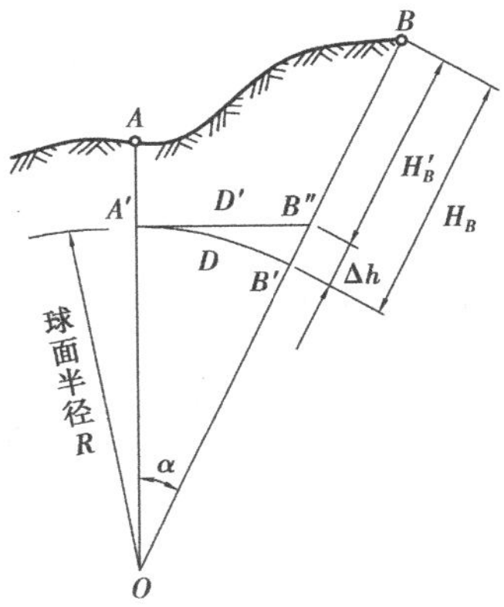

图 1.11　用水平面代替水准面对距离和高程的影响

因 α 角较小，所以只取前两项代入式（1.6）得：

$$\Delta D = R(\tan\alpha - \alpha) = R\left(\alpha + \frac{1}{3}\alpha^3 - \alpha\right) = \frac{1}{3}R\alpha^3 \tag{1.7}$$

又因 $\alpha = \dfrac{D}{R}$，故

$$\Delta D = \frac{D^3}{3R^2} \tag{1.8}$$

$$\frac{\Delta D}{D} = \frac{D^2}{3R^2} \tag{1.9}$$

式中，$\dfrac{\Delta D}{D}$ 称为相对误差，用 $1/M$ 形式表示，M 越大精度越高。

取地球半径 $R = 6\,371$ km，并以不同的距离 D 值代入式（1.8）和式（1.9），可计算出以水

平面代替水准面的距离误差 ΔD 和相对误差 $\dfrac{\Delta D}{D}$,如表 1.1 所列。

表 1.1　水平面代替水准面的距离误差和相对误差

距离 D/km	距离误差 $\Delta D/mm$	相对误差 $\dfrac{\Delta D}{D}$
1	0	0
5	1	1:5 000 000
10	8	1:1 220 000
20	128	1:200 000
50	1 026	1:49 000
100	8 212	1:12 000

从表 1.1 可以看出,当距离 $D = 10$ km 时,用水平面代替水准面所产生的距离误差为 8 mm,相对误差为 1:1 220 000,小于精密距离测量的容许误差。因此可以得出以下结论:在半径为 10 km 的范围内进行距离测量工作时,可以用水平面代替水准面,而不必考虑地球曲率对距离的影响。

▶ **1.3.2　对水平角的影响**

将大地水准面近似看作圆球面,测量中观测的水平角应为球面角,三点构成的三角形为球面三角形。当用水平面代替水准面后,球面角也用平面角代替。由球面三角学的知识可知,同一空间多边形在球面上投影的各内角之和,比在平面上投影的各内角之和大一个球面角超值 ε。

$$\varepsilon = \rho \frac{P}{R^2} \qquad (1.10)$$

式中　ε——球面角超值,(″);

　　　P——球面多边形的面积,km^2;

　　　R——地球半径,km;

　　　ρ——1 rad(弧度)对应的秒值,$\rho = \dfrac{360°}{2\pi} = 57.3° = 3\ 438' = 206\ 265''$。

以不同的面积 P 代入式(1.10),即可求出对应的球面角超值 ε,如表 1.2 所示。

表 1.2　水平面代替水准面的水平角误差

球面多边形面积 P/km^2	球面角超值 $\varepsilon/(″)$
10	0.05
50	0.25
100	0.51
300	1.52

从表 1.2 可以看出,即使测区面积达到 100 km²,以水平面代替水准面对水平角测量所产生的影响也仅仅为 0.51″。因此可以得出以下结论:在一般的测量工作中,当测区面积 P 小于 100 km² 进行水平角测量时,可以用水平面代替水准面,而不必考虑地球曲率对水平角测量的影响。

▶ 1.3.3 对高程的影响

如图 1.11 所示,地面点 B 的绝对高程为 H_B,用水平面代替水准面后的高程为 H'_B,两者的差值 $\Delta h = H_B - H'_B$,即为水平面代替水准面所产生的高程误差。由图 1.11 可以得到:

$$(R + \Delta h)^2 = R^2 + D'^2$$

$$\Delta h = \frac{D'^2}{(2R + \Delta h)}$$

上式中,可以用 D 代替 D',因 Δh 相对于 $2R$ 很小,可略去不计,故有

$$\Delta h = \frac{D^2}{2R} \tag{1.11}$$

以不同的距离 D 值代入式(1.11),可求出相应的水平面代替水准面所产生的高程误差 Δh,如表 1.3 所列。

表 1.3 水平面代替水准面的高程误差

距离 D/km	0.1	0.2	0.3	0.4	0.5	1	2	5	10
Δh/mm	0.8	3	7	13	20	78	314	1 962	7 848

从表 1.3 可以看出,用水平面代替水准面,对高程的影响很大,当距离为 200 m 时,就有 3 mm 的高程误差。因此可以得出以下结论:在进行高程测量时,即使距离很短,也应顾及地球曲率对高程的影响。

综上所述,在面积 100 km² 的范围内,无论进行水平角还是水平距离测量,都可以不考虑地球曲率的影响,但对高程测量的影响不能忽略。

1.4 测量工作的概述

▶ 1.4.1 测量的基本工作

测量工作的主要目的是确定地面点的空间位置,点的空间位置由它在投影面上的坐标 (x, y) 和高程 (H) 决定。实际测量工作中,常常不是直接测量点的坐标和高程,而是通过观测已知点(坐标和高程已知)与待定点之间的几何位置关系,然后再计算出待定点的坐标和高程。

如图 1.12 所示,设 A,B 为坐标、高程已知的点 C 为待定点。三点在投影平面上的投影位

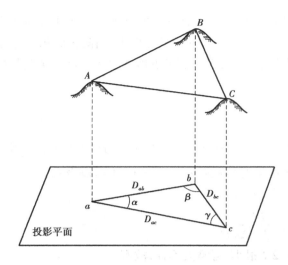

图 1.12 测量的基本工作

置分别是 a,b,c。在 $\triangle abc$ 中,ab 边的长度 D_{ab} 是已知的,只要测量出一条未知边的边长和一个水平角(或两个水平角、或两个未知边的边长),就可以推算出 C 点的坐标。因此,测定地面点的坐标主要是测量水平距离和水平角。

欲求 C 点的高程,则要测量出高差 h_{AC} 或 h_{BC},然后根据式(1.5)由 A,B 的已知高程值推算出 C 点的高程,所以测定地面点高程的主要任务是测量高差。

由此可知,水平角、水平距离和高差是确定地面点的 3 个基本要素,测量的三项基本工作是角度测量、距离测量和高差测量。

► 1.4.2 测量工作的原则和程序

在实际的测量工作中,由于受各种条件的影响,无论采用何种方法,使用何种仪器,测定点位时不可避免地会产生误差。如果定位工作从某一点开始,逐点施测,不加以任何控制和检查,前一点的误差就会传播到后一点,逐点累积,点位误差越来越大,最后达到不可容许的程度。为了限制误差的传播,测量通常按照"从整体到局部","先控制后碎部","从高级到低级"的原则,即先进行整体的精度较高的控制测量,再进行局部的精度较低的碎部测量。这称为测量工作必须遵循的第一条基本原则。

测量工作的目的之一是测绘地形图,地形图是通过测量一系列碎部点(地物点和地貌点)的平面位置和高程,然后按照一定的比例,应用地形图符号和注记缩绘而成。测量工作不能一开始就测量碎部点,而是先在测区内统一选择一些具有控制作用的点,这些点称为控制点,将它们的平面位置和高程精确地测量计算出来。这项工作称为控制测量,由控制点构成的几何图形称作控制网。然后,再根据这些控制点分别测量各自周围的碎部点,进而绘制成图。这项工作称为碎步测量。如图 1.13 所示的多边形 *ABCDEF* 就是测区控制网,利用控制网便可以进行小范围区域的测图工作,如根据 A 点可以将 BC 连线右侧的两间房屋测绘到图纸上。

从上述测量程序可知,当测定控制点位置有错误时,以其为基础所测定的碎部点位也就有错误,以此资料绘制的地形图也就有错误。因此,测量工作中必须严格进行检核工作,"前一步测量工作未作检核不进行下一步测量工作"是组织测量工作应遵循的又一个原则,它可以防止错漏发生,保证测量成果的正确性。

测量工作中,有些是在野外使用测量仪器获取数据,称为外业;有些是在室内进行数据处理或绘图,称为内业。无论是内业还是外业,为防止错误的发生,工作中都必须遵循"前一步工作未检核不进行下一步工作"这个原则。

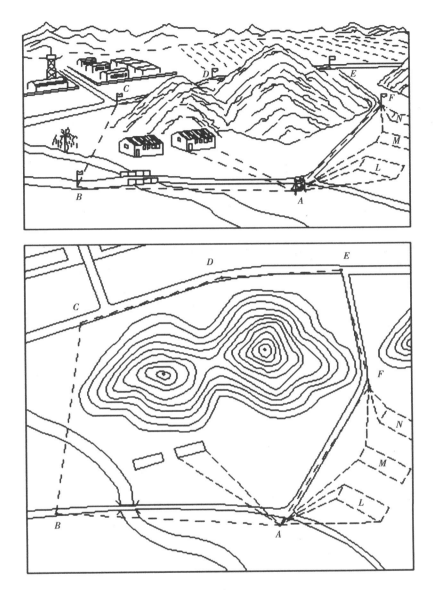

图 1.13　控制测量与碎部测量

▶ **1.4.3　测量常用单位**

（1）长度单位　长度单位是 m,1 km = 1 000 m,1 m = 10 dm = 100 cm = 1 000 mm。

（2）面积单位　面积单位是 m^2,大面积则用 hm^2（公顷）或 km^2 表示,在农业上常用市亩作为面积单位。1 hm^2（公顷）= 10 000 m^2 = 15 市亩,1 km^2 = 100 hm^2（公顷）= 1 500 市亩,1 市亩 = 666. 67 m^2。

（3）体积单位　体积单位为 m^3,在工程上简称"立方"或"方"。

（4）角度单位　测量上常用的角度单位有度分秒制和弧度制两种。

①度分秒制:单位为(°)、(′)、(″)。1 圆周角 = 360°,1° = 60′,1′ = 60″。

②弧度制:单位为 rad(弧度)。弧长等于圆半径的圆弧所对的圆心角,称为 1 rad(弧度),用 ρ 表示。1 圆周角 $=2\pi$。

③两制换算:1 rad(弧度) $=180°/\pi=57.3°=3\ 438'=206\ 265''$,$1°=0.017\ 453$ rad。

习题与思考

1. 什么是测量学? 测定与测设有何区别?

2. 什么是建筑工程测量? 建筑工程测量的任务是什么?

3. 何谓铅垂线? 何谓大地水准面? 它们在测量中的作用是什么?

4. 测量工作的实质是什么?

5. 地面点在大地水准面上的投影位置可用哪几种坐标表示?

6. 地球上某点的经度为东经 $112°21'$,试问该点所在 $6°$ 带和 $3°$ 带的中央子午线经度和带号。

7. 已知某点的高斯平面直角坐标为 $x=3\ 102\ 467.28$ m,$y=20\ 792\ 538.69$ m,试问该点位于 $6°$ 带的第几带? 该带的中央子午线经度是多少? 该点在中央子午线的哪一侧? 在高斯投影平面上,该点距中央子午线和赤道的距离约为多少?

8. 测量学中的独立平面直角坐标系与数学中的平面直角坐标系有何不同?

9. 何谓绝对高程? 何谓相对高程? 何谓高差? 两点之间的绝对高程之差与相对高程之差是否相同? 已知 $H_A=36.735$ m,$H_B=48.386$ m,求 h_{AB} 和 h_{BA}。

10. 何谓水平面? 用水平面代替水准面对水平距离和高程分别有何影响?

11. 测量的基本工作是什么? 测量的基本原则是什么?

参考答案

6. 因 $112°21'/6=18\times6+4°21'$ 该点已经超出 18 带范围,故该点在 $6°$ 带第 19 带;

$112°21'/3=37\times3+1°21'$ 该点未超出 37 带,故该点在 $3°$ 带第 37 带。

7. 位于 $6°$ 带第 20 带;

该带中央子午线经度:$6°n-3°=117°$;

因 $y-500$ km $=292\ 538.69$ m,故该点在中央子午线的右侧;

该点距中央子午线距离为 $292\ 538.69$ km,距赤道距离 $3\ 102\ 467.28$ m。

9. $h_{AB}=H_B-H_A=48.386$ m -36.735 m $=11.651$ m;$h_{BA}=-11.651$ m。

2

水准测量

〖本章提要〗

　　本章主要介绍水准测量的基本原理,详细介绍微倾式水准仪的基本结构以及使用方法、水准测量的方法以及普通水准测量的数据处理,简要介绍精密水准仪、精密水准尺、自动安平水准仪和数字水准仪的基本结构和操作原理。

　　测定地面点高程的工作,称为高程测量。根据使用仪器以及施测方法的不同,高程测量分为水准测量、三角高程测量、GPS 高程测量和气压高程测量等。水准测量是利用水平视线来测量两点间的高差,然后根据已知点高程求出未知点高程。由于水准测量的精度高且包含了各种高程测量的精度等级,国家高程控制测量和工程施工测量中常采用水准测量。三角高程测量是测量两点间的水平距离或倾斜距离以及竖直角,然后利用三角函数公式计算出两点间的高差。三角高程测量速度较快,大多用于丘陵或山区的高程控制,三角高程的精度较水准测量精度低。气压高程测量是利用气压随着高程的增加而逐渐减少的原理来测量高程。GPS 高程测量是利用空间距离后方交会原理来测量高程。

2.1　水准测量原理

▶ 2.1.1　水准测量原理

　　水准测量的基本原理是利用水准仪提供的水平视线,借助水准尺读数,测得地面两点之间的高差,然后根据已知点高程推算出未知点高程。

如图 2.1 所示,已知 A 点的高程 H_A,欲测定待定点 B 点的高程 H_B,在 A,B 两点的中间安置一台水准仪(称为测站),分别在 A,B 两点上竖立一根有刻度的尺子——水准尺,通过水准仪的望远镜读取水平视线在 A,B 两点上的水准尺读数 a 和 b。则 A,B 两点的高差为:

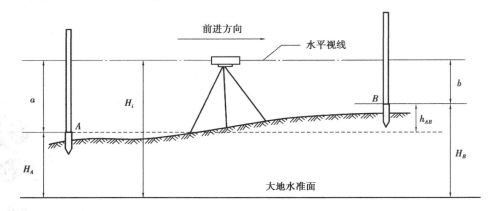

图 2.1　水准测量原理

$$h_{AB} = a - b \tag{2.1}$$

如果水准测量是从 A 向 B 方向进行,设 A 点高程 H_A 已知,A 点为后视点,A 点水准尺读数 a 为后视读数;B 点高程未知,B 点为前视点,B 点水准尺读数 b 为前视读数。高差 h_{AB} 等于后视读数 a 减去前视读数 b。若 $a > b$,高差为正,A 点较 B 点低;若 $a < b$,高差为负,A 点较 B 点高。待定点 B 的高程为:

$$H_B = H_A + h_{AB} \tag{2.2}$$

利用高差计算高程的方法,称为高差法。还可以通过仪器视线高程(简称视线高)H_i 来计算 B 点高程:

$$\left. \begin{array}{l} H_i = H_A + a \\ H_B = H_i - b \end{array} \right\} \tag{2.3}$$

式(2.3)是利用水准仪的视线高 H_i 来计算 B 点高程,称为视线高法。

有时安置一次仪器须测算出多个观测点高程,可先用视线高法,求出水准仪的水平视线高程,然后再分别计算各观测点(称中视)高程。

要测算地面上两点间的高差,所依据的就是一条水平视线,如果视线不水平,式(2.2)和式(2.3)不成立。因此,视线必须水平,是水准测量中要牢牢记住的操作要领。

▶　2.1.2　**连续水准测量**

在水准测量工作中,若已知水准点到待测水准点之间的距离较远或者高差较大时,仅仅安置一次仪器无法测出它们之间的高差,此时需要在两点之间设置若干个临时立尺点,作为传递高程的过渡点,这些临时立尺点称为转点,常用 TP 表示。

如图 2.2 所示,已知点 A 的高程为 H_A,要测定 B 点的高程,必须在 A,B 两点之间设立若干转点 TP_1,TP_2,$\cdots$,TP_{n-1}。进行观测时,每安置一次仪器观测相邻两点间的高差,称为一个测站。各测站的高差为:

$$h_1 = a_1 - b_1$$
$$h_2 = a_2 - b_2$$
$$\vdots$$
$$h_n = a_n - b_n$$

(2.4)

A,B 两点之间的高差为:

$$h_{AB} = h_1 + h_2 + \cdots + h_n = a_1 + a_2 + \cdots + a_n - b_1 - b_2 - \cdots - b_n$$

(2.5)

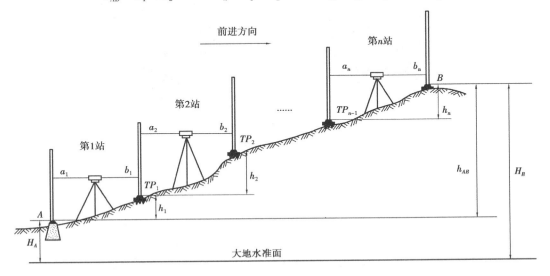

图 2.2 连续水准测量

B 点的高程 H_B 为:

$$H_B = H_A + h_{AB} = H_A + \sum h_i = H_A + \sum a_i - \sum b_i$$

(2.6)

在实际作业中,可先算出各测站的高差 h_i,再求它们的总和 h_{AB};然后用后视读数之和 $\sum a$ 减去前视读数之和 $\sum b$ 来计算高差 h_{AB},检核计算是否有错误。

两水准点之间设置若干个转点,起到高程传递的作用。为了保证高程传递的准确性,在两相邻测站的观测过程中,必须使转点保持稳定。

2.2 水准测量的仪器、工具及使用

为水准测量提供水平视线并在水准尺上读数的仪器称为水准仪。水准仪的种类、型号很多,按其精度指标可划分为 DS$_{05}$,DS$_1$,DS$_3$ 和 DS$_{10}$ 4 个等级,D 和 S 分别为"大地测量"和"水准仪"汉语拼音的第一个字母,经常省略"D",只写"S"。字母后的数字 05,1,3,10,表示仪器的精度等级,指用该类型水准仪进行水准测量时每千米往、返测高差中数的中误差,分别不超过 ±0.5 mm,±1 mm,±3 mm,±10 mm。S$_{05}$,S$_1$ 水准仪为精密水准仪,主要用于国家一、二等水准测量和精密工程测量;S$_3$ 水准仪主要用于国家三、四等水准测量以及建筑工程测量。

▶ 2.2.1 DS₃微倾式水准仪的构造

根据水准测量原理,水准仪的主要作用是提供水平视线,并在水准尺上读数。图2.3所示是我国生产的S₃微倾式水准仪,它由望远镜、水准器和基座三部分组成。

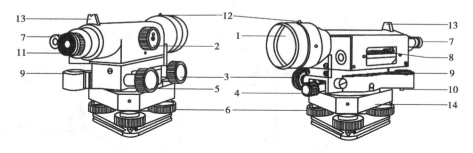

图2.3 S₃型微倾式水准仪

1—物镜;2—物镜调焦螺旋;3—微动螺旋;4—制动螺旋;5—微倾螺旋;
6—脚螺旋;7—管水准器气泡观察窗;8—管水准器;9—圆水准器;
10—圆水准器校正螺钉;11—目镜;12—准星;13—照门;14—基座

仪器的上部有望远镜、水准管、水准管气泡观察窗、圆水准器、制动螺旋、微动及微倾螺旋等;仪器竖轴与仪器基座相连;整个仪器的上部可以绕仪器竖轴在水平方向旋转,水平制动螺旋和微动螺旋用于控制望远镜在水平方向转动。松开制动螺旋,望远镜可在水平方向任意转动,只有当拧紧制动螺旋后,微动螺旋才能使望远镜在水平方向上作微小转动,以便精确瞄准目标。

1)望远镜

望远镜主要作用是精确瞄准远处目标(水准尺),并提供一条用于读数的视准线。根据在目镜端观察到的物体成像情况,望远镜可分为正像望远镜和倒像望远镜。望远镜和水准管连成一个整体,转动微倾螺旋可调节水准管连同望远镜一起在竖直面内作微小的转动,从而使望远镜视线水平。如图2.4(a)所示,望远镜主要由物镜、目镜、调焦透镜、十字丝分划板等部分组成。

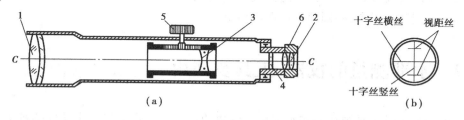

(a) (b)

图2.4 望远镜的构造

1—物镜;2—目镜;3—物镜对光透镜;4—十字丝分划板;5—物镜对光螺旋;6—目镜调焦螺旋

物镜、调焦透镜、目镜为复合透镜组,分别安装在望远镜镜筒的前、中、后3个部位,三者与光轴组成一个等效光学系统。物镜的作用是将所照准的目标成像在十字丝分划板上;目镜的作用是将物镜所成的像连同十字丝的影像放大成虚像;转动调焦螺旋,调焦透镜沿光轴前后移动,改变等效焦距,看清远近不同的目标。

十字丝分划板由平板玻璃片制成的,它的作用是瞄准目标和读数。十字丝分划板上面刻有两条相互垂直的长线,称为十字丝。竖直的一条称为竖丝,水平的一条称为横丝。平板玻璃片装在分划板座上,分划板座固定在望远镜筒上,如图 2.4(b)所示。在横丝的上下还对称地刻有两条与中丝(即横丝)平行的短横线,是用来测量水准仪到水准尺之间的水平距离,称为视距丝。

十字丝的交点与物镜光心的连线,称为望远镜视准轴,如图 2.4(a)中的 CC。视准轴的延长线就是视线,当视准轴水平时,用十字丝的横丝在水准尺上读数。

图 2.5 为望远镜成像原理图。目标经过物镜和透镜后形成一个倒立缩小的实像,移动物镜调焦透镜可使远近不同的目标均能成像在十字丝分划板上。通过目镜,观测者可以看到目标放大的虚像。

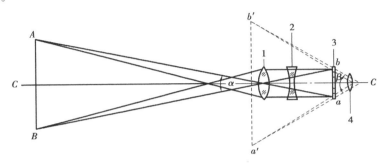

图 2.5　望远镜成像原理

1—物镜;2—物镜调焦透镜;3—十字丝分划板;4—目镜

2)水准器

水准器是用来指示视准轴是否水平或仪器旋转轴(又称竖轴)是否竖直的装置。水准仪的水准器有管水准器和圆水准器两种。管水准器用来指示视准轴是否水平;圆水准器用来指示竖轴是否竖直。

(1)管水准器(又称水准管)　它和望远镜连在一起,用于精确调平视线。水准管的管子用玻璃制成,其纵剖面方向的内表面为具有一定半径的圆弧。精确水准管的圆弧半径约为 7~20 m。内表面琢磨后,将一端封闭,由开口的一端装入质轻而易流动的液体如酒精或氯化锂,装满后再加热使液体膨胀而排去一部分,然后将开口端封闭,待液体冷却后,管内即形成了一个被液体蒸气充满的空间,这个空间称为水准气泡,如图 2.6 所示。由于气泡轻,故气泡总是处于管内最高位置。

水准管管壁的两端各刻有间隔为 2 mm 的分划线,如图 2.7 所示。分划线的中心 O 称水准管的零点。过零点与管内壁在纵向相切的直线称水准管轴,用 LL 表示。当气泡的中心与零点重合时,称气泡居中,气泡居中时水准管轴位于水平位置。

水准管上 2 mm 圆弧所对的圆心角,称为水准管的分划值,用 τ 表示。水准管分划值越小,水准管越精确,用其整平仪器的精度也越高。DS$_3$ 型水准仪的水准管分划值为 20″,记作 20″/2 mm。

$$\tau = \frac{2}{R}\rho \tag{2.7}$$

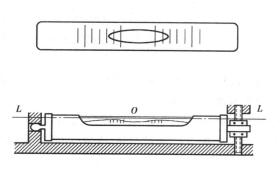

图2.6　管水准器

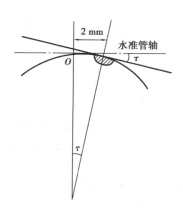

图2.7　水准管分化值

式中　τ——水准管分划值,(″);

　　　R——水准管内圆弧半径,mm;

　　　ρ——弧度的秒值,ρ = 206 265″。

气泡准确而快速移居管中最高位置的能力,称为水准管的灵敏度。测量仪上水准管的灵敏度须适合它的用途。灵敏度较高的水准管可以更精确地使仪器的某部分成水平位置或竖直位置;但灵敏度越高,置平越费时间,水准管灵敏度应与仪器其他部分的精密情况相适应。

为了提高管水准气泡居中的精度,在水准管的上面安装一组符合棱镜组,如图2.8(a)所示,通过符合棱镜组的折光作用,使气泡两端的像反映在望远镜旁的管水准器气泡观察窗中。若气泡不居中,气泡两端半边影像错开,如图2.8(b)所示;当转动微倾螺旋使气泡两端半边的影像吻合时,水准管气泡完全居中,如图2.8(c)所示。故这种水准器称为符合水准器,是微倾式水准仪上普遍采用的水准器。

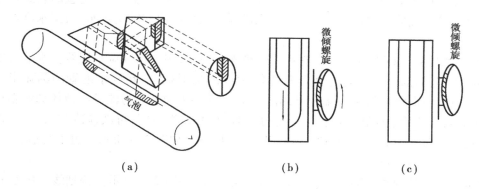

图2.8　符合水准器棱镜成像系统

(2)圆水准器　圆水准器一般装在基座上,如图2.9所示。圆水准器是一个密封的顶面内壁磨成球面的玻璃圆盒,球面中央有圆分划圈,圆圈的中心为圆水准器零点。通过零点的球面法线称为圆水准器轴,用 $L'L'$ 表示。当圆水准器气泡居中时,圆水准器轴即成竖直,这时切于零点的平面也就成水平面。当气泡不居中时,气泡中心偏移零点2 mm,轴线所倾斜的角值τ,称为圆水准器分划值,DS₃ 型水准仪 τ 一般为8′~10′。圆水准器的精度较低,只用于仪器的粗略整平。圆水准器的分划值较水准管的分划值大,这样可使粗略整平的操作能迅速完成。

3）基座

基座的作用是支承仪器的上部并与三脚架连接。它主要由轴座、脚螺旋、底板和三角压板构成(见图2.3)。转动3个脚螺旋可使圆水准器气泡居中,从而整平仪器。

此外,控制望远镜水平和竖直转动的有制动螺旋、微动螺旋和微倾螺旋(图2.3)。制动螺旋拧紧后,转动微动螺旋和微倾螺旋,仪器可在水平和竖直方向作微小转动,以利于照准目标。

▶ 2.2.2 水准尺和尺垫

水准尺是水准测量时使用的标尺,其质量好坏直接影响水准测量的精度。因此,水准尺常用不易变形且干燥的优质木材或玻璃钢、金属材料等制造。常用的水准尺有双面尺和塔尺,如图2.10所示。

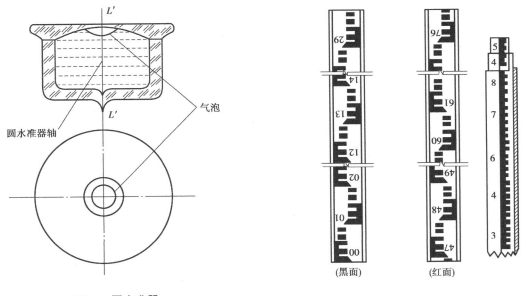

图2.9　圆水准器　　　　　　　　　　图2.10　水准尺

双面水准尺多用于三、四等水准测量,一般尺长为3 m,两根尺为一对。如图2.10左侧所示,尺的双面均有刻划,一面为黑白相间,称为黑面尺(也称主尺);另一面为红白相间,称为红面尺(也称辅尺)。两面的刻划均为1 cm,在分米处注有数字。尺子底面钉有铁片,以防磨损。两根尺的黑面尺尺底均从零开始,而红面尺尺底,一根从4.687 m开始,另一根从4.787 m开始。在视线高度不变的情况下,同一根水准尺的红面和黑面读数之差应等于常数4.687 m或4.787 m,这个常数称为尺常数,用 K 来表示。两把尺红面注记的零点差为0.1 m,为使水准尺更精确地处于竖直位置,多数双面水准尺的侧面装有圆水准器,用于水准尺的置平。

塔尺是一种逐节缩小的组合尺,如图2.10右侧所示,其长度为2～5 m,有两节或三节连接在一起,尺的底部为零点。尺面上黑白格相间,每格宽度为1 cm,有的为0.5 cm,在 m 和 dm

图 2.11　尺垫

处有数字注记。塔尺可以伸缩,携带方便,但接头处易损坏,影响测量精度。

尺垫是用生铁铸成,下面有三个尖脚,便于使用时将尺垫踩入土中,使之稳固。中央有一个突起的半球体,如图2.11所示,水准尺竖立于尺垫球顶最高点。在普通连续水准仪测量中,转点处应放置尺垫,以防止观测过程中水准尺的位置和高度变化而影响水准测量的精度。

► 2.2.3　水准仪的使用

水准仪的使用包括安置仪器、粗略整平、瞄准目标、精确整平与读数等步骤。

1)安置仪器

在距前、后视水准尺距离大致相等的地方,松开三脚架架腿的固定螺旋,按观测者身高调节好3个架腿的高度,用目估法使架头大致水平,用脚踩实三脚架架腿,使脚架稳定、牢固。从仪器箱中取出仪器,旋紧中心连接螺旋将水准仪固定在三脚架架头上,以防仪器从三脚架架头上摔下来。

2)粗略整平

粗略整平也称粗平,主要是通过旋转脚螺旋使圆水准器气泡居中,仪器的竖轴大致铅垂,望远镜的视准轴大致水平。安置好仪器以后,松开水平制动螺旋,转动仪器,将圆水准器置于两个脚螺旋之间,气泡没有居中而位于图2.12(a)所示的 a 处。先按图上箭头所指方向相对转动脚螺旋①和脚螺旋②,使气泡移到 b 的位置(图2.12(b)所示的 b),再转动脚螺旋③,使气泡居中。操作时应记住以下3条要领:

①先旋转两个脚螺旋,然后再旋转第三个脚螺旋;

②旋转两个脚螺旋时必须作相对地转动,即旋转方向应相反;

③气泡移动的方向与左手大拇指移动的方向一致。以此来判断脚螺旋的旋转方向,以便使气泡快速居中。

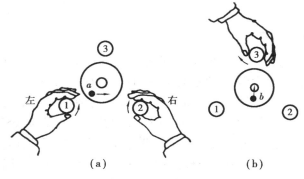

(a)　　　　　　　　　　(b)

图 2.12　粗略整平过程

3)瞄准目标

(1)目镜对光　将望远镜对准明亮的背景,转动目镜调焦螺旋,使十字丝成像清晰。

(2)粗略瞄准　通过望远镜镜筒上方的照门和准星瞄准水准尺,旋紧制动螺旋。

（3）物镜对光　转动物镜调焦螺旋,使水准尺尺面成像清晰。

（4）精确瞄准　转动望远镜微动螺旋,使十字丝竖丝照准水准尺边缘或平分水准尺,如图 2.13 所示,以便用十字丝横丝的中央部分截取水准尺读数。

（5）消除视差　当眼睛在目镜端上下移动时,若发现十字丝与目标影像有相对运动,这种现象称为视差,如图 2.14（a）、（b）所示。产生视差的原因是水准尺成像平面与十字丝平面不重合。由于视差的存在会影响到读数的正确性,必须加以消除。消除的方法是重新仔细地进行物镜对光,直到眼睛在目镜端上下移动,读数不变为止,如图 2.14（c）所示。此时,从目镜端看到十字丝与水准尺的像都很清晰。

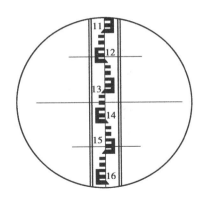

图 2.13　瞄准水准尺

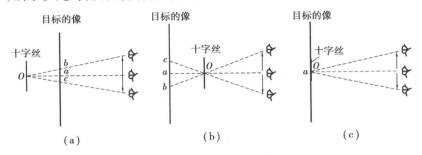

图 2.14　十字丝视差

4）精确整平

精确整平又称为精平,是指在读数前转动微倾螺旋使符合水准器两端半边气泡严密吻合,从而使视准轴精确水平。其做法是:转动位于目镜右下方的微倾螺旋（见图 2.8）。从气泡观察窗内看符合水准器的两端半边气泡影像是否吻合,若吻合,则说明管水准器气泡居中。在转动微倾螺旋时要缓慢而匀速,右手大拇指转动微倾螺旋的方向与左半边气泡影像移动方向一致,以此来确定旋转方向。

旋转微倾螺旋,会改变望远镜和竖轴的关系,当望远镜由一个方向转变到另一个方向时,水准管气泡一般不再符合。所以望远镜每次变动方向后,也就是在每次读数前,都需要调节微倾螺旋重新使气泡符合。

5）读数

当水准管气泡居中时,应立即读取十字丝横丝在水准尺上截取的读数,从尺上可直接读取米、分米和厘米数,并估读出毫米数,如图 2.15 所示,读数为 1.608 m,读后应检查水准管气泡是否符合,若不符合应再精确整平,重新读数。若用双面尺进行水准测量,完成黑面尺的读数后,将水准尺旋转 180°,立即读取红面尺的读数,若两读数之差等于该尺尺常数,说明读数正确,如图 2.16 所示。

精平和读数虽是两项不同的操作步骤,但有时在水准测量施测过程中把这两项操作视为一个整体,即先精平后读数,读数前需要检查水准管气泡影像是否严密吻合。只有这样,才能

保证读取的读数是视线水平时的读数。

图 2.15 水准尺读数

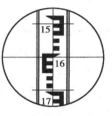

（a）黑面读数1 608

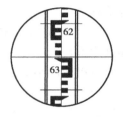

（b）红面读数6 295

图 2.16 双面尺读数

2.3 普通水准测量

▶ 2.3.1 水准点

为了统一全国的高程系统和满足各种测量的需要,测绘部门在全国各地埋设并测定了高程的固定点,这些已知高程的固定点称为水准点,简记为 *BM*。水准点有永久性和临时性两种。国家等级永久性水准点埋设形式如图 2.17 所示,一般用钢筋混凝土或石料制成,深埋到地面冻土线以下。标石顶部嵌有不锈钢或其他不易锈蚀的材料制成的半圆形标志,标志最高处(球顶)作为高程起点基准。有时永久性水准点的金属标志也可以直接镶嵌在坚固稳定的永久性建筑物的墙角上,称为墙角水准点,如图 2.18 所示。

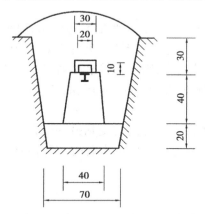

图 2.17 国家等级水准

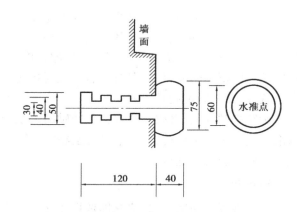

图 2.18 墙角水准点

建筑工地上的永久性水准点一般用混凝土或钢筋混凝土制成,顶部设置半球形金属标志,如图 2.19(a)所示。临时性水准点可用木桩钉入地下,桩顶钉入半球形铁钉,如图 2.19(b)所示,也可用在坚硬的岩石上刻记号作为临时性水准点。

水准点埋设之后,为了便于以后使用时寻找,应做点之记,即详细绘出水准点与附近固定建筑物或其他地物的关系图,如图 2.20 所示,在图上还要写明水准点的编号、高程以及测设日期等,方便日后寻找和使用。水准点的点之记应作为水准测量的成果妥善保管。

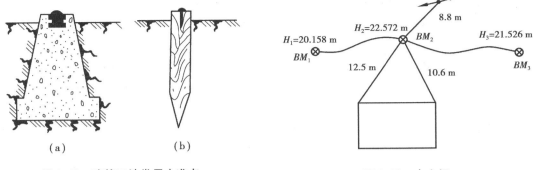

图 2.19 建筑工地常用水准点

图 2.20 点之记

▶ 2.3.2 水准路线

水准测量的施测路线称为水准路线。水准路线的选取应以满足工程需要为出发点,尽量沿着公路大道布设,其原因在于路线通过的地面坚实,仪器和水准尺都能稳定。为了不增加测站数,并保证足够的测量精度,所选水准路线的坡度要小。

水准路线的布设分为单一水准路线和水准网。单一水准路线有 3 种形式,即闭合水准路线、附合水准路线和支水准路线。

如图 2.21(a)所示,从一已知高程的水准点 BM 出发,沿一条环形路线进行水准测量,测定沿线若干水准点的高程,最后又回到起始水准点 BM,这种水准路线称为闭合水准路线。

如图 2.21(b)所示,从一个已知高程的水准点 BM_1 出发,沿一条路线进行水准测量,以测定另外一些水准点的高程,最后连测到另一个已知高程的水准点 BM_2,这种水准路线称为附合水准路线。

如图 2.21(c)所示,从一个已知高程水准点 BM 出发,既不附合到其他高级水准点上,也不自行闭合,这种水准路线称为支水准路线。为了对测量成果进行检核,并提高测量成果的精度,支水准路线必须进行往返测量,此外还应限制其路线长度,一般地形测量中支水准路线长度不能超过 4 km。

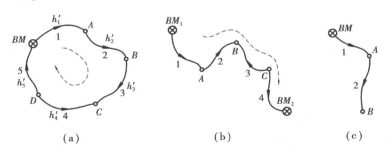

图 2.21 单一水准路线

如图 2.22 所示,由多条单一水准路线互相连接构成的网状图形称为水准网,其中 BM_1,BM_2 和 BM_3 为高级水准点,A,B,C,D,E 为节点。水准网多用于面积较大的测区。

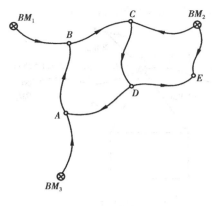

图 2.22　水准网

► 2.3.3　水准测量的施测方法

当已知高程点与未知高程点之间的距离比较远或者高差比较大时,需要测量多个测站的高差。如图2.23所示,水准点 A 的高程为19.153 m,需要通过测量得到 B 点的高程。按照2.1节中介绍的连续水准测量方法,其观测步骤如下。

在距 A 点适当位置处定下转点 TP_1,在 A,TP_1 两点上分别竖立水准尺,在距离 A 点和 TP_1 点大致距离相等的地方安置水准仪。粗平水准仪后,瞄准 A 点后视水准尺,旋转微倾螺旋,使符合水准器气泡吻合,读取 A 点水准尺上的后视读数为 1.632 m,旋转望远镜,瞄准 TP_1 点水准尺上前视水准尺,旋转微倾螺旋,使符合水准器气泡吻合,读取 TP_1 点水准尺上的前视读数为 1.271 m,把它们分别记入表2.1相应的栏内,后视读数减去前视读数得高差为 +0.361 m,记入高差栏内。

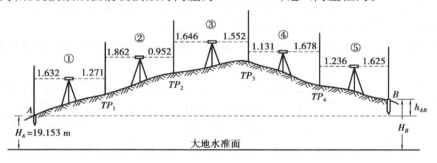

图 2.23　水准测量施测

表 2.1　水准测量手簿

观测日期＿＿＿＿＿＿＿　仪器型号＿＿＿＿＿＿＿　观测者＿＿＿＿＿＿＿

天　　气＿＿＿＿＿＿＿　工程名称＿＿＿＿＿＿＿　记录者＿＿＿＿＿＿＿

测　站	测　点	水准尺读数/m		高差/m	高程/m	备　注
		后视读数	前视读数			
1	A	1.632		0.361	19.153	已知
2	TP_1	1.862	1.271	0.910	19.514	
3	TP_2	1.646	0.952	0.094	20.424	
	TP_3	1.131	1.552		20.518	
4	TP_4	1.236	1.678	−0.547	19.971	
5	B		1.625	−0.389	19.582	已知
	$\sum$	7.507	7.078	0.429		
校核计算		$\sum a - \sum b = +0.429$			$\sum h = +0.429$	

完成上述一个测站工作以后，TP_1 点上的水准尺不动，把 A 点水准尺移到转点 TP_2 上，仪器安置在 TP_1 点和 TP_2 点之间，按照上述方法观测和计算，逐站施测直到 B 点。

水准测量的连续性很强，未知点高程是通过转点将已知点水准点高程传递过来的，若其中任一测站的观测有错误，整个水准路线的测量成果都有影响。为了保证每一个测站观测的正确性，可采用改变仪器高法或双面尺法进行测站检核。

（1）改变仪器高的方法　在每一测站测得高差后，仪器改变高度重新架设，再测一次高差；或者用另外一台水准仪同时观测，当两次测得高差的差值（称为较差）在 ±5 mm 以内时，取两次高差平均值作为测站的高差值。否则需要检查原因，重新观测。

（2）双面尺法　仪器高度不变，读取每一根双面尺的黑面与红面的读数，分别计算双面尺的黑面与红面读数之差及黑面尺的高差 $h_黑$ 与红面尺的高差 $h_红$，若同一水准尺红面与黑面（加常数后）之差在 3 mm 以内，且黑面尺高差 $h_黑$ 与红面尺高差 $h_红$ 之差不超过 ±5 mm，则取黑、红面高差平均值作为测站的高差值。当两根尺子的红黑面零点差相差 100 mm 时，两个高差也应相差 100 mm，此时应在红面高差中加或减 100 mm 后再与黑面高差比较。

▶ 2.3.4 水准测量成果计算

普通水准测量外业观测结束后，首先应复查与检核记录手簿，然后进行测量成果整理。内容包括：水准路线高差闭合差计算与校核；高差闭合差的调整与计算改正后的高差；计算各点高程。

1）高差闭合差计算与检核

测站检核，只能发现单个测站的测量是否正确，不能发现转点是否有变动带来的差错。同时由于外界环境如温度、风等引起的水准测量误差，虽然在一个测站上反映不明显，但是这些误差具有积累性，有时会超过规范规定的限差，因此还必须进行整条水准路线的成果检核。检核方法是将整条路线的观测高差与理论高差进行比较，差值称为高差闭合差。

（1）闭合水准路线　如图 2.21（a）所示，闭合水准路线的起点和终点均为同一点，构成一个闭合环，因此闭合水准路线各测段高差的总和，理论上应等于零，即 $\sum h_理 = 0$。设闭合水准路线各测段高差的总和为 $\sum h_测$，则高差闭合差为：

$$f_h = \sum h_测 - \sum h_理 = \sum h_测 \tag{2.8}$$

（2）附合水准路线　如图 2.21（b）所示，因起点 BM_1 和终点 BM_2 的高程已知，两点之间的高差是固定值，因此附合水准路线各测段高差的总和 $\sum h_测$ 理论上应等于起、终点高程之差，但由于测量误差的影响，各测段所测高差的总和 $\sum h_测$ 不等于起、终点已知高程之差 $\sum h_理$，差值称为附合水准路线的高差闭合差：

$$\sum h_理 = H_终 - H_起 \tag{2.9}$$

$$f_h = \sum h_测 - \sum h_理 \tag{2.10}$$

（3）支水准路线　支水准路线沿同一路线进行了往、返观测，由于往返观测的方向相反，

理论上往测和返测的高差绝对值相同而符号相反,即往测高差总和 $\sum h_{往}$ 与返测高差总和 $\sum h_{返}$ 的代数和在理论上应等于零,但由于测量中各种误差的影响,往测高差总和与返测高差总和的代数和不等于零,称为往返测高差闭合差:

$$f_h = \sum h_{往} + \sum h_{返} \tag{2.11}$$

产生闭合差的原因很多,但闭合差的数值必须在一个限度以内,各种测量规范对不同等级的水准测量规定了高差闭合差的容许值。我国《工程测量规范》(GB 50026—2007)中规定:在平地,图根高程控制水准测量路线闭合差不得超过 $\pm 40\sqrt{L}$;在山地,当每公里测站数超过 16 站时,图根高程控制水准测量路线闭合差不得超过 $\pm 12\sqrt{n}$,即

平地:

$$f_{h容} = \pm 40\sqrt{L} \tag{2.12}$$

山地:

$$f_{h容} = \pm 12\sqrt{n} \tag{2.13}$$

式中　$f_{h容}$——高差闭合差的容许值,mm;

　　　L——水准路线总长度,km;

　　　n——水准路线的总测站数。

2)高差闭合差的调整和计算改正后的高差

(1)高差闭合差调整　当高差闭合差 f_h 在容许值范围以内时,可把闭合差分配到各测段的高差中去。由于高程测量的误差随着水准路线长度或测站数的增加而增加,所以对于闭合或附合水准路线,分配的原则是将 f_h 按与路线长度 $\sum L$ 或总测站数 $\sum n$ 成正比反号进行分配。数学公式为:

$$v_i = -\frac{f_h}{\sum L} \times L_i \tag{2.14}$$

或

$$v_i = -\frac{f_h}{\sum n} \times n_i \tag{2.15}$$

式中　v_i——测段高差的改正数;

　　　L_i——测段长度;

　　　n_i——测段测站数。

高差改正数的总和与高差闭合差大小相等,符号相反。即

$$\sum v_i = -f_h \tag{2.16}$$

(2)计算改正后的高差　将各测段高差加上高差改正数,得到改正后的高差,即

$$h_i = h_{测} + v_i \tag{2.17}$$

3)计算各点高程

根据改正后的高差,由起点高程逐一推算出其他点的高程。最后一个已知点的推算高程

应等于它的已知高程,以此检查计算是否正确。

4)实例

(1)闭合水准路线成果计算　如图 2.24 所示,A 点为已知水准点,A 点的高程为 30.238 m,观测成果如图所示,计算 1,2,3 点的高程。

①已知数据和观测数据的填写:将点号 A,1,2,3,A 按顺序由上到下填入第 1 列点号一栏中,再将起始点高程 30.238 填入第 6 列高程一栏中,然后将测站数和测得的高差分别填入第 2,3 列相应栏目中,见表 2.2。

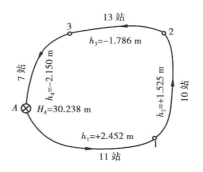

图 2.24　闭合水准路线简图

表 2.2　闭合水准路线成果计算表

点　号	测站数	观测高差/m	改正数/mm	改正后高差/m	高程/m	备　注
1	2	3	4	5	6	7
A	11	+ 2.452	− 11	+ 2.441	30.238	已知
1	10	+ 1.525	− 10	+ 1.515	32.679	
2	13	− 1.786	− 13	− 1.799	34.194	
3	7	− 2.150	− 7	− 2.157	32.395	
A					30.238	已知
$\sum$	41	$f_h = +41$ mm	− 41 mm	0		
辅助计算	$f_h = h_1 + h_2 + h_3 + h_4 = +41$ mm $f_{h容} = \pm 12\sqrt{41}$ mm $= \pm 77$ mm,$|f_h| < |f_{h容}|$,观测成果合格					

②高差闭合差的计算:由公式(2.8)计算高差闭合差:

$$f_h = \sum h_测 - \sum h_理 = \sum h_测 = h_1 + h_2 + h_3 + h_4 = +41 \text{ mm}$$

由式(2.13)计算高差闭合差的容许值:

$$f_{h容} = \pm 12\sqrt{n} = \pm 12\sqrt{41} \text{ mm} = \pm 77 \text{ mm}$$

$|f_h| < |f_{h容}|$,符合测量规范要求,可以对闭合差进行调整。

③高差闭合差的调整:高差闭合差的调整原则是按与测站数 n 成正比反号分配。设 v_i 表示第 i 测段的高差闭合差调整值,v_i 可由式(2.15)来计算。

$$v_1 = -\frac{f_h}{\sum n} \times n_1 = -\frac{41}{41} \times 11 \text{ mm} = -11 \text{ mm}$$

$$v_2 = -\frac{f_h}{\sum n} \times n_2 = -\frac{41}{41} \times 10 \text{ mm} = -10 \text{ mm}$$

$$v_3 = -\frac{f_h}{\sum n} \times n_3 = -\frac{41}{41} \times 13 \text{ mm} = -13 \text{ mm}$$

$$v_4 = -\frac{f_h}{\sum n} \times n_4 = -\frac{41}{41} \times 7 \text{ mm} = -7 \text{ mm}$$

检核，$\sum_{i=1}^{4} v_i = -f_h = -41 \text{ mm}$。

将各测段高差改正数分别填入表2.2第4列改正数一栏内。

④计算改正后高差：各测段的实测高差加上相应高差改正数，得到改正后高差。

$$h_1 = h_{1测} + v_1 = +2.452 \text{ m} - 0.011 \text{ m} = +2.441 \text{ m}$$

$$h_2 = h_{2测} + v_2 = +1.525 \text{ m} - 0.010 \text{ m} = +1.515 \text{ m}$$

$$h_3 = h_{3测} + v_3 = -1.786 \text{ m} - 0.013 \text{ m} = -1.799 \text{ m}$$

$$h_4 = h_{4测} + v_4 = -2.150 \text{ m} - 0.007 \text{ m} = -2.157 \text{ m}$$

检核，$\sum_{i=1}^{4} h_i = 0$。

将各测段改正后高差分别填入表2.2第5列改正后高差一栏内。

⑤计算各点高程：利用已知点 A 的高程以及各测段改正后高差逐点计算高程。

$$H_1 = H_A + h_1 = 30.238 \text{ m} + 2.441 \text{ m} = 32.679 \text{ m}$$

$$H_2 = H_1 + h_2 = 32.679 \text{ m} + 1.515 \text{ m} = 34.194 \text{ m}$$

$$H_3 = H_2 + h_3 = 34.194 \text{ m} - 1.799 \text{ m} = 32.395 \text{ m}$$

$$H_A = H_3 + h_4 = 32.395 \text{ m} - 2.157 \text{ m} = 30.238 \text{ m}$$

计算得到的 A 点高程应与 A 点的已知高程相等，否则计算有错误。将计算的各点高程填入表2.2第6列高程一栏内。

（2）附合水准路线成果计算 如图2.25所示，A，B 两点为已知水准点，A 点的高程为5.043 m，B 点的高程为8.070 m，其观测成果如图所示，试计算1，2，3点高程。

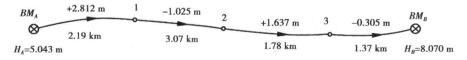

图2.25 附合水准路线简图

①已知数据和观测数据的填写：将点号 A，1，2，3，B 按顺序由上到下填入第1列点号一栏中，再将起始点高程5.043 m和终点高程8.070 m填入表2.3第6列高程一栏的相应位置，然后将距离和测得的高差分别填入表2.3第2，3列相应栏目中。

②高差闭合差的计算：由式（2.9）、式（2.10）计算高差闭合差：

$$f_h = \sum h_{测} - \sum h_{理} = h_1 + h_2 + h_3 + h_4 - (H_B - H_A) = +92 \text{ mm}$$

由式（2.12）计算高差闭合差的容许值：

$$f_{h容} = \pm 40 \sqrt{L} = \pm 40 \sqrt{8.41} \text{ mm} = \pm 116 \text{ mm}$$

$|f_h| < |f_{h容}|$，符合测量规范要求，可以对闭合差进行调整。

表2.3 附合水准路线高差闭合差的调整与高程计算

点 号	距离/km	观测高差/m	改正数/mm	改正后高差/m	高程/m	备 注
1	2	3	4	5	6	7
A					5.043	已知
	2.19	+2.812	−24	+2.788		
1					7.831	
	3.07	−1.025	−34	−1.059		
2					6.772	
	1.78	+1.637	−19	+1.618		
3					8.390	
	1.37	−0.305	−15	−0.320		
B					8.070	已知
$\sum$	8.41	+3.119	−92	+3.027		
辅助计算	$f_h = h_1 + h_2 + h_3 + h_4 - (H_B - H_A) = +92$ mm $f_{h容} = \pm 40\sqrt{8.41}$ mm $= \pm 116$ mm，$|f_h| < |f_{h容}|$，观测成果合格					

③高差闭合差的调整:高差闭合差的调整原则是按与路线长度 L 成正比反号分配。设 v_i 表示第 i 测段的高差闭合差调整值，v_i 可由式(2.14)计算。

$$v_1 = -\frac{f_h}{\sum L}L_1 = -\frac{92}{8.41} \times 2.19 \text{ mm} = -24 \text{ mm}$$

$$v_2 = -\frac{f_h}{\sum L}L_2 = -\frac{92}{8.41} \times 3.07 \text{ mm} = -34 \text{ mm}$$

$$v_3 = -\frac{f_h}{\sum L}L_3 = -\frac{92}{8.41} \times 1.78 \text{ mm} = -19 \text{ mm}$$

$$v_4 = -\frac{f_h}{\sum L}L_4 = -\frac{92}{8.41} \times 1.37 \text{ mm} = -15 \text{ mm}$$

检核，$\sum_{i=1}^{4} v_i = -f_h = -92$ mm。

将各测段高差改正数分别填入表2.3第4列改正数一栏内。

④计算改正后高差:各测段的实测高差加上相应高差改正数，得到改正后高差。

$$h_1 = h_{1测} + v_1 = +2.812 \text{ m} - 0.024 \text{ m} = +2.788 \text{ m}$$
$$h_2 = h_{2测} + v_2 = -1.025 \text{ m} - 0.034 \text{ m} = -1.059 \text{ m}$$
$$h_3 = h_{3测} + v_3 = +1.637 \text{ m} - 0.019 \text{ m} = +1.618 \text{ m}$$
$$h_4 = h_{4测} + v_4 = -0.305 \text{ m} - 0.015 \text{ m} = -0.320 \text{ m}$$

检核，$\sum_{i=1}^{4} h_i = H_B - H_A = +3.027$ m。

将各测段改正后高差分别填入表2.3第5列改正后高差一栏内。

⑤计算各点高程:利用已知 A 点的高程以及各测段改正后高差逐点计算高程。

$$H_1 = H_A + h_1 = 5.043 \text{ m} + 2.788 \text{ m} = 7.831 \text{ m}$$

$$H_2 = H_1 + h_2 = 7.831 \text{ m} - 1.059 \text{ m} = 6.772 \text{ m}$$
$$H_3 = H_2 + h_3 = 6.772 \text{ m} + 1.618 \text{ m} = 8.390 \text{ m}$$
$$H_B = H_3 + h_4 = 8.390 \text{ m} - 0.320 \text{ m} = 8.070 \text{ m}$$

计算得到的 B 点高程应与 B 点的已知高程相等,否则计算有错误。将计算的各点高程填入表 2.3 第 6 列高程一栏内。

► 2.3.5 水准测量的误差

水准测量误差主要来源于三个方面:仪器构造上的不完善、观测者感官灵敏度、作业环境的影响。

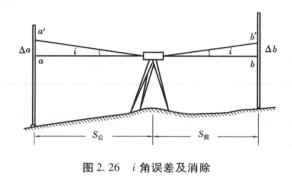

图 2.26 i 角误差及消除

1)仪器误差

(1)i 角误差 主要是指水准管轴不平行视准轴所产生的误差。仪器虽然经过检验与校正,但仍然存在 i 角残余误差。该误差属于系统误差,具有积累性。在作业过程中,只要将仪器安置在距前、后视水准尺距离相等的位置(也称为中间法),即可消除该项误差对测量高差的影响,如图 2.26 所示。《工程测量规范》(GB 50026—2007)规定:四等水准测量前后视距离较差不超过 5 m,前后视距离较差累计不超过 10 m。

(2)水准尺误差 在水准测量中,水准尺本身以及对水准尺的使用不正确也会对水准测量成果产生误差。水准尺本身的误差有水准尺尺长误差、分划误差以及尺底磨损误差(也称为零点差)等。《工程测量规范》(GB 50026—2007)规定:水准尺上的米间隔平均长与名义长之差,对于铟瓦水准尺不超过 0.15 mm,对于条形码尺不超过 0.10 mm,对于木质双面水准尺不应超过 0.5 mm。因此,事先必须对所用水准尺逐项进行检定,符合要求后方可使用。由于使用、磨损等原因,水准尺的底面与其分划零点不完全一致,其差值称为标尺零点差。水准测量时,一个测段设置偶数测站可以消除标尺零点差。水准尺是否竖直,会影响水准测量的读数精度,水准尺倾斜误差与高差总和的大小成正比,即水准路线的高差越大,影响越大。由于水准尺前后倾斜很难发现,所以在水准测量时要认真扶尺,当精度要求较高时,使用带有圆水准器的水准尺。

2)操作误差

(1)读数误差 水准测量时,毫米读数是观测者根据十字丝横丝在厘米间隔内的多少进行估读的,厘米分划是通过望远镜放大后的影像,因此毫米读数的准确程度与厘米间隔的影像以及十字丝横丝的粗细有关。人眼的分辨能力约为 0.1 mm,若厘米间隔的影像大于 1 mm,可以估读到间隔的十分之一,否则读数精度会受到影响。用放大率为 20 倍的望远镜在距离小于 50 m 时,厘米间隔的像大于 1 mm。读数误差与望远镜的放大率和视距长度有关,因此对各级水准测量规定仪器望远镜的放大率和限制视线的最大长度是有必要的。

(2)整平误差 水准测量是利用水准仪提供的水平视线测量两点之间的高差,如果仪器的水准管气泡没有严格居中,水准管轴就会不水平,视准轴也不水平,视准轴的延长线——视线也不水平,读取的数据就会不准确。因此,在每次读数之前必须使符合水准管气泡严格居中。

（3）视差 观测者眼睛在目镜前上下移动时,若发现十字丝与目标影像有相对运动,这种现象称作视差。它是由于水准尺成像没有与十字丝分划板重合造成的。在水准测量中,视差的影响会给观测结果带来较大的误差。因此,在读数前,必须反复调节目镜和物镜对光螺旋,以消除视差。

3）外界环境

（1）水准仪和水准尺升沉误差 水准仪、水准尺的重量会造成自身下沉,土壤的弹性也会使水准仪和水准尺抬升。因此,在水准测量中,会出现水准仪和水准尺的上升和下沉现象。

仪器下沉（或上升）的速度与时间成正比,如图 2.27 所示,从读取后视读数 a_1 到读取前视读数 b_1,仪器下沉了 Δ,则有

$$h_1 = a_1 - (b_1 + \Delta) \qquad (2.18)$$

为了减弱此项误差的影响,可在同一测站进行第二次观测,而且第二次观测应先读前视读数 b_2,再读后视读数 a_2。则

$$h_2 = (a_2 + \Delta) - b_2 \qquad (2.19)$$

取两次高差的平均值,即

$$h = \frac{h_1 + h_2}{2} = \frac{(a_1 - b_1) + (a_2 - b_2)}{2} \qquad (2.20)$$

可消除仪器下沉对高差的影响,一般称上述操作为"后、前、前、后"的观测程序。

如图 2.28 所示,如果往测与返测标尺下沉（或上升）量相同,则误差符号相同,而往测与返测高差符号相反,因此,取往测和返测高差的平均值可消除该项误差影响。

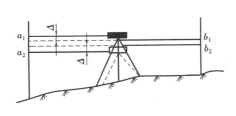

图 2.27 仪器下沉

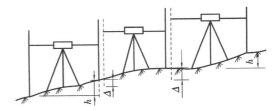

图 2.28 水准尺下沉

（2）地球曲率和大气折光的影响 地面点的高程和两点间的高差是以大地水准面或假定水准面作为基准面,而水准测量中的水平视线是水平面（水准面的切面）上的一条直线。因此,用水平视线代替水准面在水准尺上读数,就会产生误差,称为地球曲率差。如图 2.29 所示,A,B 为地面上两点,大地水准面是一个曲面,如果水准仪的视线 $a'b'$ 平行于大地水准面,则 A,B 两点的正确高差为:

$$h_{AB} = a' - b'$$

实际观测时,水平视线在水准尺上的读数分别为 a'',b''。a',a'' 之差与 b',b'' 之差,就是地球曲率对读数的影响,用 c（单位:mm）表示。由式（1.11）知:

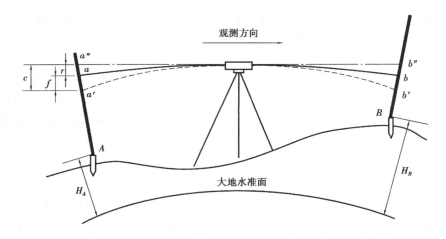

图 2.29　地球曲率及大气折光的影响

$$c = \frac{D^2}{2R} \qquad (2.21)$$

式中　D——水准仪到水准尺的距离,km;

　　　R——地球的平均半径,$R = 6\ 371$ km。

由于空气温度变化以及空气密度不同,导致光线发生折射,视线不是一条水平直线。特别是在夏天的中午,靠近地面的温度较高,空气密度不均匀,视线离地面越近,折射也越大,在水准尺上的读数误差也越大。因此,在水准测量时要使视线高出地面 0.3 m 以上。

如图 2.29 所示,由于大气折光的影响,视线是一条曲线,在水准尺上的读数分别为 a、b。a、a''之差与 b、b''之差,就是大气折光对读数的影响,称为大气折光差,用 r 表示。在稳定的气象条件下,r 约为 c 的 1/7,即

$$r = \frac{1}{7}c = 0.07 \times \frac{D^2}{R} \qquad (2.22)$$

地球曲率和大气折光的共同影响为:

$$f = c - r = 0.43 \times \frac{D^2}{R} \qquad (2.23)$$

在水准测量中,只要将仪器安置在距前、后视水准尺距离相等的位置(即中间法),即可消除地球曲率和大气折光对测量高差的影响。

上述水准测量误差的分析都是采用单独影响的原则来进行分析的,实际上水准测量误差是它们的综合反映。在水准测量时只要运用上述措施,就能够在保证测量精度的前提下,提高观测速度,满足施测精度的要求。

4)水准测量注意事项

在水准测量中,测量人员除了认真、严谨和负责的测量态度进行工作外,还应该注意以下事项:

①每项工程开工前,应对水准仪和水准尺进行检校;

②每次作业前,检查仪器箱是否扣好或锁好,提手和背带是否牢固;

③安置仪器时,要拧紧中心连接螺旋,防止仪器从三脚架上掉下,在测量过程中测量人员

不得离开仪器;

④仪器、标尺应尽量安置在土质坚硬处,并将脚架和尺垫踩紧,以防止下沉带来的误差;

⑤测量过程中应尽量用目估或步测保持前、后视距基本相等;

⑥估数要准确,读数时要仔细对光,消除视差。

2.4   水准仪的检验和校正

微倾水准仪有四条轴线,即视准轴(CC)、水准管轴(LL)、圆水准器轴($L'L'$)、仪器竖轴(VV),如图 2.30 所示。水准测量基本原理要求水准仪能够提供一条水平视线。为此,各个轴线之间需要满足以下条件:

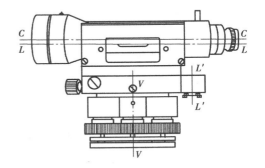

图 2.30   水准仪的主要轴线

①圆水准器轴平行于仪器竖轴($L'L'$ ∥ VV);

②十字丝的横丝应垂直于仪器的竖轴(中丝应水平);

③视准轴应平行于水准管轴(LL∥CC)。

水准仪的检验就是检查水准仪各个轴线之间是否满足应有的几何条件;校正是当仪器不满足各个几何条件时对仪器进行调整使其满足相应的几何条件。

▶   2.4.1   圆水准器轴的检验与校正

1)目的

使圆水准器轴平行于仪器竖轴。当满足此条件时,圆水准器气泡居中,仪器竖轴竖直;转动望远镜,管水准器气泡也不至于偏差太多,很容易调节微倾斜螺旋使符合水准管气泡吻合。

2)检验

先调节脚螺旋使圆水准器气泡居中,然后将仪器旋转180°,若气泡仍在居中位置,说明圆水准器轴平行于仪器竖轴;若气泡有偏离,则表示圆水准器轴不平行于仪器竖轴,需要校正。

3)原理

若圆水准器轴($L'L'$)不平行仪器竖轴(VV),设它们之间的夹角为 α。当圆水准器气泡居中时,如图 2.31(a)所示,将望远镜旋转180°,由于仪器的旋转轴是仪器竖轴,即仪器竖轴在望远镜的旋转过程中是不动的,此时圆水准器轴与铅垂线之间的夹角变为 2α,如图 2.31(b)所示。

4)校正

如图 2.32 所示,用校正针拨动圆水准器下面的 3 个校正螺钉使气泡向居中位置移动偏离长度的一半,若操作完全正确,经过校正之后,圆水准器轴平行仪器竖轴。在实际操作过程中,由于各种原因,在拨动 3 个校正螺钉时很难保证让气泡移动偏离长度的一半,校正需要反

复进行。每次校正工作都必须首先整平圆水准器,然后旋转仪器180°,观察气泡的位置,确定是否需要再次校正。直到将仪器整平后旋转仪器至任何位置,气泡都始终居中,校正工作才算结束。

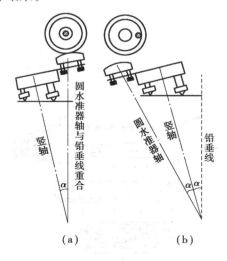

图2.31　圆水准器的检验

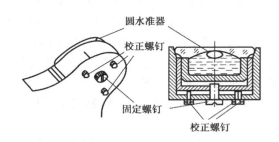

图2.32　圆水准器的校正

► 2.4.2　十字丝横丝的检验与校正

1)目的

当仪器整平后,十字丝的横丝水平,且垂直于仪器竖轴。

2)检验

将水准仪整平,用十字丝横丝的一端瞄准一个点 P,如图2.33(a)所示,然后用水平微动螺旋缓慢转动望远镜,观测 P 点在视场中的移动轨迹,若 P 点始终在十字丝横丝上移动,说明十字丝横丝垂直于仪器竖轴,如图2.33(b);如果 P 点离开了十字丝横丝,如图2.33(c)所示,则说明十字丝横丝没有与仪器竖轴垂直,需要进行校正。

3)原理

若十字丝横丝已经与仪器竖轴垂直,当仪器水准管气泡居中,通过十字丝横丝可以做一个与仪器竖轴垂直的水平面。仪器转动时,水平面不会发生变化。如果有一个点位于该水平面上,当仪器旋转时,它应始终位于这个水平面上。

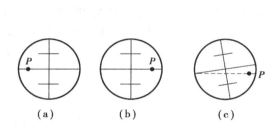

图2.33　十字丝的检验

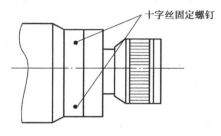

图2.34　十字丝的校正

4)校正

用固定十字丝的固定螺钉来校正,如图 2.34 所示,对有目镜分划板护盖的仪器,应先旋下护盖。松开十字丝固定螺钉,慢慢转动十字丝分划板座,使 P 点向横丝移动偏离值的一半。校正之后再进行检验,直到满足条件后再拧紧固定螺钉,旋上护盖。

▶ 2.4.3 水准管轴的检验与校正

1)目的

使水准管轴平行于视准轴。

2)检验

如图 2.35 所示,在平坦的地面上选择相距 80 ~ 100 m 的 A, B 两点,并在地面钉上木桩,置水准仪于 A, B 的中间位置 C 点,使前、后视距相等,精确整平仪器后,依次照准 A, B 两点上的水准尺并读数,设读数分别为 a_1 和 b_1,得 A, B 两点高差 $h_1 = a_1 - b_1$。然后将水准仪搬到 A 点附近,精确整平仪器后,读取 A 点水准尺读数 a_2, B 点水准尺上读数 b_2,得 A, B 的高差 $h_2 = a_2 - b_2$。若 $h_1 = h_2$,说明水准管轴平行于视准轴;否则,两轴不平行,存在夹角 i。

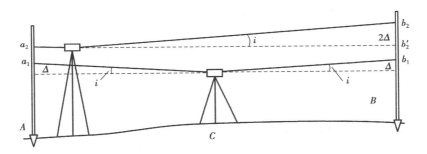

图 2.35 水准管轴平行于视准轴检验

$$i = \frac{h_1 - h_2}{D_{AB}} \times \rho \tag{2.24}$$

式中 D_{AB}——A, B 两点之间的水平距离;

ρ——1 rad(弧度)对应的秒值,$\rho = 206\ 265''$。

规范规定,水准仪的 i 角不得大于 $20''$,否则需要校正。

3)原理

水准管轴与视准轴存在夹角 i,由此产生的影响称为 i 角误差。如图 2.35 把水准仪安置在 A, B 的中间位置,i 角对前、后视读数的影响相等,均为 Δ,A, B 两点的高差为:

$$h_1 = (a_1 - \Delta) - (b_1 - \Delta) = a_1 - b_1 \tag{2.25}$$

i 角的影响 Δ 可以抵消。

水准仪搬到 A 点附近,距离很近,i 角对 A 尺读数 a_2 的影响很小,可以忽略。在远尺端 B

点上读数为 b_2,则 A,B 两点高差为:

$$h_2 = a_2 - b_2 = a_2 - (b_2' + 2\Delta) \qquad (2.26)$$

得

$$2\Delta = (a_2 - b_2') - h_2 = h_1 - h_2 \qquad (2.27)$$

由图 2.35 得

$$i = \frac{2\Delta}{D_{AB}}\rho = \frac{h_1 - h_2}{D_{AB}}\rho \qquad (2.28)$$

4)校正

如图 2.36 所示,转动微倾螺旋,使十字丝横丝对准 B 点水准尺上的 b_2' 处,此时,视线水平,但水准管气泡不再居中。用校正针先松开水准管的左右校正螺钉,然后拨动上下两个校正螺丝,如图 2.36 所示,使它们一松一紧,直至符合水准器气泡吻合为止,最后拧紧左右校正螺旋。

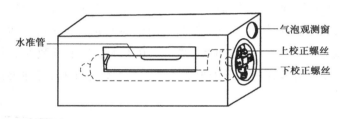

水准管 —
气泡观测窗
上校正螺丝
下校正螺丝

图 2.36 水准管的校正

水准管轴平行于视准轴是水准仪最重要的条件,需反复检校,直到满足要求为止。校正螺旋应遵循"先松后紧、边松边紧、最后固紧"的原则,以防损坏仪器。

2.5 其他水准仪简介

▶ 2.5.1 精密水准仪及水准尺

1)精密水准仪

精密水准仪主要用于国家一、二等水准测量和高精度的工程测量,如建筑物的沉降观测以及大型设备的安装测量。精密水准仪的种类较多,如我国生产的 DS_1 和 DS_{05} 型,德国蔡司厂生产的 N_{i004} 以及瑞士威特 N_3 等。

精密水准仪与一般水准仪比较,结构基本相同,都是由望远镜、水准器和基座三部分组成。其特点是能够精密地整平视线和精确地读取读数。为了进行精密水准测量,精密水准仪在结构上必须满足下列要求:

(1)高质量的望远镜光学系统 为了获得水准尺的清晰影像,望远镜必须具有足够大的放大倍数和较大的孔径。规范要求 DS_1 水准仪的放大倍数不小于 38 倍,DS_{05} 水准仪的放大倍数不小于 40 倍,精密水准仪的十字丝横丝刻成楔形,能较精确地瞄准水准尺的分划。

(2)坚固稳定的仪器结构 精密水准仪视准轴与水准管轴之间的联系相对稳定。一般采用铟合金钢制成,并且密封起来,在仪器上套有隔热装置,受温度变化影响小。

(3)高精度的测微装置 精密水准仪必须装有光学测微装置,以精密测定小于水准标尺最小分划线间格值的尾数,从而提高水准尺上读数精度。通过精密水准仪测微装置可直接读取水准尺一个分格(1 cm 或 0.5 cm)的 1/100 单位(0.1 mm 或 0.05 mm),提高了读数精度。

(4)高灵敏度的水准管 DS_3 水准仪的水准管分划值为 $20''/2$ mm,而精密水准仪水准管分划值一般为 $10''/2$ mm。

(5)配备精密水准尺 精密水准仪必须配有精密水准尺。

2)精密水准尺

精密水准尺是在木质尺身的槽内装有一根膨胀系数极小的铟瓦钢带*。尺带上有刻划,数字标注在木尺上。图 2.37 为两种精密水准尺,图 2.37(a)的分划值为 10 mm,图 2.37(b)的分划值为 5 mm。尺带的下端固定,上端用弹簧以一定的拉力拉紧,以保证铟瓦钢带的长度不受木质尺身伸缩变形影响。

与普通水准尺相比,精密水准尺具有以下特点:

①精密水准尺分划长度稳定,受空气中温度和湿度变化影响较小。

②精密水准尺分划精密,分划的偶然误差和系统误差很小。

③精密水准尺上装有圆水准器,以便准确扶尺。

精密水准的操作方法与 DS_3 水准仪的操作方法基本相同,不同之处在于读数系统。精密水准仪可由其测微装置读取不足一分格的数值。当仪器精平以后,十字丝横丝没有恰好对准水准尺上的某一整分划,这时转动测微装置,使视线上、下平移,十字丝的楔形正好夹住一个整分划线,在精密水准尺和测微器中分别读取读数,然后相加即得到最后的结果。

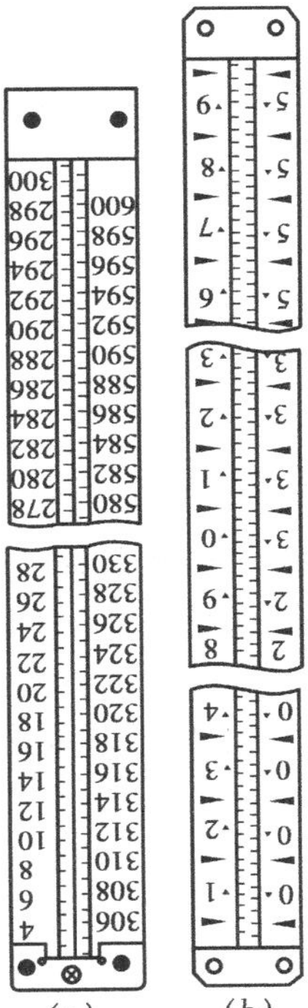

3)DS_1 精密水准仪简介

DS_1 精密水准仪如图 2.38 所示,与其配套的水准标尺如图 2.37

图 2.37 精密水准尺

(a)所示。在铟瓦钢带上涂有左右两排分划,每排的最小分划值均为 10 mm,但彼此错开 5 mm,其测微装置可以读取最小分划的百分之一,即 0.05 mm。尺身一侧注记米数,另一种侧注记分米数。尺身标有大、小三角形,小三角形表示半米处,大三角形表示分米的起始线。这种水准尺上的注记数字比实际长度增大了一倍,即 5 cm 注记为 1 dm。因此使用这种水准尺进行测量时,要将观测高差除以 2 才是实际高差。

测量时,先转动微倾螺旋,使望远镜视场左侧的符合水准管气泡两端的影像严格吻合,再转动测微轮,使十字丝上楔形丝精确夹住某一整分划,读取该分划读数,如图 2.39 为 1.97 m,再从目镜右下方的测微尺读数窗内读取测微尺读数,图中为 1.50 mm。水准尺的全部读数等于楔形丝所夹分划线读数与测微尺读数之和,即 1.971 50 m,实际读数为全部读数的一半,即

---

* 铟瓦钢带由 4J36 铟合金钢制成,该合金具超热稳定性,在常温下其膨胀系数仅为 $1.6 \times 10^{-6}/℃$。

0. 985 75 m。

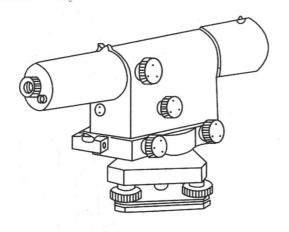

图 2.38　DS₁ 精密水准仪

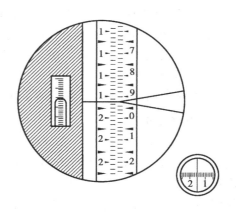

图 2.39　DS₁ 望远镜视场

▶ 2.5.2　自动安平水准仪

使用普通水准仪进行水准测量时,在读数之前需要调节微倾螺旋使水准管气泡严格吻合,这对提高水准测量的速度是很大的障碍。自动安平水准仪正好可以解决这个问题,它只有圆水准器,没有水准管和微倾螺旋,取而代之的是"补偿器"。在测量时,当圆水准器气泡居中,若仪器有微小的倾斜变化,补偿器能随时调整,始终给出正确的水平视线读数。使用自动安平水准仪可以节省测量时间,减小仪器下沉等造成的影响。

目前生产的自动安平水准仪是在望远镜中设置一个补偿装置,当视准轴倾斜(倾斜不能太大),通过物镜光心的视线经过补偿装置以后还能通过十字丝交点。如图 2.40 所示,当圆水准器气泡居中后,视准轴仍存在一个微小倾角 α,在望远镜的光路上安置一补偿器,使通过物镜光心的水平光线经过补偿器后偏转一个 β 角,仍能通过十字丝交点,这样十字丝交点上读取的水准尺读数,即为视线水平时应该读取的水准尺读数。

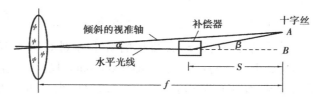

图 2.40　自动安平原理

图 2.41 为 DZS3-1 型自动安平水准仪,主要用于国家三、四等水准测量,一般工程水准测量和大型设备安装等测量工作。

自动安平水准仪的使用方法与微倾式水准仪的使用方法大致相同,只是少了精确整平这一步。首先调节脚螺旋使圆水准器气泡居中,这时仪器基本上处于水平位置,然后用望远镜瞄准水准尺,读取读数。由于补偿器的补偿范围有一定的限度,使用自动安平水准仪时应十分注意圆水准器的气泡居中。

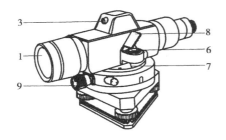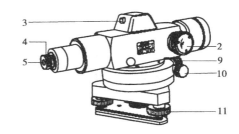

图 2.41　北京光学仪器厂 DZS3-1 型自动安平水准仪

1—物镜;2—物镜调焦螺旋;3—粗瞄器;4—目镜调焦螺旋;5—目镜;6—圆水准器;

7—圆水准器校正螺钉;8—圆水准器反光镜;9—制动螺旋;10—微动螺旋;11—脚螺旋

▶ 2.5.3　电子水准仪

1)电子水准仪的基本原理

1990 年 3 月,瑞士徕佧(Leica)公司推出了世界上第一台电子水准仪(也称数字水准仪) NA2000。从此,电子水准仪得到广泛的应用。

电子水准仪被认为是自动安平水准仪、CCD 相机、微处理器和条形码尺组合成的一个几何水准自动测量系统。如图 2.42 所示,它由基座、望远镜、操作面板和数据处理系统等组成。电子水准仪是在自动安平水准仪的基础上发展起来的。电子水准仪与微倾式水准仪以及自动安平水准仪的主要区别在于其望远镜中装置了一个由光敏二极管组成的行阵探测器(CCD 相机),水准尺的分划用二进制条码分划取代厘米分划。

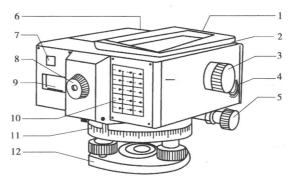

图 2.42　电子水准仪

1—物镜;2—提环;3—物镜调焦螺旋;4—测量按钮;

5—微动螺旋;6—RS 接口;7—圆水准器观察窗;

8—目镜;9—显示器;10—操作面板;11—度盘;12—基座

电子水准仪的基本原理是:水准尺上宽度不同的条码通过望远镜成像到像平面上的 CCD 相机上,CCD 相机将条码图像转换为模拟视频信号,再经过仪器内部的数字图像处理,可获得望远镜十字丝中丝在条码水准尺上的读数,显示在液晶显示屏上,并存储到存储器中。目前电子水准仪的读数方法大致有以下三种:

①相关法:如瑞士徕佧公司生产的 NA2000,NA3002 和 NA3003 等电子水准仪。

②相位法:如日本索佳公司生产的 SDL30、日本拓普康公司生产的 DL-101 等电子水准仪。

③几何法:如德国蔡司公司生产的 DINI12 电子水准仪。

2)电子水准仪的优点

①操作简捷,自动观测和记录,并立即用数字显示测量结果。

②整个观测过程在几秒钟内即可完成,从而大大减少观测错误和误差。

③仪器还附有数据处理器及与之配套的软件,从而可将观测结果输入计算机进入后处理,实现测量工作自动化和流水线作业,大大提高了测量效率。

3)NA2000 电子水准仪简介

瑞士徕佧公司于 1990 年推出的数字水准仪 NA2000,利用电子工程学原理自动进行观测、信息获取和处理,并自动记录和存储每一次的观测值。使用时,只需要粗平仪器,瞄准,就可以自动获得读数和视距。

与 NA2000 配合使用的条码水准尺是由膨胀系数小于 $10^{-5}/℃$ 的玻璃纤维合成材料制成。尺子的一面为条码,用于电子读数,另一面为常规 E 型分划尺,用于光学测量,如图 2.43 所示。望远镜照准标尺并调焦后,可以将条码清晰地成像在分划板上,如图 2.44 所示。同时条码影像也被分光镜成像在行阵探测器上,行阵探测器将接收到的图像转换为模拟信号,读数设备将模拟信号进行放大和数字化。行阵探测器是仪器的核心部件之一,长约 6.5 mm,由 256 个间距为 25 μm 的光敏二极管组成。光敏二极管的口径为 25 μm,构成图像的一个像素。水准尺进入望远镜的条码图像被分为 256 个像素,并以模拟信号输出。

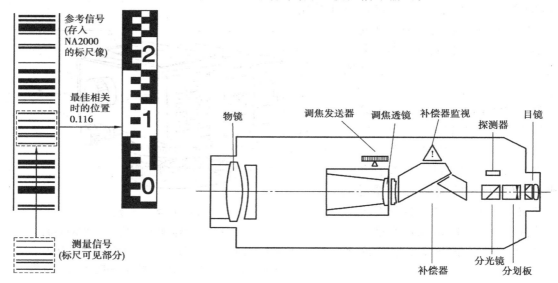

图 2.43　条码水准尺　　　　　　　　图 2.44　相关法测量原理

NA2000 电子水准仪有 15 个键,可通过它们及安装在仪器侧面的测量键共同来进行操作。有两行 LCD 显示器提示使用者并为其显示测量结果和系统状态。观测时只需要瞄准目标,按下测量键后即可显示测量结果。测量结果可存储在仪器自带的存储器中。

NA2000 电子水准仪的主要技术指标见表 2.4。

表 2.4　NA2000 数字水准仪的主要技术指标

项　目	内　容	项　目	内　容
望远镜	放大倍数为 24 倍 物镜孔径 36 mm	精度	高程测量精度为 ±1.5 mm/km(电子), ±1.5 mm/km(光学) 距离测量精度为(3～5)mm/10 m
补偿器	工作范围为 ±12′ 安平精度为 ±0.8″	其他	测量时间 4 s 测程 1.8～100 m 圆水准器分划值 8′ 质量 2.5 kg

习题与思考

1. 绘图说明水准测量的基本原理。

2. 水准仪由哪几部分组成?

3. 视差产生的原因是什么? 如何消除视差?

4. 圆水准器和管水准器在水准测量中各起什么作用?

5. 水准仪有哪些轴线? 它们之间应该满足什么条件?

6. 水准测量过程中应注意哪些事项?

7. 与普通水准仪相比,自动安平水准仪、精密水准仪和电子水准仪各有什么特点?

8. 设 A 点为后视点,B 点为前视点,A 点高程为 72.512 m,A 点水准尺读数为 1.504 m,B 点水准尺读数为 1.408 m,求 A,B 两点之间的高差以及 B 点的高程,并绘图说明。

9. 将图 2.45 所示的水准测量观测数据填入记录手簿中,计算高差及 B 点的高程,并检核。

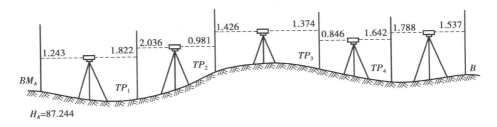

图 2.45　第 9 题水准路线图

表 2.5　第 9 题水准路线记录手簿

测　站	测　点	水准尺读数/m		高差/m	高程/m	备　注
		后视读数	前视读数			
	$\sum$					
校核计算		$\sum a - \sum b = +0.429$		$\sum h = +0.429$		

10. 调整图 2.46 所示的闭合水准路线的观测成果,并计算各点的高程。

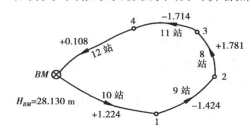

图 2.46　闭合水准路线示意图

11. A,B 两点相距 100 m,水准仪安置在 A,B 正中间位置,测得 A,B 两点之间的高差为 $h_{AB} = +0.452$ m。仪器搬至 A 点附近,读取 A 点水准尺读数为 $a = 1.589$ m,B 点水准尺读数为 $b = 1.135$ m,求仪器的 i 角。

参考答案

8. A,B 两点之间的高差为 $+0.096$ m,B 点的高程为 72.608 m。

9. 答案见下表:

测 站	测 点	水准尺读数/m		高差/m	高程/m	备 注
		后视读数	前视读数			
I	BM_A	1.243		−0.579	87.244	已知
II	TP_1	2.036	1.822	1.055	86.665	
III	TP_2	1.426	0.981	0.052	87.720	
	TP_3	0.846	1.374		87.772	
IV	TP_4	1.788	1.642	−0.796	86.976	
V	BM_B		1.537	0.251	87.227	
	$\sum$	7.339	7.356	−0.017		
校核计算		$\sum a - \sum b = -0.017$ m		$\sum h = -0.017$ m		

10. $H_1 = 29.359$ m, $H_2 = 27.939$ m, $H_3 = 29.724$ m, $H_4 = 28.016$ m。

11. 仪器的 i 角为 $4''$。

3

角度测量

〖本章提要〗
　　本章主要介绍角度测量的基本原理,光学经纬仪的基本构造和使用方法,水平角观测,水平角测角误差来源及注意事项,竖直角观测,光学经纬仪的检验和校正,电子经纬仪的测角原理等内容。

　　角度测量包括水平角测量和竖直角测量。水平角测量用于确定地面点的平面位置,竖直角测量用于测定两点间的高差或者将倾斜距离转算为水平距离。角度测量是测量的基本工作之一。经纬仪是用于测量角度的主要仪器。

3.1　水平角测量原理

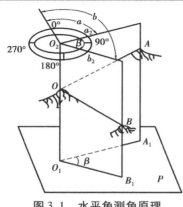

图 3.1　水平角测角原理

▶ 3.1.1　水平角的定义

　　水平角是从地面上一点出发的两条方向线在同一水平面上投影的夹角,或指分别过两条方向线的铅垂面所形成的二面角。

　　如图 3.1 所示,O,A,B 为地面上任意 3 个点,将 3 个点沿铅垂线方向投影到同一水平面 P 上,投影点分别为 O_1,A_1,B_1,连接 O_1A_1 以及 O_1B_1,则直线 O_1A_1 与直线 O_1B_1 之间的夹角 β 就是地面上从 O 点出发的两条方向线

OA, OB 之间的水平角。β 角也可以认为是过 OA 的铅垂面 OAA_1O_1 与过 OB 的铅垂面 OBB_1O_1 所夹的二面角。

水平角的取值范围为 $0° \sim 360°$。

▶ **3.1.2 水平角测量原理**

如图 3.1 所示,为了获得水平角 β 的大小,假设在 O 点的铅垂线上的任意一点 O_2 处安置一个顺时针刻划的刻度盘,且刻度盘的圆心要和 O_2 点重合。过 OA 的铅垂面 OAA_1O_1 与过 OB 的铅垂面 OBB_1O_1 与刻度盘的交线分别为 O_2a_2 和 O_2b_2,O_2a_2 在刻度盘上的读数为 a,O_2b_2 在刻度盘上的读数为 b,则水平角 β 为:

$$\beta = b - a \tag{3.1}$$

用于测量水平角的仪器,必须具备一个能置于水平位置的刻度盘,称为水平度盘,水平度盘的中心位于水平角顶点的铅垂线上。为了能瞄准高低远近不同的目标,仪器上的望远镜不仅能够在水平面内转动,而且还能在竖直面内转动。经纬仪就是根据上述原理来设计和制造的。

3.2 DJ₆ 型光学经纬仪构造、读数系统及使用

测量水平角所用的仪器就是经纬仪,经纬仪的种类较多,从精度划分,有 DJ_{07},DJ_1,DJ_2,DJ_6 和 DJ_{15} 等几个级别,其中"DJ"分别为"大地测量"和"经纬仪"的汉字拼音第一个字母,经常省略"D",只写"J",字母后的数字 07,1,2,6,15 表示仪器的精度等级,即"一测回方向观测值中误差的秒数"。

按读数设备划分,有光学经纬仪和电子经纬仪两类,如图 3.2 所示。电子经纬仪不需要人工读数,该仪器通过自己的显示屏自动显示方向值,是一种较先进的测绘仪器,在生产实践中得到广泛应用。目前光学经纬仪仍是工程测量中常用的测角仪器。下面重点介绍 DJ₆ 光学经纬仪。

▶ **3.2.1 DJ₆ 型光学经纬仪构造**

不同厂家生产的 DJ₆ 型光学经纬仪,其外形和各种螺旋的形状、位置不尽相同,但其基本构造大致相同,主要由照准部、水平度盘和基座三部分组成,如图 3.3 所示。

1)照准部

照准部是指在经纬仪水平度盘之上,能绕仪器竖轴转动部分的总和,是经纬仪的重要组成部分,主要作用是瞄准目标并进行读数。照准部由以下几部分组成:

(1)望远镜 经纬仪的望远镜和水准仪的望远镜构造相同,它在支架上可绕仪器横轴在竖直面内做仰俯转动。望远镜主要由目镜、物镜、目镜调焦螺旋、物镜调焦螺旋、十字丝分划板(见图 3.4)以及固定它们的镜筒组成,主要作用是瞄准目标。经纬仪望远镜的放大倍数一般为 $20 \sim 40$ 倍。

(2)望远镜制动螺旋 用于控制望远镜在竖直面内的转动。

（a）光学经纬仪

（b）电子经纬仪

图3.2　经纬仪

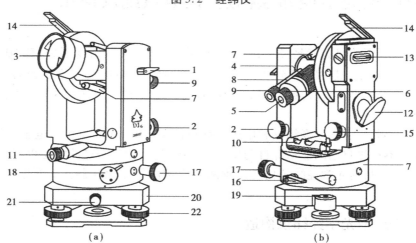
（a）　　　　　　　　　　　　　　　　（b）

图3.3　DJ₆光学经纬仪

1—望远镜制动螺旋；2—望远镜微动螺旋；3—物镜；4—物镜调焦螺旋；5—目镜；6—目镜调焦螺旋；

7—粗瞄准器；8—度盘读数显微镜；9—度盘读数显微镜调焦螺旋；10—照准部管水准器；

11—光学对中器；12—度盘照明反光镜；13—竖盘指标管水准器；14—竖盘指标管水准器观察反射镜；

15—竖盘指标管水准器微动螺旋；16—水平方向制动螺旋；17—水平方向微动螺旋；

18—水平度盘变换手轮与保护盖；19—圆水准器；20—基座；21—轴座固定螺旋；22—脚螺旋

（3）望远镜微动螺旋　当望远镜制动螺旋拧紧以后，转动望远镜微动螺旋，可使望远镜在竖直面内作微小的转动，以便精确瞄准目标。

（4）水平方向制动螺旋　用于控制照准部在水平面内的转动。

（5）水平方向微动螺旋　当水平方向制动螺旋拧紧以后，转动水平方向微动螺旋，可使照准部在水平面内作微小的转动,以便精确瞄准目标。

以上 4 个螺旋(两对)是用于瞄准目标的。只有制动螺旋拧紧以后,相应的微动螺旋才能起作用。

(6)光学对中器 用于使水平度盘中心位于测站点的铅垂线上。

(7)竖盘 光学玻璃制成的圆盘,装在仪器横轴的一端,用于测量竖直角。

图 3.4 经纬仪十字丝分划板

(8)水准器 照准部上设有一个管水准器和一个圆水准器,与脚螺旋配合,用于整平仪器。和水准仪一样,圆水准器用作粗平,管水准器用于精平。

(9)度盘读数显微镜 用于读取度盘和测微装置上的读数。度盘读数显微镜一般需要和度盘照明反光镜配合使用。

2)水平度盘

水平度盘用于测量水平角。水平度盘是由光学玻璃制成的圆环,环上刻有 0°~360°的分划线,在整度分划线上标有按顺时针方向的注记,两相邻分划线间的弧长所对圆心角,称为度盘分划值,DJ_6 光学经纬仪水平度盘分划值通常为 1°或 30′。水平度盘与照准部分离,当照准部转动时,水平度盘并不随照准部一起转动。当转动照准部用望远镜瞄准不同目标时,移动的读数指标线便可在固定不动的度盘上读取不同度盘读数。如果需要改变水平度盘的位置,可通过转动照准部上的水平度盘变换手轮,水平度盘即随之转动。度盘变换到所需要的位置以后应及时盖好保护装置,以免测量时碰到度盘变换手轮而影响读数的正确性。

有的经纬仪在水平度盘的下方设置一个复测扳手。复测扳手可控制水平度盘与照准部结合或分离。复测扳手下扳时,复测装置的簧片便夹住复测盘,使水平度盘与照准部结合在一起,当照准部转动时,水平度盘也随之转动,读数不变;将复测扳手上扳时,其簧片便与复测盘分开,水平度盘与照准部分离,当照准部转动时,水平度盘静止不动,读数改变。

3)基座

基座用于支承整个仪器,并通过中心连接螺旋将经纬仪固定在三脚架上,如图 3.3(a)所示。基座上有 3 个脚螺旋,用于整平仪器。在基座上还有一个轴座固定螺旋,用于控制照准部和基座之间的衔接,使用仪器时,切勿松开轴座固定螺旋,以免照准部与基座分离而坠落。

▶ **3.2.2 读数装置及读数方法**

光学经纬仪的读数装置包括光学系统和测微系统。光学经纬仪的水平度盘和竖盘的分划线通过一系列的棱镜和透镜作用,成像于望远镜旁的读数显微镜内,观测者用读数显微镜读取读数。DJ_6 光学经纬仪在读数显微镜中能同时看到竖盘和水平度盘两种影像。DJ_6 光学经纬仪的读数方法有分微尺测微器读数法和单平板玻璃测微器读数法。大多数的 DJ_6 光学经纬仪采用分微尺测微器读数。

分微尺结构简单,读数方便。它是在显微镜读数窗口上设置一个分微尺,度盘上的分划线经显微镜物镜放大后成像于分微尺上,分微尺长度与水平度盘和竖盘分划值 1°的宽度相同。分微尺上有 60 个小格,每一小格代表 1′,每 10 小格注有数字,表示 10′的倍数,因此在分

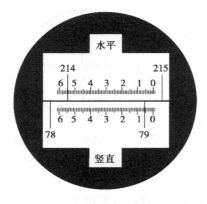

图 3.5　分微尺测微器读数窗

划尺上可直接读到 1′，估读到 0.1′。如图 3.5 所示，长线和大号数字是度盘上的分划线及其注记，短线和小号数字是分微尺的分划线及其注记。分微尺上的 0 分划线是指标线，它所指度盘上的位置就是应该读数的地方。在图 3.5 所示的水平度盘读数中，分微尺 0 分划线已过 214°，但不到 215°，这时水平度盘的读数一定是 214°多一些，多出的数值，要看分微尺上 0 分划线到水平度盘上 214°分划线之间有多少小格来确定。从图 3.5 中可以看出，分划尺的读数为 54.6′，因此水平度盘的整个读数为 214°54.6′。读数时，打开并转动度盘照明反光镜，使读数窗内亮度适中，调节读数显微镜的目镜，使度盘和分微尺分划线清晰，度数由落在分微尺上的度盘分划线注记数字读出，分则由度盘分划线在分微尺上读出，不足 1′的则估读。在图 3.5 中，竖盘的读数窗中，分划尺的 0 分划线已过了 79°，竖盘读数应是 79°05.5′。

► 3.2.3 经纬仪的使用

经纬仪的使用包括对中、整平、瞄准和读数等操作步骤。

1)对中

对中的目的是使水平度盘中心与测站的标志中心位于同一铅垂线上。打开三脚架，按观测者的身高调节好三脚架 3 条架腿高度，拧紧架腿的固定螺旋，将三脚架安置在测站点附近，3 条架腿的张度适中，架头大致水平。从仪器箱中取出仪器，拧紧三脚架上的中心连接螺旋，将仪器和三脚架固连在一起。对中的方法有两种，垂球对中和光学对中器对中。

（1）垂球对中　用垂球对中时，先将垂球挂在三脚架中心连接螺旋的挂钩上，调整垂球线的长度，使垂球尖离地面的高度为 1 ~ 2 mm。当垂球尖与地面标志点较远，如图 3.6（a）所示，可平移三角架或以一只脚为中心将另外两只脚抬起以前后推拉或左右旋转的方式使垂球尖大致对准测站点，然后将架脚尖踩入土中。当垂球尖与地面标志点的偏差不大时，松开中心连接螺旋，在架头上缓慢移动仪器使垂球尖精确对准地面标志点，如图 3.6（b）所示，然后将中心连接螺旋拧紧。用垂球对中的误差一般可控制在 2 mm 以内，但误差仍相对较大，一般适用于初学者或是精度要求不高的测量。

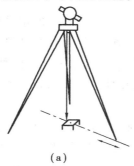

（a）　　　　　　　　　　　（b）

图 3.6　垂球对中

（2）光学对中器对中

①调整光学对中器目镜调焦螺旋,使对中标志(一般为小圆圈或十字)清晰,然后推拉光学对中器物镜筒进行物镜对光,使地面点成像清晰。

②眼睛通过光学对中器瞄准地面,并提起三角架的两只脚,以另外一只脚为中心移动,直至光学对中器标志中心与测站中心大致重合,然后放下三角架并踩实。

③调节脚螺旋使测站点标志中心与光学对中器标志中心严格重合。

通常情况下,用光学对中器对中的误差可控制在 1 mm 以内。

2）整平

整平的目的是通过调节脚螺旋使水准管气泡居中,从而使经纬仪的竖轴竖直,水平度盘处于水平位置。光学经纬仪的整平工作主要是通过基座上的 3 个脚螺旋来完成的,由于脚螺旋的调整范围有限,若仪器的竖轴倾斜过大时,需要先升降三角架的架腿,使圆水准气泡居中,称为粗平;然后再调整脚螺旋,使水准管气泡居中,称为精平。一般粗平和对中是同时进行的,当仪器对中以后,固定三角架的 3 只架腿,升或降三角架的架腿进行粗平时,仪器中心相对于地面标志点的偏移量很小。精平则是在对中和粗平完成以后再进行,其具体步骤如下:

①松开照准部制动螺旋,旋转照准部,使水准管平行基座上 3 个脚螺旋当中的任意两个脚螺旋,如图 3.7(a)所示。

②如图 3.7(b)所示,两只手同时相反或相对移动脚螺旋①和②,使水准管气泡居中,此时,脚螺旋①和②同高,水准管气泡移动方向与左手大拇指移动方向相同。

③将照准部旋转 90°,如图 3.7(c)所示,然后转动脚螺旋③,使水准管气泡居中,如图 3.7(d)所示,此时,脚螺旋①、②、③均同高。

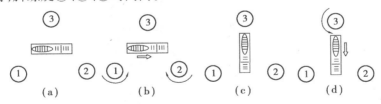

| (a) | (b) | (c) | (d) |

图 3.7 经纬仪整平操作

④重复上述步骤直至水准管气泡在任意位置都居中为止。

在精平过程中,转动脚螺旋,会破坏前面已经完成的对中。一般来说,精平以后,光学对中器中心相对于地面标志点的偏移量很小,只需要松开中心连接螺旋,在三角架架头上平移仪器,使光学对中器对中标志与地面标志点严格重合,然后拧紧中心连接螺旋。此时,若水准管气泡偏移,则再精确整平仪器,如此反复进行,直至对中、整平同时完成。

3）瞄准

瞄准目标就是用望远镜十字丝分划板的竖丝对准观测标志,如图 3.8 所示,具体步骤如下:

（1）目镜对光 松开照准部制动螺旋和望远镜制动螺旋,将望远镜对向明亮背景,转动目镜对光螺旋,使十字丝成像清晰。

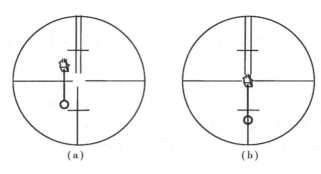

图 3.8　瞄准目标

（2）粗略瞄准　松开照准部制动螺旋与望远镜制动螺旋,转动照准部与望远镜,通过望远镜上的瞄准器对准目标,然后旋紧制动螺旋。

（3）物镜对光　转动位于镜筒上的物镜对光螺旋,使目标成像清晰并检查有无视差存在,如果发现有视差存在,应重新进行对光,直至消除视差。

（4）精确瞄准　旋转微动螺旋,使十字丝准确瞄准目标。观测水平角时,应尽量瞄准目标的底部,当目标宽于十字丝的双丝距时,宜用单丝平分;目标窄于双丝距时,宜用双丝夹住。

标杆、测钎和觇牌均为常用的瞄准工具,如图 3.9 所示,有时也可悬挂垂球用铅垂线作为瞄准标志。一般测钎常用于测站较近的目标,标杆常用于较远的目标,觇牌远近均适合,但一般与棱镜结合用于电子经纬仪或全站仪。

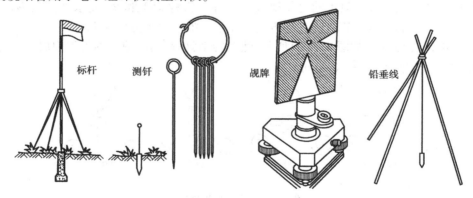

图 3.9　照准目标

通常将标杆、测钎的尖端对准目标点的标志,并尽量竖直立好以瞄准。觇牌要连接在基座上并通过连接螺旋固定在三角架上使用,需要通过基座上的脚螺旋和光学对中器进行精确对中和整平。

4）读数

读数前应调整度盘照明反光镜的位置与开合角度,使读数显微镜视场内亮度适当,转动读数显微镜目镜进行对光,使读数窗成像清晰,然后读数。

在水平角测量时,为了角度计算方便或减少度盘刻划误差,通常将起始方向的水平度盘读数安置在 0°00′00″附近或某一定值位置。对于有度盘变换手轮的经纬仪,在瞄准目标以后,打开水平度盘变换手轮保护盖,转动变换手轮使度盘转动到所需要的读数后,盖上保护盖,然后检查读数是否正确。对于有复测扳手的经纬仪,扳上复测扳手,读数显微镜中的读数随着照准部的转动而改变,当读数为所需的配置度盘读数时,扳下复测扳手。此时,水平度盘与照准部结合在一起,转动照准部时,读数显微镜中的读数不变,准确瞄准目标后,扳上复测扳手,此时,目标方向的读数即为需要的读数。

3.3 水平角测量

水平角的测量需根据观测目标的多少来确定观测方法。常用的水平角观测方法有测回法和方向观测法。

▶ 3.3.1 测回法

测回法适用于观测两个方向之间的单角,是水平角观测的基本方法。如图 3.10 所示,O 为测站点,A,B 为观测目标,用测回法观测 OA 与 OB 两方向之间的水平角 β。操作步骤如下:

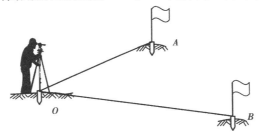

图 3.10　测回法观测水平角

①在 O 点安置经纬仪,对中、整平。

②盘左位置(竖盘在目镜的左边,也称为正镜),照准左目标 A 点,将水平度盘置于较 $0°00'00''$ 稍大一点的地方,读取读数 $a_左$,记入记录手簿中;顺时针转动照准部,照准右目标 B,读取读数 $b_左$,记入记录手簿中。以上称为盘左半测回或上半测回,水平角角值 $\beta_左 = b_左 - a_左$。

③盘右位置(竖盘在目镜的右边,也称为倒镜),照准右目标 B 点,读取读数 $b_右$,记入记录手簿中;逆时针转动照准部,照准左边目标 A,读取读数 $a_右$,记入记录手簿中。以上称为盘右半测回或下半测回,水平角角值 $\beta_右 = b_右 - a_右$。

上、下半测回合称一个测回。对于 DJ$_6$ 型光学经纬仪,如果上、下两半测回角值相差不大于 $\pm40''$,即 $|\beta_左 - \beta_右| \leq 40''$,认为观测合格。取上、下两半测回角值的平均值作为一测回角值 β,即

$$\beta = \frac{1}{2}(\beta_左 + \beta_右) \tag{3.2}$$

由于水平度盘是顺时针刻划注记的,所以计算水平角时,总是用右目标读数减去左目标读数,如果不够减,则应在右目标的读数上加上 $360°$,再减去左目标的读数,绝不可以倒过来相减。

需要对某个角进行多个测回观测时,为了减少水平度盘分划不均匀误差对水平角的影

响,各测回盘左起始方向(左目标)应根据测回数 n ,按 $180°/n$ 的差值变换度盘位置。一般将第一测回起始目标的度盘读数设置略大于 $0°\ 00'00''$。对 DJ_6 经纬仪,各测回角值互差如果不超过 $\pm40''$,取各测回角值的平均值作为最后角值。表 3.1 为测回法的记录与计算示例。

表 3.1　水平角观测手簿(测回法)

观测日期_____　仪器型号_____　观测者_____
天　　气_____　工程名称_____　记录者_____

测　站	竖盘位置	目标	水平度盘读数 °　　′　　″			半测回角值 °　　′　　″			一测回角值 °　　′　　″			各测回平均值 °　　′　　″		
O	左	A	0	01	42	98	04	12						
		B	98	05	54				98	04	18			
	右	A	180	01	36	98	04	24						
		B	278	06	00							98	04	22
O	左	A	90	02	06	98	04	18						
		B	188	06	24				98	04	27			
	右	A	270	01	54	98	04	36						
		B	08	06	30									

3.3.2　方向观测法

方向观测法也称全圆测回法。适用于在一个测站上观测 3 个或 3 个以上方向所夹的水平角。如图 3.11 所示,O 为测站点,A,B,C,D 为观测点。依次测定各个方向的方向值,任意两个方向的方向值之差就是这两个方向之间的水平角角值。观测水平角的技术要求如表 3.2 所列,具体操作步骤如下:

①在 O 点安置经纬仪,对中、整平。

②盘左位置,选定一距 O 点较远且目标明显的点(如图 3.11 中的 A 点),作为起始方向,精确瞄准 A 点,将水平度盘置于较 $0°\ 00'00''$ 稍大一点的地方,读取读数;松开照准部制动螺旋,顺时针方向依次瞄准目标 B,C,D 并读数;最后仍按顺时针方向再次瞄准起始方向 A 并读数,称为归零观测。两次瞄准起始方向 A 的读数之差称为"归零差"。以上称为上半测回。

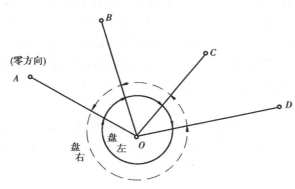

图 3.11　方向观测法水平角测量

③倒转望远镜成盘右位置,瞄准起始方向 A,并读数。然后按逆时针方向依次照准目标 D,C,B,A 并读数。以上称为下半测回,其归零差仍应满足限差要求。

表 3.2 水平角方向观测法的技术要求

仪器型号	半测回归零差/(")	一测回 2c 互差/(")	同一方向各测回互差/(")
DJ$_2$	8	13	9
DJ$_6$	18	60	24

上、下两个半测回合称一测回。需要观测 n 个测回时,各测回起始方向仍按 $180°/n$ 的差值,安置水平度盘读数。

④记录与计算:表 3.3 为方向观测法观测手簿,盘左各目标的观测读数从上往下记录,盘右各目标的观测读数从下往上记录。

表 3.3 水平角观测手簿(方向观测法)

观测日期_____　　　仪器型号_____　　　观测者_____
天　　气_____　　　工程名称_____　　　记录者_____

测站	测回	目标	水平度盘读数		2c	盘左、盘右平均读数	一测回归零方向值	各测回平均方向值	角　值
			盘左	盘右					
			° ′ ″	° ′ ″	″	° ′ ″	° ′ ″	° ′ ″	° ′ ″
1	2	3	4	5	6	7	8	9	10
O	第一测回	A	00 01 06	180 01 12	−6	(00 01 14) 00 01 09	00 00 00	00 00 00	90 49 12
		B	90 50 24	270 50 18	+6	90 50 21	90 49 07	90 49 12	
									61 30 09
		C	152 20 36	332 20 42	−6	152 20 39	152 19 25	152 19 21	
									98 09 05
		D	250 29 48	70 29 36	+12	250 29 42	250 28 28	250 28 26	
		A	00 01 12	180 01 24	−12	00 01 18			
		Δ	+6	+12					
O	第二测回	A	90 02 06	270 02 18	−12	(90 02 16) 90 02 12	00 00 00		
		B	180 51 36	00 51 30	+6	180 51 33	90 49 17		
		C	242 21 30	62 21 36	−6	242 21 33	152 19 17		
		D	340 30 42	160 30 36	+6	340 30 39	250 28 23		
		A	90 02 18	270 02 24	−6	90 02 21			
		Δ	+12	+6					

a. 归零差 Δ 的计算:对于起始方向,每半测回都应计算"归零差 Δ",并记入表格;一旦"归零差 Δ"超限,应及时进行重测。

b. 两倍视准误差 2c 的计算:

$$2c \ = \ 盘左读数 - (盘右读数 \pm 180°) \qquad (3.3)$$

式中:盘右读数大于 180°时取减 180°,盘右读数小于 180°时取加 180°。

各方向的 2c 值,填入表 3.3 第 6 栏。对于同一台仪器,在同一测回内,各方向 2c 值的变化值不应超过表 3.2 中的限差规定。如果超限,应在原度盘位置重测。

c. 各方向平均读数的计算:

$$平均读数 \ = \ \frac{1}{2}\bigl[\,盘左读数 + (盘右读数 \pm 180°)\,\bigr] \qquad (3.4)$$

计算时,以盘左读数为准,将盘右读数加或减 180°后和盘左读数取平均值。计算各方向的平均读数,填入表 3.3 第 7 栏。起始方向有两个平均读数,故应再取平均值。将起始方向两个平均读数的平均值,写在起始方向平均读数栏内,并加括号示意。

d. 归零后方向值的计算:将各方向的平均读数减去起始方向的平均读数(括号内数值)。起始方向归零后的方向值为零。

e. 各测回归零后方向平均值的计算:多测回观测时,同一方向值各测回互差,符合表 3.2 的规定后,取各测回归零后方向值的平均值作为最后结果,填入表 3.3 第 9 栏。

f. 水平角角值的计算:两方向的方向值之差就是这两个方向之间的水平角,计算结果填入表 3.3 第 10 栏。

当观测 3 个方向时,可以不做归零观测,但超过 3 个方向时,必须进行归零观测。

▶ 3.3.3 水平角的测量误差

水平角测量误差主要有仪器误差、观测误差以及外界条件的影响。

1)仪器误差

仪器误差的来源主要有两个方面:一方面是仪器虽经过检验及校正,但总会有残余误差存在,如视准轴不垂直于仪器横轴误差、横轴不垂直于竖轴误差等;另一方面是由仪器加工不完善所引起的,如水平度盘偏心差以及水平度盘刻划误差等。这些误差一般属于系统误差,可以采用一定的观测方法来减少甚至消除。

(1)视准轴不垂直于横轴误差 由望远镜视准轴不垂直于横轴引起。在测量时,视准轴不垂直于横轴对盘左和盘右水平角的影响大小相等且符号相反。因此,可采用盘左、盘右观测取平均的方法消除视准轴不垂直于横轴(称 c 角)误差。

(2)横轴不垂直于竖轴误差 由横轴不垂直于竖轴引起。在测量时,横轴不垂直于竖轴对盘左和盘右水平角的影响大小相等符号相反,因此可以通过盘左、盘右观测取平均的方法消除横轴不垂直于竖轴误差。

(3)竖轴倾斜误差 由仪器竖轴不垂直于水准管轴引起。由于盘左、盘右观测时,竖轴的倾斜方向相同,因此不能通过盘左、盘右观测取平均的方法来消除。同时,竖轴倾斜误差的大小与观测目标的竖直角大小有关。因此,观测前应严格检校仪器,观测时应仔细整平,保持照准部水准气泡居中,当照准部水准管气泡偏离中心超过一格时,应重新对中、整平仪器,重新观测。

（4）水平度盘偏心误差　水平度盘偏心误差是由照准部旋转中心与水平度盘分划中心不重合引起。盘左、盘右观测同一目标时，读数指标线在水平度盘上的位置具有对称性。在水平角测量时，此项误差亦可取盘左、盘右读数的平均值予以消除。

（5）水平度盘刻划不均匀误差　由仪器部件加工不完善引起的误差。在目前精密仪器制造工艺中，这项误差一般均很小。在水平角测量时，为提高测角精度，在各测回间按$180°/n$（n为测回数）的差值变换度盘位置，可以减少度盘刻划误差对水平角的测角影响。

2）观测误差

（1）仪器的对中误差　如图 3.12 所示，O 点为测站点，但在安置仪器时，仪器中心没有位于 O 点的铅垂线上，而位于 O' 点的铅垂线上，O 与 O' 两点之间的距离 e 称为偏心距。β 为无对中误差时测量的水平角角值。设仪器安置在 O' 点时实际测量的角值为 β'，测站 O 与 A，B 两点之间的距离分别为 D_1，D_2，则对中误差对水平角的影响为

$$\Delta\beta = \beta - \beta' = \delta_1 + \delta_2 \tag{3.5}$$

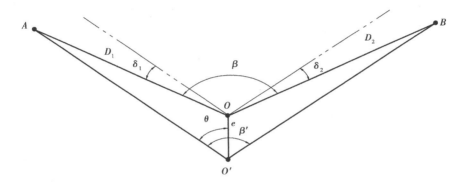

图 3.12　对中误差

因 δ_1，δ_2 很小，可写成：

$$\delta_1 = \frac{e \sin\theta}{D_1}\rho \tag{3.6}$$

$$\delta_2 = \frac{e \sin(\beta'-\theta)}{D_2}\rho \tag{3.7}$$

$$\Delta\beta = e\rho\left[\frac{\sin\theta}{D_1} + \frac{\sin(\beta'-\theta)}{D_2}\right] \tag{3.8}$$

由式（3.8）可知，对中误差对水平角的影响有以下特点：

① $\Delta\beta$ 与偏心距 e 成正比；

② $\Delta\beta$ 与测站点到目标的距离 D 成反比；

③ $\Delta\beta$ 还与水平角的大小有关，θ，$\beta'-\theta$ 越接近 $90°$，误差越大。

在观测水平角时，当观测目标距离较近或水平角接近 $180°$ 时，尤其要注意仪器的对中。

（2）目标偏心误差　目标偏心误差是由于观测标志倾斜或没有立在目标点中心引起。如

图 3.13 所示，O 为测站点，A 点为目标点，若 A 点的标杆倾斜了 α 角，其长度为 L，A' 为瞄准目标，A'' 为 A' 的投影，此时目标偏心距 $e = L \sin \alpha$，对水平角的影响为：

$$\delta = \frac{e}{D}\rho = \frac{L \sin \alpha}{D}\rho \tag{3.9}$$

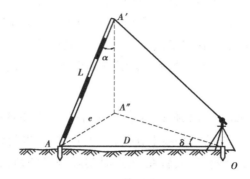

图 3.13　目标偏心误差

由式(3.9)可知，δ 与偏心距 e 成正比，与距离 D 成反比。在水平角测量时，标杆或其他照准标志应竖直，并要求尽可能瞄准标杆或其他标志的基部，以减少目标偏心误差的影响。

（3）整平误差　在水平角测量时，必须使水平度盘处于水平位置、竖轴竖直，若仪器未能精确整平或在观测过程中气泡不再居中，竖轴就会偏离铅直位置。整平误差不能用观测方法来消除。在测量过程中，若发现水准管气泡偏离零点超过一格以上时，应重新整平仪器，重新观测。

（4）照准误差　引起照准误差的因素很多，如望远镜孔径的大小、分辨率、放大率、十字丝粗细，人眼的分辨能力，目标的形状、大小、颜色、亮度和背景，以及周围的环境等，其中与望远镜放大率的关系最大。通常，人眼可以分辨两点间的最小视角为 $60''$，望远镜的照准误差一般用下式计算：

$$m_v = \pm \frac{60''}{v} \tag{3.10}$$

式中　v——望远镜的放大率。

（5）读数误差　读数误差与读数设备、照明情况和观测者的经验有关。一般来说，主要取决于读数设备。通常认为，DJ_6 光学经纬仪的估读误差不超过分划值的 $1/10$，即不超过 $\pm 6''$；DJ_2 光学经纬仪不超过 $\pm 1''$。如果照明情况不佳，读数显微镜存在视差，以及读数不熟练，估读误差还会增大。

3）外界条件的影响

观测是在一定条件下进行，外界条件对观测质量有直接影响，如松软的土壤和大风影响仪器的稳定、日晒和温度变化影响水准管气泡的运动、地面热辐射引起目标影像的跳动等，这些都会给观测水平角带来误差。因此，要选择目标成像清晰稳定的有利时间观测，设法克服或避开不利条件的影响，以提高观测成果的质量。

3.4 竖直角测量

▶ 3.4.1 竖直角测量原理

在同一竖直面内,倾斜视线与水平视线之间的夹角称为竖直角,也称倾斜角。

竖直角是由同一竖直面内的水平视线起算量到倾斜视线方向的角度。当倾斜视线在水平视线之上时,称为仰角,如图 3.14 所示的 θ_1,角值范围 $0° \sim +90°$;倾斜视线在水平视线之下时,称为俯角,如图 3.14 所示的 θ_2,角值范围 $0° \sim -90°$。

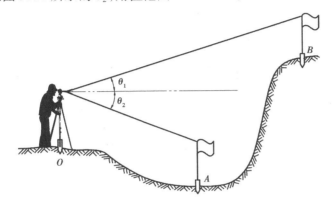

图 3.14 竖直角测量原理

在图 3.14 中,若想确定 θ_1、θ_2 的大小,需要有一个竖直刻度盘,且能安置在过目标方向线的竖直面内,通过瞄准设备和读数设备能分别读取倾斜视线与水平视线的读数,则竖直角 θ_1、θ_2 就可以计算出来。

▶ 3.4.2 竖盘装置

经纬仪用于测量竖直角的主要部件有竖盘、读数指标、竖盘指标水准管和竖盘指标水准管微动螺旋,如图 3.15 所示。竖盘垂直固定在横轴的一端,度盘刻划中心与横轴的中心重合。望远镜在竖直面内转动时,竖盘也随之转动。另外有一个固定的竖盘读数指标,竖盘读数指标与竖盘指标水准管安置在一起,不随竖盘一起转动,只能通过调节竖盘指标水准管微动螺旋,使竖盘读数指标与竖盘指标水准管仪器作微小的转动。当竖盘指标水准管气泡居中时,竖盘读数指标处于正确位置。DJ_6 级光学经纬仪的竖盘、竖盘读数指标以及竖盘指标水准管之间应满足:当望远镜的视线水平、竖盘指标水准管气泡居中时,竖盘读数指标在竖盘上位置盘左为 $90°$,盘右为 $270°$。

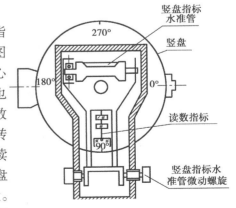

图 3.15 竖直度盘构造

▶ 3.4.3 竖直角的计算公式

竖盘的刻划是在全圆周上刻有0°~360°的刻线,但注记方式有顺时针和逆时针两种。通常在望远镜方向上注以0°或180°。

如图3.16所示,盘左位置的竖盘刻度注记,视线水平时为90°。当望远镜上仰时,若竖盘读数减少,如图3.16(b)所示,竖盘为顺时针注记;若读数增加,如图3.16(b)所示,则为逆时针注记。

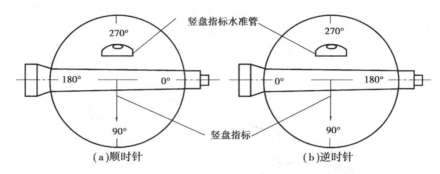

图3.16　竖盘刻度注记(盘左位置)

如图3.17所示,盘右位置的竖盘刻度注记,视线水平时竖盘读数为270°。当望远镜上仰时,若竖盘读数增大,如图3.17(a)所示,竖盘为顺时针注记;若读数减少,如图3.17(b)所示,则为逆时针注记。

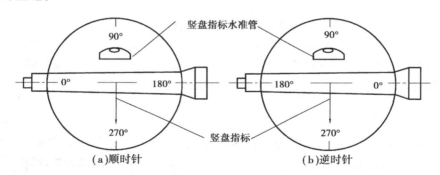

图3.17　竖盘刻度注记(盘右位置)

由于竖盘的注记顺序不同,竖直角的计算公式也不相同。在计算竖直角之前,应先判断竖盘注记顺序。按下面的通用公式来计算竖直角。

当望远镜上仰,竖盘读数减少时,竖直角 θ 为

$$\theta = 视线水平时的常数 - 瞄准目标时的读数 \qquad (3.11)$$

当望远镜上仰,竖盘读数增大时,竖直角 θ 为

$$\theta = 瞄准目标时的读数 - 视线水平时的常数 \qquad (3.12)$$

利用公式(3.11)和公式(3.12)来计算竖直角时,应首先判断视线水平时的常数,且同一仪器盘左、盘右的常数相差180°。

下面以顺时针注记的竖盘为例,来说明竖直角的计算公式。

如图 3.18（a）所示,盘左位置,当视线水平时,此时竖盘指标读数为 90°;然后缓慢上仰望远镜,读数逐渐减小,若读数为 L,则竖直角 θ_L 为

$$\theta_L = 90° - L \tag{3.13}$$

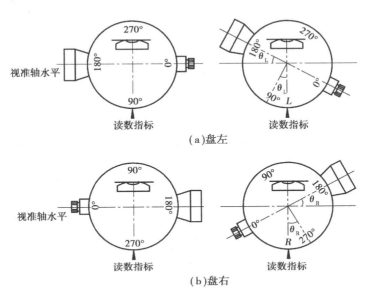

（a）盘左

（b）盘右

图 3.18　竖盘读数的竖直角计算

如图 3.18（b）所示,盘右位置,当视线水平时,此时竖盘读数为 270°;然后缓慢上仰望远镜,读数逐渐增加,若读数为 R,则竖直角 θ_R 为

$$\theta_R = R - 270° \tag{3.14}$$

对于同一目标,由于各种误差的存在,通过盘左、盘右观测得到的竖直角 θ_L,θ_R 并不一定相等,应取它们的平均值作为最后的结果。即

$$\theta = \frac{1}{2}(\theta_L + \theta_R) = \frac{1}{2}(R - L - 180°) \tag{3.15}$$

式（3.13）、（3.14）、（3.15）同样适用于计算竖直角为负数的俯角。

▶ 3.4.4　竖直角的观测

1）竖直角观测

①在测站点上安置经纬仪,对中、整平,判断视线水平时的读数、竖盘注记方式以及确定计算竖直角的方法。

②盘左位置瞄准目标,使十字丝横丝精确对准目标顶端,如图 3.19 所示,调节竖盘指标水准管微动螺旋,使竖盘指标水准管气泡居中,读取竖盘读数 L;以上称为上半测回。

③盘右位置瞄准目标,调节竖盘指标水准管微动螺旋,使竖盘指标水准管气泡居中,读取竖盘读数 R;以上称为下半测回。

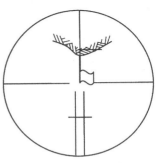

图 3.19　竖直角测量瞄准

上、下半测回合称一个测回。

2）记录与计算

将观测数据记入表3.4的竖直角观测手簿中，按式（3.13）和式（3.14）计算半测回竖直角角值，然后按式（3.15）计算一测回竖直角角值。

表3.4　竖直角观测手簿

观测日期＿＿＿＿＿＿　仪器型号＿＿＿＿＿＿　观测者＿＿＿＿＿＿

天　　气＿＿＿＿＿＿　工程名称＿＿＿＿＿＿　记录者＿＿＿＿＿＿

测站	目标	测回	竖盘位置	竖盘读数 ° ′ ″	半测回竖直角 ° ′ ″	指标差 ″	一测回竖直角 ° ′ ″	各测回竖直角 ° ′ ″	备注
O	A	1	左	72 18 18	+ 17 41 42	− 3	+ 17 41 39	+ 17 41 36	竖盘为顺时针注记
			右	287 41 36	+ 17 41 36				
	A	2	左	72 18 24	+ 17 41 36	− 3	+ 17 41 33		
			右	287 41 30	+ 17 41 30				
	B	1	左	95 52 42	− 05 52 42	− 3	− 05 52 45	− 05 52 42	
			右	264 07 12	− 05 52 48				
	B	2	左	95 52 36	− 05 52 36	− 3	− 05 52 39		
			右	264 07 18	− 05 52 42				

▶ 3.4.5　竖盘指标差

当视线水平、竖盘指标水准管气泡居中时，竖盘指标应处于正确位置，即正好指向90°或270°。由于经纬仪制造、运输和长期使用等原因使得读数指标偏离了正确位置，读数增大或者减小一个角值 x，称为竖盘指标差。如图3.20所示，指标差 x 实际上就是竖盘指标的实际位置和理论位置之间一个小的夹角，可正可负，偏离方向与竖盘注记方向一致时 x 为正，反之为负。

在图3.20（a）中，盘左位置，望远镜上仰，读数减小，若视线倾斜时的竖盘读数为 L，则正确的竖直角为

$$\theta = 90° - L + x = \theta_L + x \tag{3.16}$$

在图3.20（b）中，盘右位置，望远镜上仰，读数增大，若视线倾斜时的竖盘读数为 R，则正确的竖直角为

$$\theta = R - 270° - x = \theta_R - x \tag{3.17}$$

将式（3.16）和式（3.17）联立求解可得：

$$\theta = \frac{1}{2}(\theta_L + \theta_R) \tag{3.18}$$

$$x = \frac{1}{2}(\theta_R - \theta_L) \tag{3.19}$$

式（3.18）与竖盘不存在指标差时计算竖直角的计算公式（3.15）完全相同。由此可知，通过

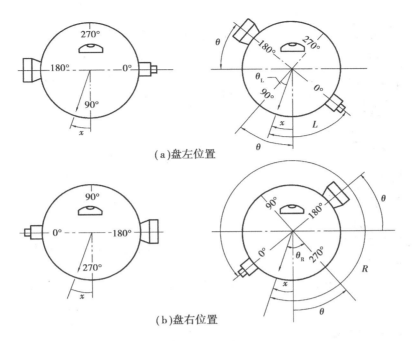

（a）盘左位置

（b）盘右位置

图3.20　竖直度盘指标差

盘左、盘右观测取平均,可以消除竖盘指标差的影响,获得正确的竖直角值。

　　在同一测站的观测中,同一台仪器的指标差值变化应该很小,但是由于各种误差的影响,使得各方向的指标差值发生变化,指标差互差可以反映观测成果的质量。为保证观测精度,对于 DJ$_6$ 光学经纬仪,《城市测量规范》规定在同一测站上不同目标的指标差互差或同方向指标差互差不得超过25″。若在观测过程中,指标差互差超限,需重新观测。

3.5　经纬仪的检验与校正

　　为了保证测量的角度达到规定要求,经纬仪的主要轴线和平面之间必须满足一定的关系。如图3.21所示,经纬仪的主要轴线有:仪器旋转轴 VV(也称竖轴)、望远镜的旋转轴 HH(也称横轴)、望远镜的视准轴 CC、照准部水准管轴 LL 和圆水准器轴 L′L′。由测量水平角和竖直角的基本原理可知,经纬仪在测量水平角度时,水平度盘必须处于水平位置,水平度盘分划中心位于仪器的竖轴上,望远镜在竖直面内绕横轴转动形成的面必须是铅垂面;经纬仪在测量竖直角时,竖盘必须处于铅垂位置,竖盘指标应处于正确位置。因此,经纬仪必须满足以下条件:

　　①照准部的水准管轴应垂直于竖轴(LL⊥VV)　如满足这一关系,当水准管气泡居中时,仪器竖轴竖直,水平度盘处于水平位置。

　　②圆水准器轴应平行于竖轴(L′L′⊥VV)　如满足这一关系,当圆水准器气泡居中时,仪器竖轴大致竖直;可使用圆水准器来粗略整平仪器。

　　③十字丝竖丝应垂直于横轴　如满足这一关系,当横轴水平时,十字丝竖丝处于铅垂

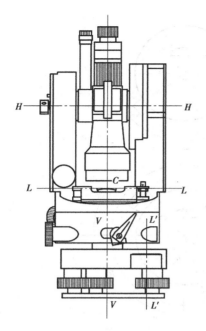

图 3.21　经纬仪主要轴线关系

位置。

④视准轴应垂直于横轴($CC \perp HH$)　如满足这一关系,望远镜绕横轴旋转时,其绕过的面是一个平面。

⑤横轴应垂直于竖轴($HH \perp VV$)　如满足这一关系,当仪器整平后,横轴水平,视线绕横轴旋转时,可形成一个铅垂面。

⑥光学对中器的视线应与照准部的旋转中心线重合　如满足这一关系,使用光学对中器对中后,在照准部转动过程中,仪器中心始终位于地面标志点的铅垂线上。

⑦视线水平时竖盘读数应为90°或270°　如满足这一关系,仪器不存在竖盘指标差。

▶ 3.5.1　水准管轴垂直于竖轴的检验与校正

1)检验方法

将仪器大致整平,转动照准部使水准管与两个脚螺旋的连线平行。旋转脚螺旋使水准管气泡居中,将照准部旋转90°后,旋转第3个脚螺旋使气泡居中,然后将照准部旋转90°,若气泡仍然居中,说明照准部水准管轴垂直于仪器竖轴;若气泡偏离大于1格,则需进行校正。

2)校正方法

先将仪器粗略整平后,使水准管平行于一对相邻的脚螺旋,并用这一对脚螺旋使水准管气泡居中,这时水准管轴已居于水平位置。如果经纬仪水准管轴与仪器竖轴不垂直,则它们之间的夹角与90°之间存在偏差 α,如图3.22(a)所示。将照准部旋转180°,由于它是绕竖轴旋转的,竖轴位置不动,则水准管轴偏移水平位置,气泡也不再居中,水准管轴与水平线之间的夹角为 2α,如图3.22(b)所示。校正时,首先旋转与水准管平行的两个脚螺旋,使气泡向中间位置移动偏离值的一半,如图3.22(c)所示,然后用校正针拨动水准管一端的校正螺钉,使气泡居中,此时水准管轴处于水平位置,仪器竖轴竖直,如图3.22(d)所示。

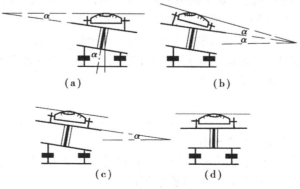

图 3.22　水准管轴垂直于竖轴的校正

此项检验与校正必须反复进行,直到照准部旋转到任何位置,水准管气泡的偏离值不超过一格为止。

▶ ### 3.5.2 十字丝竖丝垂直于横轴的检验与校正

1)检验方法

整平仪器,用十字丝交点精确瞄准某一明显的点状目标 P,如图 3.23 所示,然后拧紧照准部和望远镜的制动螺旋,转动望远镜竖向微动螺旋使望远镜绕横轴作微小上仰和下俯运动,如果目标点 P 始终在竖丝上移动,如图 3.23(a)所示,说明十字丝的竖丝垂直于横轴;如果目标点 P 不在竖丝上移动,如图 3.23(b)所示,则需要校正。

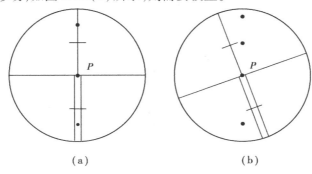

(a)　　　　　　　　　(b)

图 3.23　十字丝竖丝的检验

2)校正方法

与水准仪十字丝横丝垂直于竖轴的校正方法相同,但是此处只是使竖丝竖直。校正时,先打开望远镜目镜端护盖,松开 4 个十字丝固定螺丝,如图 3.24 所示,转动十字丝分划板,使目标点 P 始终在十字丝竖丝上移动,校正好后将固定螺丝拧紧,然后盖上目镜端护盖。

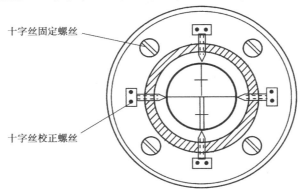

十字丝固定螺丝

十字丝校正螺丝

图 3.24　十字丝纵丝的校正

▶ ### 3.5.3 视准轴垂直于横轴的检验与校正

1)检验方法

视准轴不垂直于横轴所偏离的角值称为视准轴误差,一般用 c 表示。具有视准轴误差的

望远镜绕水平轴旋转时,视准轴将扫过一个圆锥面,而不是一个平面。

①如图 3.25(a)所示,在平坦地面上,选择相距 80~100 m 的 A,B 两点,将经纬仪安置在 A,B 连线中点 O 处,在 A 点设置一个与仪器大致同高的目标,在 B 点与仪器大致同高处横放一把带有毫米刻度的直尺,且直尺垂直于视线 OB。

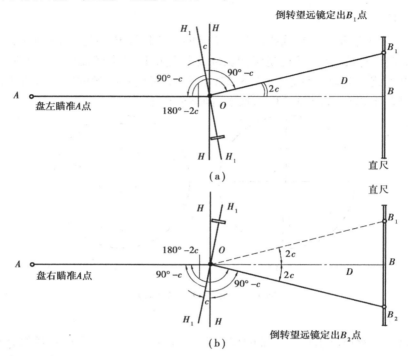

图 3.25 视准轴误差的检验

②用盘左位置瞄准 A 点,制动照准部,纵转望远镜,在 B 点尺上读得 B_1,如图 3.25(a)所示。

③用盘右位置再瞄准 A 点,制动照准部,纵转望远镜,在 B 点尺上读得 B_2,如图 3.25(b)所示。

若 B_1 与 B_2 读数相同,说明视准轴垂直于横轴;若 B_1 与 B_2 读数不相同,由图 3.25(b)可知,$\angle B_1OB_2 = 4c$,由此算得

$$c = \frac{B_1B_2}{4D}\rho'' \tag{3.20}$$

式中　B_1B_2——B_1 与 B_2 的读数之差;

　　　D——O 到 B 之间的水平距离;

　　　ρ ——弧度的秒值,$\rho'' = 206\,265''$。

一般规定,J_6 级经纬仪 c 值应小于 $\pm10''$,J_2 级经纬仪 c 值应小于 $\pm8''$,否则,需要校正。

2)校正方法

校正时,在横尺上由 B_2 点向 B_1 点量取 $\frac{1}{4}B_1B_2$ 的长度定出 B_3 点,OB_3 便与横轴 HH 垂

直。先打开望远镜目镜端护盖,松开十字丝固定螺丝,用校正针拨动图3.24所示的左右两个十字丝校正螺丝,先松后紧,左右移动十字丝分划板,直至十字丝交点对准 B_3 。此项检验与校正需反复进行,直到 c 值满足要求为止。

▶ ### 3.5.4 横轴垂直于竖轴的检验与校正

1)检验方法

①如图3.26所示,在距一垂直墙面20~30 m处,安置经纬仪,整平。

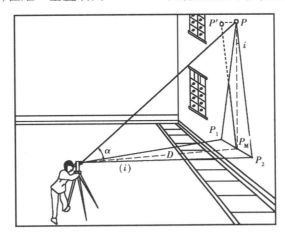

图3.26 横轴垂直于竖轴的检验与校正

②盘左位置,瞄准墙面上高处一明显目标 P ,此时的竖直角不宜过大也不宜过小,以30°为宜。

③固定照准部,将望远镜置于水平位置,根据十字丝交点在墙上定出一点 P_1 。

④倒转望远镜成盘右位置,瞄准 P 点,固定照准部,再将望远镜置于水平位置,定出点 P_2 。

⑤如果 P_1 , P_2 两点重合,说明横轴垂直于竖轴。如图3.26可知

$$i = \frac{P_1 P_2 \times \cot \alpha}{2D} \rho'' \tag{3.21}$$

通常,J_6 级经纬仪 i 值应小于 $\pm 20''$,J_2 级经纬仪 i 值应小于 $\pm 15''$,否则,需要校正。

2)校正方法

①在墙上定出 P_1 , P_2 两点连线的中点 P_M ,仍以盘右位置旋转水平微动螺旋,照准 P_M 点,转动望远镜,仰视 P 点,这时十字丝交点偏离 P 点,设为 P' 点。

②打开仪器支架的护盖,松开望远镜横轴的校正螺钉,转动偏心环,升高或降低横轴的一端,使十字丝交点准确照准 P 点,最后拧紧校正螺钉。

此项检验与校正也需反复进行。由于光学经纬仪密封性好,仪器出厂时经过严格检验,一般情况下横轴不易变动。但测量前仍应进行检验,如有问题,最好送专业修理单位检修。

► 3.5.5 竖盘指标差的检验与校正

观测竖直角时,采用盘左、盘右观测取其平均值,可消除竖盘指标差对竖直角的影响,但在某些对角度精度要求不高的测量时,往往只测量半个测回,如果仪器的竖盘指标差过大,角度误差就会很大。

1)检验方法

用盘左、盘右照准同一目标,并读得其读数 L 和 R 后,按公式(3.19)计算其指标差值。若 x 为零,则指标差为零;如 x 值超出规范 $1'$ 时,应进行校正。

2)校正方法

保持盘右照准原来的目标不变,这时的正确读数应为 $R-x$。用指标水准管微动螺旋将竖盘读数安置在 $R-x$ 的位置上,这时竖盘指标水准管气泡不再居中,调节竖盘指标水准管校正螺丝,使气泡居中即可。

3.6 电子经纬仪

► 3.6.1 电子经纬仪的测角原理

电子经纬仪是在光学经纬仪的基础上随着电子技术的发展而发展起来的新一代测角仪器,它集成了机、电、光于一体,在微处理器控制下实现测角数字化。电子经纬仪与光学经纬仪的主要区别在于其测角系统以及液晶显示,其他操作如仪器的对中、整平等都相同。图3.27 为我国南京测绘仪器厂生产的 DZJ5 电子经纬仪。

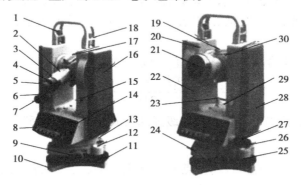

图 3.27 DZJ5 电子经纬仪

1—提把固定镙钉;2—调焦手轮;3—分划板座;4—目镜座;5—目镜罩;6—垂直微动手轮;
7—垂直制动手轮;8—键盘;9—光学对中器;10—三角底板;11—脚螺旋;12—圆水准器;
13—基座固定把;14—液晶显示器;15—测距仪接口;16—横轴中心标记;17—粗瞄器座;
18—提把;19—粗瞄器;20—照准部;21—物镜;22—电子手簿接口;23—水准管改正镙钉;
24—三角座;25—圆水准器改正螺钉;26—水平制动手轮;27—水平微动手轮;28—电池盒;
29—水准管;30—分划板照明转换手轮

电子经纬仪的测角系统通过角-码变换器,将角位移量变为二进制码,再通过一定的电路,将其译成度、分、秒,用数字形式在液晶显示器上显示出来。目前常用的角-码变换方法有编码度盘测角系统和光栅度盘测角系统。

1)编码度盘测角系统

编码度盘是以二进制代码运算为基准的绝对式的测角系统,在编码度盘每个位置上的度、分、秒都可以直接读取,如图3.28所示编码度盘。为了对度盘进行二进制编码,将整个度盘沿径向均匀地划分为16个由圆心向外辐射的等角区间称为码区,每个区间的角值相应为 $360°/16 = 22°30'$;由里向外分成4个同心圆环称为码道。每个码区被码道分成4段黑白光区,黑色为透光区,白色为不透光区,透光表示二进制代码"1",不透光表示"0"。不同的码区可形成不同的4位编码。每4位编码

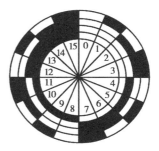

图3.28　编码度盘测角原理

代表度盘的一个位置,从而达到对度盘区间编码的目的。如图中顺时针方向依次可读出0000,0001,0010,…,1111等,各个区间的状态如表3.5所示。

表3.5　二进制编码表

区间	二进制编码	角值/(° ′)	区间	二进制编码	角值/(° ′)	区间	二进制编码	角值/(° ′)
0	0000	0 00	6	0110	135 00	11	1000	247 30
1	0001	22 30	7	0111	157 30	12	1100	270 00
2	0010	45 00	8	1000	180 00	13	1101	292 30
3	0011	67 30	9	1001	202 30	14	1110	315 00
4	0100	90 00	10	1010	225 00	15	1111	337 30
5	1101	112 30						

表3.5为图3.28中各码区对应的编码表。由此根据两个目标方向所在不同码区便可获得两个方向间的夹角。编码度盘的分辨率取决于码道数,码道数愈多,分辨率愈高。

如图3.29所示,为了识别照准方向落在度盘区间的编码,在度盘上方沿径向每个码道安

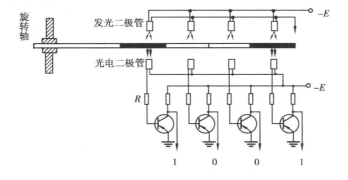

图3.29　编码接收检测系统

装一个发光二极管组成光源系列;在度盘下方相应位置安装一组光电二极管,组成通过码道编码的将光信号转化为电信号输出的接收检测系列,从而识别度盘区间的编码。通过对两个方向的编码识别,即可求得测角值。

2)光栅度盘测角系统

如图 3.30 所示,在玻璃圆盘上均匀地按一定的密度刻有透明与不透明的等角距径向刻线,构成等间隔的明暗条纹,这种度盘称为光栅度盘。通常光栅的刻线宽度与缝隙宽度相同,二者之和 d 称为光栅的栅距。栅距所对应的圆心角即为光栅度盘的分划值。

由于光栅不透光,而缝隙透光,因此,在光栅度盘的下方安置一个发光二极管用来发射光线,在度盘上方安置一个光敏二极管来接收光线,将光信号转变为电信号。光栅度盘转动时,可以利用一个计数器来计算光敏二极管接收到的光线的次数,从而知道光栅度盘转动的栅距数,根据栅距数就可以求出相应的角度值。

从测角的原理可以看出,光栅度盘的栅距就相当于光学度盘的分划,栅距越小,则角度分划值越小,测角的精度越高。例如,在一个直径为 80 mm 的光栅度盘上,如果刻划有 12 500 条细线(每毫米 50 条),那么栅距的分划值为 $1'44''$。为了提高测角精度,还必须对栅距进行细分,分成几十至上千等份。由于栅距太小,细分和计数都不易准确,所以在光栅测角系统中都采用了莫尔条纹技术,借以将栅距放大,再细分和计数。莫尔条纹如图 3.31 所示,是用与光栅度盘相同密度和栅距的一段光栅(称为指示光栅),与光栅度盘以微小的间距重叠起来,并使两光栅刻线互成一微小夹角 θ,这时就会出现放大的明暗交替的条纹,这些条纹就是莫尔条纹。通过莫尔条纹,即可使栅距 d 放大至 D。

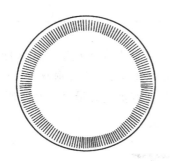

图 3.30　电子经纬仪光栅度盘

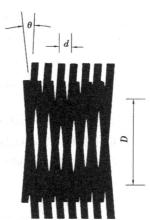

图 3.31　电子经纬仪莫尔条纹度盘

▶ 3.6.2　电子经纬仪的使用方法

1)仪器的安置、数据显示

电子经纬仪的使用方法与光学经纬仪的使用方法大致相同。安置好仪器后,对中、整平、瞄准,显示读数。下面以 DZJ5 电子经纬仪为例说明电子经纬仪的使用方法。

图 3.32 所示的为 DZJ5 电子经纬仪的显示屏与操作键。各键功能如表 3.6 所示,在液晶

显示屏中,VZ 表示竖直角(天顶为零),HR 表示水平角顺时针递增(出厂状态)。

图 3.32 DZJ5 电子经纬仪显示屏与操作键

表 3.6 DZJ5 电子经纬仪各键功能

键	名称	功能
开 关 ○	开关键	电源开关,按一次开,再按一次关
模式 ○	模式键	1. 测角/测距模式转换 2. 初始设置确认
左/右 坐标 ○	盘左、盘右转换键	1. 顺转/逆转水平角 2. 竖盘指标差改正
锁定 ◁ ○	锁定键	1. 水平角锁定 2. 初始设置光标左移,$2c$ 改正
百分率 △ ○	百分率键	1. 竖角和斜率百分比转换 2. 测距状态下,斜距、平距、高差,x,y,z,水平角显示 3. 初始设置修改
置零 ▷ ○	置零键	1. 水平置零 2. 初始设置光标右移,i 角改正
⊗ 记录 ○		1. 分划板和液晶显示器照明 2. 通讯

2) 角度测量

(1) 水平角测量　按电源开关键后,显示屏上显示水平角,转动望远镜后即显示竖直角,仪器处于测角状态。调节目镜,使分划板十字丝清晰,用初瞄器概略照准目标,再旋转调焦手

轮,使成像清晰。用垂直和水平制微动螺旋,即可精确照准目标,读取显示屏上竖直角和水平角值。

在水平角观测过程中,有时需要使某一个方向值为零,这时需要连续按两次置零键,水平角显示为"0"。有时还需要使某一个方向值为一定值,例如为 45°20′20″,转动照准部,使显示屏显示在上述角值附近,拧紧水平制动手轮,旋转水平微动手轮,精确显示 45°20′20″,连续按两次锁定键,松开水平制动手轮,转动照准部对准目标附近后,拧紧水平制动手轮,利用水平微动手轮精确对准目标,显示仍不变。再次按锁定键,消除锁定,读数不变,即设置完毕。

(2)竖直角测量　根据作业需要,选择竖直角的表示方式:以天顶方向为 0°,水平方向为 90° 或天顶方向为 90°,水平方向为 0°。分别用盘左和盘右照准目标,显示屏显示竖盘读数。

习题与思考

1. 什么是水平角? 什么是竖直角? 简述它们的测角原理。
2. 光学经纬仪由哪几部分组成? 各部分有什么作用?
3. 简述光学经纬仪的操作步骤。
4. 在水平角观测时对中和整平的目的是什么?
5. 简述方向观测法的操作步骤。
6. 水平角观测的主要误差有哪些?
7. 采用盘左、盘右观测取平均的方法可以消除哪些误差?
8. 光学经纬仪主要轴线之间应该满足什么条件?
9. 整理表 3.7 中测回法观测水平角的成果。

表 3.7　第 9 题测回法观测手簿

测站	竖盘位置	目标	水平度盘读数 ° ′ ″	半测回角值 ° ′ ″	一测回角值 ° ′ ″	各测回平均值 ° ′ ″
O	左	A	00 02 06			
		B	79 24 30			
	右	A	180 02 12			
		B	259 24 24			
O	左	A	90 02 36			
		B	169 25 12			
	右	A	270 02 42			
		B	349 25 00			

10. 整理表 3.8 中方向观测法观测水平角的成果。

表 3.8　第 10 题方向观测手簿

测站	测回	目标	水平度盘读数		2c	盘左、盘右平均读数	一测回归零方向值	各测回平均方向值	角 值
			盘 左	盘 右					
			° ′ ″	° ′ ″	″	° ′ ″	° ′ ″	° ′ ″	° ′ ″
1	2	3	4	5	6	7	8	9	10
O	第一测回	A	00 01 00	180 00 36					
		B	89 30 36	269 30 18					
		C	162 31 30	342 31 12					
		D	238 27 06	58 26 42					
		A	00 00 54	180 00 30					
		Δ							
O	第二测回	A	90 00 54	270 00 30					
		B	179 30 36	359 30 24					
		C	252 31 18	72 30 54					
		D	328 26 36	148 26 24					
		A	90 00 48	270 00 24					
		Δ							

11. 整理表 3.9 中竖直角观测成果。

表 3.9　第 11 题竖直角观测手簿

测站	目标	测回	竖盘位置	竖盘读数	半测回竖直角	指标差	一测回竖直角	各测回竖直角	备注
				° ′ ″	° ′ ″	″	° ′ ″	° ′ ″	
O	A	1	左	81 38 06					
			右	278 21 36					
	A	2	左	81 38 12					
			右	278 21 30					竖盘为顺时针注记
	B	1	左	96 12 24					
			右	263 47 30					
	B	2	左	96 12 30					
			右	263 47 24					

参考答案

9. 整理表 3.7 中测回法观测水平角的成果。

测站	竖盘位置	目标	水平度盘读数 ° ′ ″	半测回角值 ° ′ ″	一测回角值 ° ′ ″	各测回平均值 ° ′ ″
O	左	A	00 02 06	79 22 24	79 22 18	79 22 22
		B	79 24 30			
	右	A	180 02 12	79 22 12		
		B	259 24 24			
O	左	A	90 02 36	79 22 36	79 22 27	
		B	169 25 12			
	右	A	270 02 42	79 22 18		
		B	349 25 00			

10. 整理表 3.8 中方向观测法观测水平角的成果。

测站	测回	目标	水平度盘读数		2c	盘左、盘右平均读数	一测回归零方向值	各测回平均方向值	角 值
			盘 左 ° ′ ″	盘 右 ° ′ ″	″	° ′ ″	° ′ ″	° ′ ″	° ′ ″
1	2	3	4	5	6	7	8	9	10
O	第一测回	A	00 01 00	180 00 36	+24	(00 00 45) 00 00 48	00 0 00	00 0 00	89 29 46
		B	89 30 36	269 30 18	+18	89 30 27	89 29 42	89 29 46	
		C	162 31 30	342 31 12	+18	162 31 21	162 30 37	162 30 32	73 00 46
		D	238 27 06	58 26 42	+24	238 26 54	238 26 09	238 26 00	75 55 28
		A	00 00 54	180 00 30	+24	00 00 42			
		Δ	−6	−6					
O	第二测回	A	90 00 54	270 00 30	+24	(90 00 39) 90 00 42	00 00 00		
		B	179 30 36	359 30 24	+12	179 30 30	89 29 51		
		C	252 31 18	72 30 54	+24	252 31 06	162 30 27		
		D	328 26 36	148 26 24	+12	328 26 30	238 25 51		
		A	90 00 48	270 00 24	+24	90 00 36			
		Δ	+12	−6					

11. 整理表 3.9 中竖直角观测成果。

测站	目标	测回	竖盘位置	竖盘读数 ° ′ ″	半测回竖直角 ° ′ ″	指标差 ″	一测回竖直角 ° ′ ″	各测回竖直角 ° ′ ″	备注
O	A	1	左	81 38 06	+8 21 54	−9	+8 21 45	+8 21 42	竖盘为顺时针注记
			右	278 21 36	+8 21 36				
	A	2	左	81 38 12	+8 21 48	−9	+8 21 39		
			右	278 21 30	+8 21 30				
	B	1	左	96 12 24	−6 12 24	−3	−6 12 27	−6 12 30	
			右	263 47 30	−6 12 30				
	B	2	左	96 12 30	−6 12 30	−3	−6 12 33		
			右	263 47 24	−6 12 36				

4

距离测量及直线定向

〖**本章提要**〗

本章主要介绍距离丈量的 3 种方法:钢尺量距、普通视距测量、电磁波测距,以及测量原理、操作方法及成果处理;并介绍直线定向的相关概念,及方位角和坐标方位角的计算。

距离和方向是确定地面点平面位置的几何要素。因此测定地面上两点的距离和方向,是测量的基本工作。

距离测量就是测量地面两点之间的水平距离。地面点沿着铅垂线方向投影到同一水平面,投影点之间的距离称为水平距离。如果测得的是倾斜距离,还必须换算成水平距离。根据所使用的仪器和测量方法的不同,距离测量分为:钢尺量距、视距测量、电磁波测距和卫星测距等,本章主要介绍前 3 种方法。直线定向就是确定直线与标准方向之间的夹角。

4.1 钢尺量距

▶ 4.1.1 量距工具

钢尺是用薄钢片制成的带状尺,可卷入金属圆盒内,故又称为钢卷尺,如图 4.1 所示。常用的钢尺长度有 20 m、30 m 和 50 m,基本分划有 cm 和 mm 两种。根据钢尺的零点位置不同,钢尺有端点尺和刻线尺之分,如图 4.2 所示。两者的区别在于尺的零点位置不同,端点尺是以尺的最外缘作为尺的零点(如图 4.2(a)),而刻线尺则以尺的前端某一刻线作为尺的零点(如图 4.2(b))。

钢尺抗拉强度高,不易拉伸,所以量距精度较高,但由于钢尺性脆,易折断,易生锈,使用时要避免扭折,防止受潮。

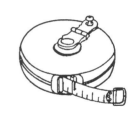

钢尺量距的辅助工具有测钎、标杆、垂球、弹簧秤和温度计等。测钎一般用钢筋制成,上部弯成小圆环,下部磨尖,将测钎插入地面,用以标定尺端点的位置,计算整尺段数,亦可作为近处目标的瞄准标志。标杆,又称花杆,用以标定点位或直线的方向,

图 4.1　钢尺

由坚实不易弯曲的木杆制成,也有用铝合金制成的金属标杆。垂球用金属制成,上大下尖呈圆锥形,上端中心系一细绳,悬吊后,垂球尖与细绳在同一垂线上。它常用于在斜坡上丈量水平距离。此外还有弹簧秤和温度计,它们分别用来控制拉力和测定观测时的温度。

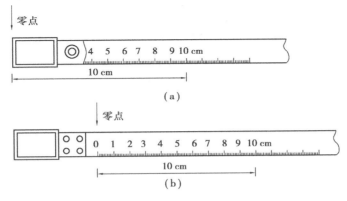

图 4.2　端点尺和刻线尺

▶ 4.1.2　直线定线

水平距离测量时,当地面上两点间的距离超过一整尺长,或地势起伏较大,一尺段无法完成丈量工作,需要在两点的连线上标定出若干个点,这项工作称为直线定线。按精度要求的不同,直线定线有目估定线和经纬仪定线两种方法。

1)目估法定线(又称为标杆定线)

如图 4.3 所示,A,B 为地面上互相通视的两点,欲在 A,B 两点间的直线上定出 1,2 等分段点,可在 A,B 两点上竖立测杆,测量员甲立于 A 点测杆后面 $1 \sim 2$ m 处,用眼睛自 A 点测杆后面瞄准 B 点测杆。测量员乙手持另一测杆沿 BA 方向走到离 B 点大约一尺段长的 1 点附近,按照甲指挥手势左右移动测杆,直到测杆位于 AB 直线上为止,插下测杆(或测钎),定出 1 点。同法可以定出 2 点。一般在定线时,分段点与点之间的距离短于一个尺长。

2)经纬仪定线

如图 4.4 所示,先将经纬仪安置于 A 点,瞄准 B 点处的标杆,固定照准部的制动螺旋。然后将望远镜向下俯视,甲用手势指挥乙移动标杆,当标杆影像与十字丝的纵丝重合时,在标杆处打下木桩,桩顶高出地面 $3 \sim 5$ cm,并根据十字丝在木桩顶端钉下铁钉,并画出定线方向,定

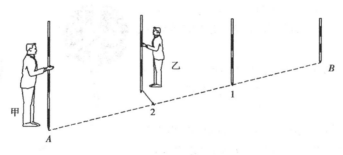

图 4.3　目估法定线

出 1 点的位置。同样的方法可以定位其他的分段点。

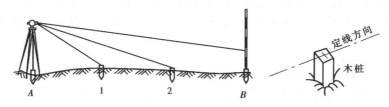

图 4.4　经纬仪定线及桩顶定线方向

▶ 4.1.3　量距方法

钢尺距离丈量可分为平坦地面的距离丈量和倾斜地面的距离丈量。倾斜地面的距离丈量又分为平量法和斜量法。

1)平坦地面的丈量方法

如图 4.5 所示,丈量前,先将待测距离的两个端点 A,B 用木桩(桩顶钉一小钉)标志出来,并在两点上竖立测杆(或测钎),标定该直线方向。然后,后尺手持钢尺的零端位于 A 点,前尺手持尺的末端并携带一束测钎,沿 AB 方向前进,至一尺段长处停下。后尺手以手势指挥前尺手将钢尺拉在 AB 直线方向上;后尺手以尺的零点对准 A 点,两人同时将钢尺拉紧、拉平、拉稳后,前尺手将测钎对准钢尺末端刻划竖直插入地面(在坚硬地面处,可用铅笔在地面划线作标记),得 1 点,完成第一尺段的测量。以同法测量其他尺段。依此继续丈量,直至最后量出不足一整尺的余长 q。则 A,B 两点间的水平距离为

$$D = nl + q \qquad (4.1)$$

式中　n —— 整尺段数;

　　　l —— 钢尺的整尺段长度,m;

　　　q —— 不足一个整尺段的余长,m。

为了防止丈量错误和提高精度,一般还应由 B 点向 A 点方向进行测量。如果将 $A{\rightarrow}B$ 方向的丈量称为往测,那么 $B{\rightarrow}A$ 方向称为返测,返测时应重新进行定线。取往、返测距离的平

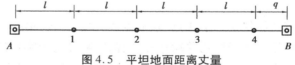

图 4.5　平坦地面距离丈量

均值作为直线 AB 最终的水平距离。即

$$D = \frac{1}{2}(D_{往} + D_{返}) \tag{4.2}$$

量距精度通常用相对误差 K 来衡量。相对误差是往返测之差 ΔD 与平均距离 D 之比,通常化为分子为 1 分母为整数的分数形式,即

$$K = \frac{\Delta D}{D} = \frac{|D_{往} - D_{返}|}{D} = \frac{1}{\dfrac{D}{|D_{往} - D_{返}|}} = \frac{1}{M} \tag{4.3}$$

【例 4.1】 测量 AB 之间的距离,$D_{往} = 123.51$ m,$D_{返} = 123.48$ m,试求 AB 两点间距离测量的相对误差。

【解】

$$K = \frac{|123.51 - 123.48|}{\dfrac{123.51 + 123.48}{2}} \approx \frac{1}{4\,100}$$

相对误差分母越大,K 值越小,距离测量的精度越高;反之精度越低。通常情况下,在平坦地区钢尺量距的精度要达到 $\dfrac{1}{3\,000}$,在地形起伏较大地区应达到 $\dfrac{1}{2\,000}$,在困难地区应达到 $\dfrac{1}{1\,000}$。

2)倾斜地面的丈量方法

(1)平量法 在倾斜地面量距时,如果地面起伏不大,可将钢尺拉平进行丈量。如图 4.6 所示,丈量时,后尺手以尺的零点对准地面 A 点,并指挥前尺手将钢尺拉在 AB 直线方向上,同时前尺手抬高尺子的一端,两人用力将尺子拉平拉稳后,将锤球线紧靠钢尺上某一分划线,用锤球尖投影于地面上,再插上测钎,得 1 点。此时钢尺上分划线读数即为 A,1 两点间的水平距离。以同法继续丈量其余各尺段,直至 B 点。为了丈量方便,返测也应由高向低进行。若精度符合要求,则取往返测的平均值作为最终结果。

(2)斜量法 如图 4.7 所示,当倾斜地面的坡度比较均匀或高低起伏较大时,可以沿斜坡丈量出 A,B 两点间的斜距 L,用水准测量或其他方法量出 A,B 两点的高差 h,也可用经纬仪测出直线 AB 的倾斜角 α,然后计算 AB 的水平距离 D,即

$$D = \sqrt{L^2 - h^2} \tag{4.4}$$

或

$$D = L\cos\alpha \tag{4.5}$$

此外,还可以通过计算倾斜改正数,将倾斜距离改化为水平距离。如图 4.7 所示,现在要将斜距 L 换算成水平距离 D,就需要加入改正数 ΔL_h,从图中可以看出

$$\Delta L_h = D - L = \sqrt{L^2 - h^2} - L = L\left(1 - \frac{h^2}{L^2}\right)^{\frac{1}{2}} - L \tag{4.6}$$

将 $\left(1 - \dfrac{h^2}{L^2}\right)^{\frac{1}{2}}$ 用级数展开,并代入上式可得

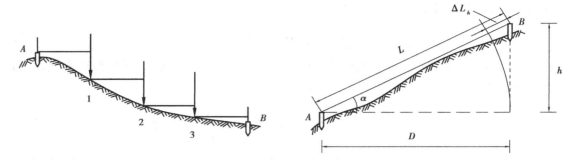

图 4.6 平量法　　　　　　　　　　　图 4.7 斜量法

$$\Delta L_h = L\left(1 - \frac{h^2}{2L^2} - \frac{h^4}{8L^4} - \cdots\right) - L = -\frac{h^2}{2L} - \frac{h^4}{8L^3} - \cdots$$

由于 h 一般不大,所以只取上式右端第一项,可得倾斜改正数的计算公式,即

$$\Delta L_h = -\frac{h^2}{2L} \tag{4.7}$$

由式(4.7)可知,倾斜改正数恒为负值。

▶ 4.1.4 钢尺量距成果计算

由于受钢尺材料、刻划误差、拉力不同及温度等因素的影响,使钢尺尺面注记长度与实际长度不相等,用这样的钢尺测量会包含一定的误差,所以必须进行钢尺检定,计算出钢尺在标准温度和标准拉力下的实际长度,并给出钢尺的尺长方程式,以便于对钢尺的丈量结果进行改正,计算出丈量结果的实际长度。此外,如果丈量结果为倾斜距离,还需要进行倾斜改正。

1)尺长方程式

钢尺经过专门检定部门检定,得出钢尺在标准温度和标准拉力下的实际长度,并给出钢尺的尺长方程式,其表达形式为

$$l_t = l_0 + \Delta l + \alpha l_0(t - t_0) \tag{4.8}$$

式中　l_t——钢尺在温度 t 时的实际长度;

　　　l_0——钢尺的名义长度;

　　　Δl——尺长改正数,等于钢尺检定时读出的实际长度减去钢尺的名义长度;

　　　α——钢铁的膨胀系数($1.15 \times 10^{-5} \sim 1.25 \times 10^{-5}/℃$);

　　　t——钢尺使用时的温度;

　　　t_0——钢尺检定时的标准温度(一般为 20 ℃或者 25 ℃)。

2)成果计算

在精密量距过程中,设某一丈量距离为 L,可根据尺长方程式进行尺长改正和温度改正。此外,如果丈量结果为倾斜距离,还需要进行倾斜改正。在测量学中,上述工作统称为距离的三项改正。

(1)尺长改正　钢尺在标准拉力、标准温度下的检定长度 l' 与钢尺的名义长度 l_0 一般不相等,其差数 Δl 为整尺段的尺长改正数,即

$$\Delta l = l' - l_0$$

则任一丈量距离 L 的尺长改正数为

$$\Delta l_d = \frac{\Delta l}{l_0}L \qquad (4.9)$$

（2）温度改正 钢尺长度受温度的影响会伸缩。当量距时的温度 t 与检定钢尺时的温度 t_0 不一致时，实测距离 L 需进行温度改正，其公式为

$$\Delta l_t = \alpha(t - t_0)L \qquad (4.10)$$

（3）倾斜改正 详见公式（4.7）。

综上所述，实测距离 L 改正后的水平距离 D 为

$$D = L + \Delta l_d + \Delta l_t + \Delta l_h \qquad (4.11)$$

此外，还可采用另一种方法对所量测距离 L 进行三项改正。首先，根据钢尺的尺长方程式推算出钢尺的实际长度 l_t；然后，求出每米钢尺的实际长度 l_t/l_0，则所量测距离 L 的实际长度 D' 为

$$D' = L \cdot \frac{l_t}{l_0} \qquad (4.12)$$

若丈量结果为倾斜距离，则需按公式（4.7）进行倾斜改正 ΔL_h。改正后的水平距离 D 为

$$D = D' + \Delta L_h \qquad (4.13)$$

【例 4.2】 某钢尺的尺长方程式为 $l_t = 30 \text{ m} + 0.006 \text{ m} + 1.25 \times 10^{-5} \text{ ℃}^{-1} \times 30 \text{ m} \times (t - 20 \text{ ℃})$。用此钢尺在 25 ℃ 条件下丈量一段水平距离为 162.356 m 的距离，求改正后的实际距离。

【解】 首先计算 25 ℃ 时钢尺的实际距离

$$l_t = 30 \text{ m} + 0.006 \text{ m} + 1.25 \times 10^{-5} \text{ ℃}^{-1} \times 30 \times (25 \text{ ℃} - 20 \text{ ℃}) \text{ m} = 30.008 \text{ m}$$

根据公式（4.9）计算所丈量距离的实际长度为

$$D' = L \cdot \frac{l_t}{l_0} = 162.356 \times \frac{30.008}{30} \text{ m} = 163.400 \text{ m}$$

【例 4.3】 某钢尺的尺长方程式为 $l_t = 30 \text{ m} - 0.008 \text{ m} + 1.25 \times 10^{-5} \text{ ℃}^{-1} \times 30 \text{ m} \times (t - 20 \text{ ℃})$。用此钢尺在 30 ℃ 条件下丈量一段坡度均匀、长度为 150.620 m 的距离。丈量时的拉力与钢尺检定拉力相同，并测量出该段距离的两端点高差为 -1.8 m，试求其水平距离。

【解】 第一种方法：

计算整段尺的实长：$l_t = 30 \text{ m} - 0.008 \text{ m} + 1.25 \times 10^{-5} \text{ ℃}^{-1} \times 30 \text{ m} \times (30 \text{ ℃} - 20 \text{ ℃}) = 29.996 \text{ m}$

则倾斜实长 D' 为

$$\frac{l_0}{l_t} = \frac{L}{D'} \Rightarrow D' = \frac{l_t}{l_0}L = \frac{29.996}{30} \times 150.620 \text{ mm} = 150.600 \text{ m}$$

利用公式（4.4）进行倾斜改正，则水平距离 D_{AB} 为

$$D_{AB} = \sqrt{D'^2 - h^2} = \sqrt{150.600^2 - (-1.8)^2} \text{ m} = 150.589 \text{ m}$$

还可以采用第二种方法：

已知：

$$\Delta l = - 0.008 \text{ m}, l_0 = 30 \text{ m}, L = 150.620 \text{ m}$$

尺长改正数：$\Delta L_i = \dfrac{\Delta l}{l_0} \times L = \dfrac{- 0.008}{30} \times 150.620 \text{ m} = - 0.040 \text{ m}$

温度改正数：$\Delta L_t = \alpha(t_i - t_0) \times L = 1.25 \times 10^{-5} \times (30 - 20) \times 150.620 \text{ m} = 0.019 \text{ m}$

倾斜改正数：$\Delta L_h = - \dfrac{h^2}{2L} = - \dfrac{(-1.8)^2}{2 \times 150.620} \text{ m} = - 0.011 \text{ m}$

则改正后的水平距离 D_{AB} 为

$$\begin{aligned} D_{AB} &= L + \Delta L_i + \Delta L_t + \Delta L_h \\ &= 150.620 \text{ m} - 0.040 \text{ m} + 0.019 \text{ m} - 0.011 \text{ m} \\ &= 150.588 \text{ m} \end{aligned}$$

上述两种方法的结果一致，读者可自行证明。

▶ 4.1.5 钢尺量距误差及注意事项

钢尺量距的误差来源主要有以下几种：

（1）尺长误差 钢尺的名义长度和实际长度不符，产生尺长误差。尺长误差是积累性的，它与所丈量距离成正比。

（2）定线误差 丈量时钢尺偏离定线方向，将使测线成为一折线，导致丈量结果偏大，这种误差称为定线误差。

（3）拉力误差 钢尺有弹性，受拉会伸长。钢尺在丈量时所受拉力应与检定时拉力相同。如果拉力变化 ±2.6 kg，对于 30 m 的钢尺尺长将改变 ±1 mm。一般量距时，只要保持拉力均匀即可。精密量距时，必须使用弹簧秤。

（4）钢尺垂曲误差 钢尺悬空丈量时中间下垂，称为垂曲，由此产生的误差为钢尺垂曲误差。垂曲误差会使量得的长度大于实际长度，故在钢尺检定时，亦可按悬空情况检定，得出相应的尺长方程式。在成果整理时，按此尺长方程式进行尺长改正。

（5）钢尺不水平的误差 用平量法丈量时，钢尺不水平，会使所量距离增大。对于30 m 的钢尺，如果目估尺子水平误差为0.5 m（倾角约1°），由此产生的量距误差为 4 mm。因此，用平量法丈量时应尽可能使钢尺水平。精密量距时，测出尺段两端点的高差，进行倾斜改正，可消除钢尺不水平的影响。

（6）丈量误差 钢尺端点对不准、测钎插不准、尺子读数不准等引起的误差都属于丈量误差。这种误差对丈量结果的影响可正可负，大小不定。在量距时应尽量认真操作，以减小丈量误差。

（7）温度影响 钢尺的长度随温度变化，丈量时温度与检定钢尺时温度不一致，或测定的空气温度与钢尺温度相差较大，都会产生温度误差。所以，精度要求较高的丈量，应进行温度改正，并尽可能用温度计测定尺温，或尽可能在阴天进行，以减小空气温度与钢尺温度的差值。

4.2 视距测量

▶ 4.2.1 视距测量的基本原理

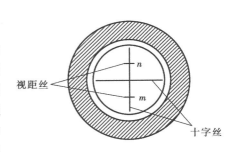

图 4.8 十字丝分划板

在水准仪和经纬仪的望远镜十字丝分划板上,均有与横丝平行且对称的两根短丝,称为视距丝,如图4.8 所示,两根视距丝之间的距离称为视距。视距测量就是根据几何光学及三角学原理,利用视距丝并配合视距尺,同时测定两点间的水平距离和高差的一种方法。此方法操作简单,速度快,不受地形起伏的限制,但测距精度较低,一般为 $1/200 \sim 1/300$,常用于地形测图的碎部测量中。

1) 视线水平时的距离与高差公式

如图4.9 所示,在 A 点安置经纬仪(或水准仪),在 B 点竖立视距尺,用望远镜照准视距尺,当望远镜视线水平时,视线与尺子垂直。通过调节调焦螺旋使视距尺像落在十字丝分划板上,对于倒像望远镜而言,下丝在视距尺上读数为 l_1,上丝在视距尺上读数为 l_2,两读数之差称为视距间隔或尺间隔,用 l 表示。图4.9 中 l 为视距间隔,p 为上、下视距丝的间距,f 为物镜焦距,δ 为物镜至仪器中心的距离。

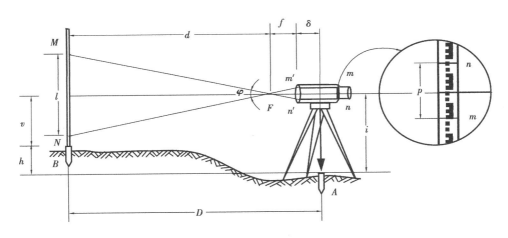

图4.9 视线水平时的视距测量示意图

由相似 $\triangle m'n'F$ 与 $\triangle MNF$ 可得:

$$\frac{d}{f} = \frac{l}{p}, \quad d = \frac{f}{p}l \qquad (4.14)$$

由图看出,$D = d + f + \delta$,则 A,B 两点间的水平距离为

$$D = \frac{f}{p}l + f + \delta \qquad (4.15)$$

令 $\frac{f}{p} = K$，$f + \delta = C$，则有

$$D = Kl + C \qquad (4.16)$$

式中 K,C——视距乘常数和视距加常数。

目前常用的内对光望远镜的视距常数，设计时已使 $K = 100$，C 接近于零，所以公式 (4.16) 可改写为

$$D = Kl = 100l \qquad (4.17)$$

同时，由图 4.9 可知，A,B 两点间的高差 h 为

$$h = i - v \qquad (4.18)$$

式中 i——仪器高，m；

v——十字丝中丝在视距尺上的读数，即中丝读数，m。

2)视线倾斜时的距离与高差公式

在地面起伏较大的地区进行视距测量时，必须使视线倾斜才能读取视距间隔，如图 4.10 所示。由于仪器的观测视线不垂直于视距尺，故不能直接应用公式(4.17)和(4.18)计算距离和高差。如果能将视距间隔 MN 换算为与视线垂直的视距间隔 $M'N'$，这样就可按公式 (4.17)计算倾斜距离 L，再根据 L 和竖直角 α 算出水平距离 D 及高差 h。因此解决这个问题的关键在于求出 MN 与 $M'N'$ 之间的关系。

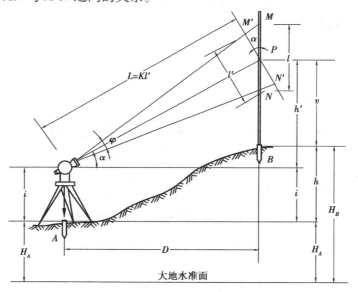

图 4.10 视线倾斜时的视距测量原理

图 4.10 中 φ 角很小，约为 $34'$，故可把 $\angle PM'M$ 和 $\angle PN'N$ 近似地视为直角，而 $\angle M'PM = \angle N'PN = \alpha$，因此，$M'N' = M'P + PN' = MN\cos\alpha$。

设 M'N'为 l'，则 $l' = l\cos\alpha$，根据式(4.17)得倾斜距离 L 为

$$L = Kl' = Kl\cos\alpha \qquad (4.19)$$

由图 4.10 可以看出,A,B 的水平距离为

$$D = L \cos \alpha = Kl \cos^2 \alpha \qquad (4.20)$$

初算高差为

$$h' = L \sin \alpha = Kl \cos \alpha \sin \alpha = \frac{1}{2} Kl \sin 2\alpha \qquad (4.21)$$

则 A,B 间的高差为

$$h = \frac{1}{2} kl \sin 2\alpha + i - v \qquad (4.22)$$

根据式(4.20)计算出 A,B 间的水平距离 D 后,高差 h 也可按下式计算:

$$h = D \tan \alpha + i - v \qquad (4.23)$$

4.2.2 视距测量的方法与计算

如图 4.10 所示,欲观测 A,B 两点间的水平距离和高差,观测步骤如下:

①在 A 点安置经纬仪,对中整平后,量取仪器高 $i = 1.450$ m,在 B 点竖立视距尺。

②盘左(或盘右)位置,转动照准部瞄准 B 点视距尺,分别读取上、下、中三丝读数 $l_1 = 0.663$ m,$l_2 = 2.237$ m,$v = 1.450$ m,并算出尺间隔 $l = \mid l_1 - l_2 \mid = \mid 0.663$ m $- 2.237$ m $\mid = 1.574$ m。

③转动竖盘指标水准管微动螺旋,使竖盘指标水准管气泡居中,读取竖盘读数 $L = 87°41'12''$(设为盘左读数),并计算竖直角 $\alpha = 90° - L = 90° - 87°41'12'' = 2°18'48''$。

④根据尺间隔 l、竖直角 α、仪器高 i 及中丝读数 v,计算水平距离 D 和高差 h,计算公式如下:

$$D = L \cos \alpha = Kl \cos^2 \alpha = 100 \times 1.574 \times \cos^2(2°18'48'') \text{ m} = 157.14 \text{ m}$$
$$h = D \tan \alpha + i - v = 157.14 \times \tan(2°18'48'') \text{ m} + 1.450 \text{ m} - 1.450 \text{ m} = 6.348 \text{ m}$$

4.2.3 视距测量误差

视距测量的误差来源主要包括以下几个方面:

(1)用视距丝读取尺间隔的误差 读取视距尺间隔的误差是视距测量误差的主要来源,因为视距尺间隔乘以常数100,其误差也随之扩大100倍。因此,读数时须注意消除视差,认真读取视距尺间隔。另外,对于一定的仪器来讲,应尽可能缩短视距长度。

(2)竖直角测定误差 从视距测量原理可知,竖直角误差对于水平距离影响不显著,而对高差影响较大,故用视距测量方法测定高差时应注意准确测定竖直角。读取竖盘读数时,应严格令竖盘指标水准管气泡居中。对于竖盘指标差的影响,可采用盘左、盘右观测取竖直角平均值的方法来消除。

(3)标尺倾斜误差 标尺立不直,前后倾斜时将给视距测量带来较大误差,其影响随着尺子倾斜度和地面坡度的增加而增加。因此标尺必须严格铅直(尺上应有水准器),特别是在山区作业时。

(4)外界条件的影响

①大气垂直折光影响:由于视线通过的大气密度不同而产生垂直折光差,而且视线越接

近地面垂直折光差的影响也越大,因此观测时应使视线离开地面至少 1 m 以上(上丝读数不得小于 0.3 m)。

②空气对流使成像不稳定产生的影响:这种现象在视线通过水面和接近地表时较为突出,特别在烈日下更为严重。因此应选择合适的观测时间,尽可能避开大面积水域。

此外,视距乘常数 K 的误差、视距尺分划误差等都将影响视距测量的精度。

4.3　电磁波测距

电磁波测距是以电磁波(光波或微波)为载波,通过测定电磁波在测线两端点间往返传播的时间来测量距离。与传统的钢尺测距和视距测量相比,电磁波测距具有测程远、精度高、作业快、受地形限制少等优点,因而在测量工作中得到广泛应用。

电磁波测距仪按测程来分,有短程(3 km 以内)、中程(3~15 km)和远程(15 km 以上)3种。按精度可分为Ⅰ级($m_D \leqslant 5$ mm)、Ⅱ级(5 mm $< m_D \leqslant 10$ mm)和Ⅲ级($m_D > 10$ mm),m_D 为每千米的测距中误差。电磁波测距仪根据载波的不同又可以分为:以微波为载波的微波测距仪、以激光为载波的激光测距仪和以红外光为载波的红外测距仪。后两者又统称为光电测距仪。其中,使用激光光源的激光测距仪多用于远程测距,使用红外光源的红外测距仪则主要用于中、短程测距,在工程测量中应用较广。由于微波测距仪的精度低于光电测距仪,所以在工程测量中应用较少。

▶ 4.3.1　电磁波测距的基本原理

如图 4.11 所示,欲测量 A,B 两点间距离,在 A 点安置测距仪,在 B 点安置反射棱镜,测距仪发射的光波经反射棱镜反射回来后被测距仪所接收。假设光波在待测距离上传播时间为 t,则距离 D 的计算公式如下:

$$D = \frac{1}{2}ct \tag{4.24}$$

式中　c——电磁波在大气中的传播速度,可根据观测时的气象条件测定。

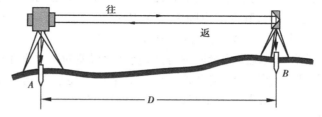

图 4.11　光电测距原理

光电测距仪根据时间 t 的测定方式不同,分为脉冲测距和相位测距,前者直接测定时间,后者间接测定时间。

1)脉冲法测距

脉冲法测距是指由测距仪的发射系统发出光脉冲,经反射棱镜反射后,又回到测距仪而被其接收系统接收,测出这一光脉冲往返所需时间间隔 t 内的光脉冲个数 m,进而求得距离 D。由于受脉冲宽度和电子计数器时间分辨率的所限,脉冲法测距精度的精度很底,只能达到 $0.5 \sim 1.0$ m。工程测量中使用的测距仪几乎都采用相位法测距。

2)相位法测距

相位式光电测距仪的测距原理:由光源发出的光通过调制器后,成为光强随高频信号变化的调制光,通过测量调制光在待测距离上往返传播的相位差来解算距离。

如图 4.12 所示,测定 A,B 两点的距离 D,将相位式光电测距仪安置于点 A(称测站),反射器安置于终点 B(称镜站)。测距仪发射出连续的调制光波,调制波通过测线到达反射器,经反射后被仪器接收。调制波在经过往返距离 $2D$ 后,相位延迟了 $\Delta\varphi$。将 A,B 两点之间调制光的往程和返程展开在一直线上,用波形示意图将发射波与接收波的相位差表示出来,如图 4.12 所示。

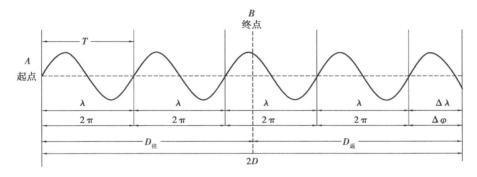

图 4.12　相位法测距原理

设调制光的频率为 f(每秒振荡次数),周期 $T = \dfrac{1}{f}$(每振荡一次的时间,单位为秒),则调制光的波长 λ 为

$$\lambda = cT = \frac{c}{f} \tag{4.25}$$

从图中可看出,在调制光往返的时间 t 内,相位变化了 N 个整周(2π)及不足一周的余数 $\Delta\varphi$,对应 $\Delta\varphi$ 的时间为 Δt,t 计算式为

$$t = NT + \Delta t \tag{4.26}$$

由于变化一周的相位差为 2π,不足一周的相位差 $\Delta\varphi$ 与时间 Δt 的对应关系为

$$\Delta t = \frac{\Delta\varphi}{2\pi} \cdot T \tag{4.27}$$

因此,可以得到相位测距的基本公式

$$D = \frac{1}{2}ct = \frac{1}{2}c\left(NT + \frac{\Delta\varphi}{2\pi}T\right) = \frac{1}{2}cT\left(N + \frac{\Delta\varphi}{2\pi}\right) = \frac{\lambda}{2}(N + \Delta N) \tag{4.28}$$

式中　$\Delta N = \dfrac{\Delta\varphi}{2\pi}$ 为不足一整周的小数。

比较相位测距基本公式(4.28)与钢尺量距公式(4.1),如果将 $\dfrac{\lambda}{2}$ 看作是一把"测尺"(也

称为光尺)的尺长,则测距仪就是用这把"测尺"去丈量距离。N 则为整尺段数,$c = c_0/n$ 为不足一整尺段之余数。两点间的距离 D 就等于整尺段总长 $\frac{\lambda}{2}N$ 和余尺段长度 $\frac{\lambda}{2}\Delta N$ 之和。

测距仪的测相装置(相位计)只能分辨出 $0 \sim 2\pi$ 的相位变化,故只能测出不足整周(2π)的尾数相位值 $\Delta\varphi$,而不能测定整周数 N,这样使相位测距的基本公式产生多值解,只有当所测距离小于光尺长度时,才能有确定的数值。例如,"测尺"为 10 m,只能测出小于 10 m 的距离;"测尺"为 1 000 m,则可测出小于 1 000 m 的距离。又由于仪器测相装置的测相精度一般为 1/1 000,故测尺越长测距误差越大,其关系可参见表 4.1。为了解决扩大测程与提高精度的矛盾,目前的测距仪一般采用两个调制频率即两把"测尺"进行测距。用长测尺(称为粗尺)测定距离的大数,以满足测程的需要;用短测尺(称为精尺)测定距离的尾数,以保证测距的精度。将两者结果衔接组合起来,就是最后的距离值,并自动显示出来。

表 4.1 测尺长度、测尺频率与测距精度

测尺长度($\lambda/2$)	10 m	20 m	100 m	1 km	2 km	10 km
测尺频率(f)	15 MHz	7.5 MHz	1.5 MHz	150 kHz	75 kHz	15 kHz
测距精度	1 cm	2 cm	10 cm	1 m	2 m	10 m

例如:某测距仪以 10 m 作精尺,显示米位及米位以下的距离值,以 1 000 m 作粗尺,显示百米位、十米位距离值。如实测距离为 425.837 m,则粗测尺结果:0426;精测尺结果:5.837;显示距离值:425.837 m。

▶ 4.3.2 电磁波测距仪器介绍

较早的光电测距仪一般是将测距主机通过连接器安置在经纬仪的上部,经纬仪可以是普通光学经纬仪,也可以是电子经纬仪。利用光轴调节螺旋,可使主机的发射—接收器光轴与经纬仪视准轴位于同一竖直面内。现在的测距仪则与电子经纬仪集成在一起,组成一种可以同时进行角度(水平角、竖直角)测量、距离(斜距、平距、高差)测量并自动计算、存储数据的功能强大的测量仪器。该仪器由机械、光学、电子元件组合而成,因只需一次安置,仪器便可以完成测站上所有的测量工作,故被称为"全站型电子速测仪",简称"全站仪"。

全站仪的型号多种多样,它们的基本工作原理和结构大致相同,但具体操作有较大差异,使用时,应认真阅读仪器使用手册,严格按其要求进行操作。全站仪的功能和使用方法详见第 7 章的 7.4.2 节。

▶ 4.3.3 电磁波测距的注意事项

①气象条件对光电测距影响较大,微风的阴天是观测的良好时机;
②测线应尽量离开地面障碍物 1.3 m 以上,避免通过发热体和较宽水面的上空;
③测线应避开强电磁场干扰的地方,例如测线不宜接近变压器、高压线等;
④镜站的后面不应有反光镜和其他强光源等背景的干扰;
⑤要严防阳光及其他强光直射接收物镜,避免光线经镜头聚焦进入机内,将部分元件烧坏,阳光下作业应撑伞保护仪器。

4.4 直线定向

　　确定地面上两点之间的相对位置,除了需要测定两点之间的水平距离以外,还需确定两点所连直线的方向。确定一条直线的方向,称为直线定向。进行直线定向,首先要选定一个标准方向作为基准方向,然后根据直线与标准方向之间的水平夹角来表示该直线的方向。

▶ **4.4.1　标准方向**

　　测量工作中常用的标准方向有真北方向、磁北方向、坐标北方向,通常又称为"三北方向",如图 4.13 所示。

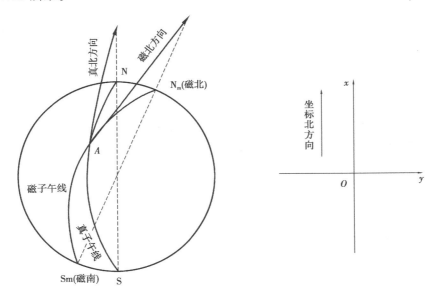

图 4.13　三北方向

　　(1)真子午线方向　过地球南北极的平面与地球表面的交线称为真子午线。通过地球表面某点的真子午线的切线方向,称为该点的真子午线方向,也称为真北方向。真子午线方向可用天文测量方法或陀螺经纬仪测定。

　　(2)磁子午线方向　磁子午线方向是在地球磁场作用下,磁针在某点自由静止时其轴线所指的方向,也称为磁北方向。磁子午线方向可用罗盘仪测定。

　　(3)坐标北方向　在高斯平面直角坐标系中,坐标北方向就是地面点所在投影带的中央子午线方向,简称轴北方向。在同一投影带内,各点的坐标北方向是彼此平行的。由于地面上各点的真子午线和磁子午线方向都不是互相平行的,这就给计算工作带来不便。因此,在普通测量中一般采用坐标北方向作为标准方向,这样测区内地面各点的标准方向就都是互相平行的。在局部地区,也可采用假定的临时坐标北方向作为直线定向的标准方向。坐标北方向即为坐标纵轴(x 轴)方向。

4.4.2 方位角

测量工作中,常采用方位角表示直线的方向。从直线起点的标准方向北端起,顺时针方向量至该直线的水平夹角,称为该直线的方位角。方位角取值范围是 $0° \sim 360°$。因标准方向有真子午线方向、磁子午线方向和坐标北方向之分,对应的方位角分别称为真方位角、磁方位角和坐标方位角。

(1)真方位角 由真北方向起,顺时针量到某直线的水平夹角,称为该直线的真方位角,用 A 表示。

(2)磁方位角 由磁北方向起,顺时针量到某直线的水平夹角,称为该直线的磁方位角,用 A_m 表示。

(3)坐标方位角 由坐标北方向起,顺时针量到某直线的水平夹角,称为该直线的坐标方位角,用 α 表示。

标准方向选择的不同,使得一条直线有不同的方位角,如图 4.14 所示。过 1 点的真北方向与磁北方向之间的夹角称为磁偏角,用 δ 表示。过 1 点的真北方向与坐标纵轴北方向之间的夹角称为子午线收敛角,用 γ 表示。

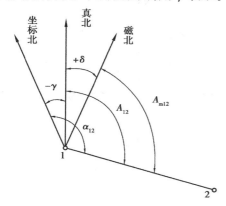

图 4.14 3 种方位角之间的关系

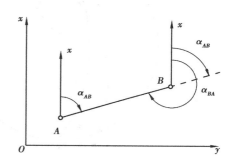

图 4.15 正、反坐标方位角

δ 和 γ 的符号规定相同:当磁北方向或坐标纵轴北方向在真北方向东侧时,δ 和 γ 的符号为" + ";当磁北方向或坐标纵轴北方向在真北方向西侧时,δ 和 γ 的符号为" – "。

4.4.3 正、反坐标方位角

以 A 为起点、B 为终点的直线 AB 的坐标方位角 α_{AB},称为直线 AB 的正坐标方位角。而直线 BA 的坐标方位角 α_{BA},称为直线 AB 的反坐标方位角。由图 4.15 中可以看出,正、反坐标方位角之间相差 $180°$。

$$\alpha_{AB} = \alpha_{BA} \pm 180° \tag{4.29}$$

4.4.4 坐标方位角的推算

在实际工作中并不需要测定每条直线的坐标方位角,而是通过与已知坐标方位角的直线联测后,推算出各直线的坐标方位角。如图 4.16 所示,已知直线 AB 的坐标方位角 α_{AB},利用观测得到的转折角 β,推算直线 BC 坐标方位角 α_{BC}。

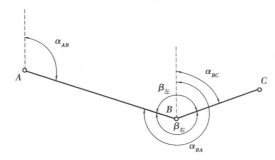

图 4.16　坐标方位角的推算

若 β 在推算路线 $A{\rightarrow}B{\rightarrow}C$ 前进方向的左侧,该转折角称为左角,由图 4.16 可以看出:

$$\alpha_{BC} = \alpha_{BA} + \beta_{左}$$

将公式(4.29)代入上式,则

$$\alpha_{BC} = \alpha_{AB} \pm 180° + \beta_{左}$$

若 β 在推算路线 $A{\rightarrow}B{\rightarrow}C$ 前进方向的右侧,该转折角称为右角,则

$$\alpha_{BC} = \alpha_{AB} \pm 180° - \beta_{右}$$

从而可归纳出推算坐标方位角的一般公式为

$$\alpha_{前} = \alpha_{后} \pm 180° + \beta_{左} \qquad (4.30)$$
$$\alpha_{前} = \alpha_{后} \pm 180° - \beta_{右} \qquad (4.31)$$

即前一边的坐标方位角等于后一边的坐标方位角加左角(减右角),再 $\pm 180°$。计算中,如果 $\alpha_{前} > 360°$,应自动减去 $360°$;如果 $\alpha_{前} < 0°$,则自动加上 $360°$。

习题与思考

1. 什么叫直线定线?直线定线的目的是什么?有哪些方法?如何进行?

2. 简述用钢尺在平坦地面量距的步骤。

3. 钢尺量距时有哪些主要误差?如何消除和减少这些误差?

4. 用钢尺丈量一条直线,往测的长度为 217.30 m,返测为 217.38 m,今规定其相对误差不应大于 1/2 000。试问:(1)测量成果是否满足精度要求? (2)按此规定,若丈量 100 m,往返丈量最大可允许相差多少毫米?

5. 某段距离往返丈量结果记录在记录表中(见表 4.2),试完成该记录表计算工作并求出其丈量精度。

表 4.2　第 5 题往返测距离计算表

测　　线		整尺段	零尺段		总　计	差　数	精　度	平均值
AB	往	5×50	18.864					
	返	4×50	46.456	22.300				

6. 直线定向的目的是什么？它与直线定线有何区别？

7. 标准方向有哪几种？它们之间有什么关系？

8. 如图 4.17 所示，已知 $\alpha_{AB} = 55°20'$，$\beta_B = 126°24'$，$\beta_C = 134°06'$，求其余各边的坐标方位角。

9. 四边形内角值如图 4.18 所示，已知 $\alpha_{12} = 149°20'$，求其余各边的坐标方位角。

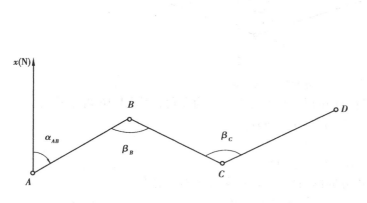

图 4.17　第 8 题推导坐标方位角　　　　图 4.18　第 9 题推导坐标方位角

参考答案

4.（1）$K = (217.38 - 217.30)/217.34 = 1/2\ 700$，符合要求。

（2）若丈量 100 m，往返丈量最大可允许相差 50 mm。

5. 距离往返测量精度评定。

测　　线		整尺段	零尺段		总　　计	差　　数	精　　度	平均值
AB	往	5×50	18.864		268.864	0.108	1/2 400	268.810
	返	4×50	46.456	22.300	268.756			

8. $\alpha_{BC} = 108°56'$，$\alpha_{CD} = 63°02'$。

9. $\alpha_{23} = 53°30'$，$\alpha_{34} = 316°12'$，$\alpha_{41} = 225°42'$。

5

测量误差的基本知识

〖本章提要〗

本章主要介绍测量误差的概念,误差的来源,误差的分类及偶然误差的特性;为了衡量测量成果的精度,建立中误差、容许误差及相对误差的精度指标;介绍算术平均值及其中误差的计算公式以及误差传播定律等。

5.1 测量误差概述

在测量工作中,对某未知量(如某一个角度、某一段距离或某两点间的高差等)进行多次观测,无论测量仪器多么精密,观测多么仔细,所得的各次观测结果总是存在着差异,这种差异实质上表现为每次测量所得的观测值与该未知量真值之间的差值,这种差值称为测量真误差,简称误差。若观测值用 l_i 表示,真值用 X 表示,则有

$$\Delta_i = l_i - X \tag{5.1}$$

式中　Δ_i——观测误差,通常称为真误差。

通常情况下,未知量的真值无法获得,计算真误差时,可用观测值最或然值,即算术平均值代替真值。最或然值与观测值之间的差值称为似真误差。即

$$\Delta_i = l_i - x \tag{5.2}$$

式中　x——观测值的最或然值。

▶ 5.1.1 观测误差的来源

误差的主要来源包括以下 3 种:

（1）观测者原因　由于观测者感觉器官鉴别能力有一定的局限性，在仪器安置、照准、读数等方面都会产生误差。同时观测者的技术水平、工作态度及状态也会对测量成果的质量有直接影响。

（2）仪器原因　每种仪器都存在一定的精密度，因而观测值的精确度也必然受到一定的限制。同时仪器本身在设计、制造、安装、校正等方面也存在一定的误差，如钢尺的刻划误差、度盘的偏心差等。因此，使用这些仪器进行外业测量工作势必会给观测结果带来误差。

（3）外界条件原因　观测时所处的外界自然环境，如温度、湿度、大气折光等因素都会对观测结果产生一定的影响。当外界条件发生变化时，观测成果也随之变化。这就是外界条件带来的观测误差。

综上所述，观测者、仪器和外界条件的影响是引起测量误差的主要因素，把这三方面因素综合起来称为观测条件。观测条件的好坏与观测成果的质量有着密切的联系，因此，把观测条件相同的各次观测称作等精度观测，把观测条件不相同的各次观测称作非等精度观测。相应的观测值，称为等精度观测值和非等精度观测值。

▶ 5.1.2 观测误差的分类

观测误差根据性质不同，可分为系统误差和偶然误差两类。

1）系统误差

在相同观测条件下，对某量进行一系列的观测，如果误差出现的符号和大小均相同，或按一定的规律变化，这种误差称为系统误差。系统误差是由于仪器制造或校正不完善、测量员的生理习性、测量时外界条件等原因所引起。如某钢尺的注记长度为 30 m，经鉴定后它的实际长度为 30.016 m，即每丈量一整尺段的距离，就比实际长度量小 0.016 m，也就是每量一整尺段就有 +0.016 m 的系统误差。这种误差的数值和符号是固定的，误差的大小与距离成正比，若丈量了 5 个整尺段，则长度误差为 5 × (+0.016 m) = +0.080 m。由此可见系统误差具有累积性，因此也称为累积误差。

观测值偏离真值的程度称为观测值的准确度。系统误差对测量成果的准确度影响较大，应尽可能消除或限制到最小程度，常用的处理方法有：

①检校仪器。可把系统误差降低到最小程度。如水准测量前，对水准仪进行检验和校正，以保证水准仪几何轴线关系的正确性。

②加改正数。在观测结果中加入系统误差改正数，如尺长改正、温度改正等。

③采用适当的观测方法，使系统误差相互抵消或减弱如在水准测量中，采用前、后视距相等的方法可以消除 i 角误差的影响；观测水平角时，采用盘左、盘右观测取平均值的方法可以消除视准轴误差，水平度盘偏心差，竖盘指标差等误差；多测回观测水平角时，在每个测回起始方向上改变度盘的配置，然后对水平角进行观测取平均值可以减弱度盘刻划不均匀的误差等。

2）偶然误差

在相同的观测条件下，对某量进行一系列的观测，如果观测误差的符号和大小都不一致，表现为没有任何规律性，这种误差为偶然误差，也称为随机误差。

从单个偶然误差来看,其出现的符号和大小没有任何规律性,但是随着对同一量观测次数的增加,大量的偶然误差就表现出一定的统计规律。例如,在相同的条件下,对三角形的三个内角进行 103 次重复观测,由于偶然误差的不可避免性,观测所得三角形内角之和 L 不等于其真值 180°,其差值 Δ 称为闭合差,即三角形内角和理论值与观测值 L 的真误差 Δ,可由下式计算:

$$\Delta = L - 180° \tag{5.3}$$

将 103 个真误差按 $d\Delta = 3''$ 为一误差区间进行划分,分别统计各个区间内正、负误差的个数 n_i 和相对个数 n_i/n(此处,$n = 103$),n_i/n 又称为误差出现的频率。统计结果如表 5.1 所示。

表 5.1 偶然误差的区间分布

误差区间 $d\Delta$	Δ 为正		Δ 为负		总 计	
	误差个数 n_i	频率 n_i/n	误差个数 n_i	频率 n_i/n	误差个数 n_i	频率 $ni_/n$
$0'' \sim 3''$	19	0.184	20	0.194	39	0.378
$3'' \sim 6''$	13	0.126	12	0.117	25	0.243
$6'' \sim 9''$	8	0.078	9	0.087	17	0.165
$9'' \sim 12''$	5	0.049	4	0.039	9	0.088
$12'' \sim 15''$	4	0.039	3	0.029	7	0.068
$15'' \sim 18''$	2	0.019	2	0.019	4	0.038
$18'' \sim 21''$	1	0.010	1	0.010	2	0.02
$21''$ 以上	0	0.000	0	0.000	0	0
$\sum$	52	0.50	51	0.50	103	1.00

对表 5.1 进行分析后可以看出,误差具有以下分布规律:

①小误差比大误差出现的频率高;

②绝对值相同的正、负误差出现的频率大致相等;

③最大的误差不超过 ±21″。

通过长期对大量测量数据计算和统计分析,人们总结出偶然误差的 4 个特性:

①在一定观测条件下,偶然误差的绝对值有一定的限值,或者说超出限值的误差出现的概率几乎为 0;

②绝对值较小的误差比绝对值较大的误差出现的概率大;

③绝对值相等的正、负误差出现的概率相同;

④同一量的等精度观测,其偶然误差的算术平均值随着观测次数 n 的无限增大而趋于零,即

$$\lim_{n \to \infty} \frac{[\Delta]}{n} = \lim_{n \to \infty} \frac{[\Delta_1 + \Delta_2 + \cdots + \Delta_n]}{n} = 0 \tag{5.4}$$

式中 $[\Delta] = [\Delta_1 + \Delta_2 + \cdots + \Delta_n]$——偶然误差的代数和,$[\ ]$ 表示取括号内下标变量的代

数和。

在上述偶然误差的4个特性中,第一个特性说明误差出现的范围;第二个特性说明误差绝对值大小的规律;第三个特性说明误差符号出现的规律;第四个特性是由第三个特性导出的,说明偶然误差具有抵偿性。

由偶然误差的统计规律可知,当对某个观测量进行足够多次的观测时,各次观测的正、负误差可以相互抵消。因此采用多次观测并取平均值的方法,可以减少偶然误差对观测值的影响。

偶然误差是测量误差理论研究的主要对象。如不作特殊说明,下文所涉及的误差均指的是偶然误差。

5.2 衡量观测值精度的标准

要判断观测误差对观测结果的影响,必须建立衡量观测值精度的标准,以确定其是否符合相关规范的要求。衡量观测值精度的标准有很多种,其中最常用的有以下几种。

▶ 5.2.1 中误差

设在相同的观测条件下,对某量进行 n 次重复观测,获得等精度观测值为 $l_1, l_2, \cdots, l_n$,相应的真误差为 $\Delta_1, \Delta_2, \cdots, \Delta_n$,则观测值的中误差 m 定义为

$$m = \pm \sqrt{\frac{[\Delta\Delta]}{n}} \tag{5.5}$$

式中 $[\Delta\Delta] = [\Delta_1^2 + \Delta_2^2 + \cdots + \Delta_n^2]$,即各偶然误差的平方和;

n——观测次数。

上式表明,中误差并不等于任一观测值的真误差,它代表的是某一组观测值的精度,而不是这组观测中某一次的观测精度。在中误差的计算中,通过取各个真误差平方和的平均值的平方根,防止正负误差相互抵消的可能,对个别较大误差反应敏感。通常情况下,中误差越小,相应的观测值精度越高,反之精度就越低。

【例5.1】 设有甲、乙两组观测值,各组均为等精度观测,它们的真误差分别为:

甲组:$+3''$, $-2''$, $-4''$, $+2''$, $0''$, $-4''$, $+3''$, $+2''$, $-3''$, $-1''$

乙组:$0''$, $-1''$, $-7''$, $+2''$, $+1''$, $+1''$, $-8''$, $0''$, $+3''$, $-1''$

试计算甲、乙两组各自的观测中误差。

【解】 根据式(5.5)计算甲、乙两组观测值的中误差为:

$$m_{甲} = \pm \sqrt{\frac{(+3'')^2 + (-2'')^2 + (-4'')^2 + (+2'')^2 + (+0'')^2 + (-4'')^2 + (+3'')^2 + (+2'')^2 + (-3'')^2 + (-1'')^2}{10}}$$

$$= \pm 2.7''$$

$$m_{乙} = \pm \sqrt{\frac{(+0'')^2 + (-1'')^2 + (-7'')^2 + (+2'')^2 + (+1'')^2 + (+1'')^2 + (-8'')^2 + (0'')^2 + (+3'')^2 + (-1'')^2}{10}}$$

$$= \pm 3.6''$$

比较 m_1 和 m_2 可知,甲组的观测精度比乙组高。

▶ ### 5.2.2 相对误差

中误差是绝对误差。在距离丈量中,中误差不能准确地反映出观测值的精度。例如丈量两段距离,$D_1 = 100$ m,$m_1 = \pm 1$ cm 和 $D_2 = 200$ m,$m_2 = \pm 1$ cm,虽然两者的中误差相等,显然不能认为这两段距离丈量精度是相同的,这时需要引入相对误差的概念。

相对误差 K 是中误差的绝对值与相应观测结果之比,并化为分子为 1 分母为整数的分数形式,即

$$K = \frac{|m|}{D} = \frac{1}{D/|m|} \tag{5.6}$$

在上面的例子中:

$$K_{甲} = \frac{|m_{甲}|}{D_{甲}} = \frac{0.01}{100} = \frac{1}{10\ 000}$$

$$K_{乙} = \frac{|m_{乙}|}{D_{乙}} = \frac{0.01}{200} = \frac{1}{20\ 000}$$

用相对误差来衡量,就可以直观地看出前者的观测精度比后者低。

▶ ### 5.2.3 容许误差

在一定观测条件下,偶然误差的绝对值不应超过一定的限值,这里称为极限误差,也称限差。极限误差或称为容许误差,或称为允许误差,用 $\Delta_{容}$ 表示。

根据区间估计的理论,误差 Δ 超出 1 倍中误差的概率约为 32%,超出 2 倍中误差的概率仅为 5%,超出 3 倍中误差的概率仅为 0.3%,即大量的误差均分布在 2 倍(或 3 倍)中误差区间之内。因此,取 2 倍(或 3 倍)中误差作为误差的容许值,即

$$\Delta_{容} = 2m \quad \text{或} \quad \Delta_{容} = 3m \tag{5.7}$$

如果某个观测值的误差超过了容许误差,应舍去不用或返工重测。

5.3 误差传播定律

在测量工作中,有些未知量往往不能直接测得,需要由其他的直接观测量按一定的函数关系计算出来。由于直接观测值存在误差,导致其函数也必然存在误差,这种关系称为误差传播。阐述观测值中误差与观测值函数中误差之间关系的定律称为误差传播定律。

▶ ### 5.3.1 倍数函数

设有倍数函数为

$$z = kx \tag{5.8}$$

式中 　k——常数;

　　　x——直接观测值,其中误差为 m_x。

设 x 和 z 的真误差分别为 Δ_x 和 Δ_z,由式(5.8)知它们之间的关系为

$$\Delta_z = k\Delta_x \tag{5.9}$$

若对 x 共观测了 n 次,则

$$\Delta_{Z_i} = k\Delta_{x_i} \quad (i = 1, 2, \cdots, n) \tag{5.10}$$

将式(5.10)两端平方后相加,并除以 n,得

$$\frac{[\Delta_z^2]}{n} = k^2 \frac{[\Delta_x^2]}{n} \tag{5.11}$$

根据中误差定义可知

$$m_z^2 = k^2 \frac{[\Delta_x^2]}{n}, m_x^2 = \frac{[\Delta_x^2]}{n} \tag{5.12}$$

所以式(5.12)可写成

$$m_z^2 = k^2 m_x^2 \quad 或 \quad m_z = km_x \tag{5.13}$$

即观测值倍数函数的中误差,等于观测值中误差乘倍数(常数)。

【例5.2】 在 1∶1 000 的地形图上量得一段距离 $d = 56$ mm,中误差为 $m_d = \pm 0.5$ mm,求实地平距 D 及其中误差 m_D。

【解】 $D = 1\ 000 \times d = 1\ 000 \times 56$ mm $= 56$ m

$m_D = 1\ 000 \times m_d = \pm 0.5$ m

▶ 5.3.2 和差函数

设有和差函数

$$z = x \pm y \tag{5.14}$$

式中 x, y——独立观测值,它们的中误差分别为 m_x 和 m_y。

设 x 和 y 的真误差分别为 Δ_x 和 Δ_y,由式(5.14)可得

$$\Delta_z = \Delta_x + \Delta_y \tag{5.15}$$

若对 x, y 均观测了 n 次,则

$$\Delta_{z_i} = \Delta_{x_i} \pm \Delta_{y_i} \quad (i = 1, 2, \cdots, n) \tag{5.16}$$

将式(5.16)两端平方后相加,并除以 n 得

$$\frac{[\Delta_z^2]}{n} = \frac{[\Delta_x^2]}{n} + \frac{[\Delta_y^2]}{n} \pm 2\frac{[\Delta_x\Delta_y]}{n} \tag{5.17}$$

式(5.17)中,$[\Delta_x\Delta_y]$ 中各项均为偶然误差。根据偶然误差的特性,当 n 越大时,式中最后一项将越趋近于零,于是式(5.17)可写成

$$\frac{[\Delta_z^2]}{n} = \frac{[\Delta_x^2]}{n} + \frac{[\Delta_y^2]}{n} \tag{5.18}$$

根据中误差定义,可得

$$m_z^2 = m_x^2 + m_y^2 \tag{5.19}$$

即观测值和差函数的中误差平方,等于两观测值中误差的平方之和。

【例5.3】 在一个三角形中,观测两个内角 α 和 β,观测中误差为 $\pm 20''$,求三角形第三个内角的中误差。

【解】 设三角形第三个内角为 γ,则有

$$\gamma = 180 - \alpha - \beta$$

由误差传播定律可知

$$m_y = \pm \sqrt{m_\alpha^2 + m_\beta^2} = \pm \sqrt{(20'')^2 + (20'')^2} = \pm 20\sqrt{2}''$$

▶ 5.3.3 一般线性函数

设有线性函数

$$z = k_1 x_1 \pm k_2 x_2 \pm k_3 x_3 \pm \cdots \pm k_n x_n \tag{5.20}$$

设 $x_1, x_2, \cdots, x_n$ 为独立观测量,其中误差分别为 $m_1, m_2, \cdots, m_n$,按照上述误差传播推导公式,有

$$m_z^2 = k_1^2 m_1^1 + k_2^2 m_2^2 + \cdots + k_n^2 m_n^2 \tag{5.21}$$

▶ 5.3.4 一般函数

设有一般函数

$$z = f(x_1, x_2, x_3, \cdots, x_n) \tag{5.22}$$

式中 x_h——独立观测值;

z——独立观测值的函数;

f——函数关系。

已知 x_h 的中误差为 m_i,求 z 的中误差 m_z。用泰勒级数把函数 $z = f(x_1, x_2, x_3, \cdots, x_n)$ 展开成线性函数的形式,再对线性函数取全微分,得到:

$$dz = \left(\frac{\partial f}{\partial x_1}\right)dx_1 + \left(\frac{\partial f}{\partial x_2}\right)dx_2 + \cdots + \left(\frac{\partial f}{\partial x_n}\right)dx_n \tag{5.23}$$

式中 $\left(\dfrac{\partial f}{\partial x_h}\right)$——函数对各个变量所取的偏导数。

由于真误差均很小,用其近似地代替式(5.23)中的微分量 $dz, dx_1, dx_2, \cdots, dx_n$,可得真误差关系式为

$$\Delta_z = \left(\frac{\partial f}{\partial x_1}\right)\Delta_1 + \left(\frac{\partial f}{\partial x_2}\right)\Delta_2 + \cdots + \left(\frac{\partial f}{\partial x_n}\right)\Delta_n \tag{5.24}$$

由于各独立观测值 x_h 的值可知,代入偏导数函数,可计算出它们的数值,并视为常数。

令 $f_h = \dfrac{\partial f}{\partial x_h}$,则式(5.24)可以写成

$$\Delta_z = f_1 \Delta_1 + f_2 \Delta_2 + \cdots + f_n \Delta_n \tag{5.25}$$

这样就将一般函数化成了线性函数。由上述误差传播推导公式,则有

$$m_z^2 = f_1^2 m_1^2 + f_2^2 m_2^2 + \cdots + f_n^2 m_n^2 \tag{5.26}$$

这就是一般函数的误差传播定律。

【例5.4】 设有一函数关系 $h = D\tan\alpha$。已知 $D = 120.25 \text{ m} \pm 0.05 \text{ m}, \alpha = 12°47' \pm 0.5'$,求 h 及其中误差。

【解】 $h^0 = D^0 \tan\alpha^0 = 120.25 \tan 12°47' \text{ m} = 27.28 \text{ m}$

求偏导数

$$f_1 = \left(\frac{\partial h}{\partial D}\right)_0 = \tan \alpha \big|_0 = \tan 12°47' = 0.23$$

$$f_2 = \left(\frac{\partial h}{\partial \alpha}\right)_0 = D \sec^2 \alpha \big|_0 = 120.25 \sec^2 12°47' = 126.44$$

则

$$m_h{}^2 = f_1^2 m_D^2 + \frac{f_2^2 m_\alpha^2}{\rho^2}$$

$$= (0.23)^2 \times (0.05)^2 \mathrm{m}^2 + (126.44)^2 \times \frac{(0.5')^2}{(3\,438)^2}\mathrm{m}^2$$

$$= 4.66 \times 10^{-4} \mathrm{m}^2$$

即

$$m_h = \pm 0.02 \ \mathrm{m}$$

5.4　算术平均值及其中误差

▶ 5.4.1　算术平均值

在相同的观测条件下,对某量进行多次重复观测,根据偶然误差特性,可取其算术平均值作为最终观测结果。

设对某量进行了 n 次等精度观测,观测值分别为 $l_1, l_2, \cdots, l_n$,算术平均值为

$$\bar{l} = \frac{l_1 + l_2 + \cdots + l_n}{n} = \frac{[l]}{n} \tag{5.27}$$

设观测量的真值为 X,观测值为 l_i,则观测值的真误差为

$$\Delta_i = l_i - X (i = 1, 2, \cdots, n) \tag{5.28}$$

将式(5.28)两边相加,并除以 n,得

$$\frac{[\Delta]}{n} = \frac{[l]}{n} - X = \bar{l} - X \tag{5.29}$$

根据偶然误差的特性,当观测次数 n 无限增大时,则有

$$\lim_{n \to \infty} \frac{[\Delta]}{n} = \lim_{n \to \infty} \frac{[\Delta_1 + \Delta_2 + \cdots + \Delta_n]}{n} = 0 \tag{5.30}$$

即

$$\lim_{n \to \infty} \left(\frac{[l]}{n} - X\right) = \lim_{n \to \infty} (\bar{l} - X) = 0 \tag{5.31}$$

由式(5.31)可知,当观测次数 n 无限增大时,算术平均值趋近于真值。但在实际测量工作中,观测次数总是有限的,因此,算术平均值较观测值更接近于真值,称为最或然值或最可靠值。

▶ 5.4.2　观测值改正数以及利用观测值改正数计算中误差

观测量的算术平均值与观测值之差,称为观测值改正数,用 v 表示。当观测次数为 n

时,有

$$v_i = \bar{l} - l_i \quad (i = 1, 2, \cdots, n) \tag{5.32}$$

$$\Delta_i = l_i - X \quad (i = 1, 2, \cdots, n) \tag{5.33}$$

将式(5.32)与式(5.33)等号两边分别相加,得

$$v_i + \Delta_i = \bar{l} - X \quad (i = 1, 2, \cdots, n) \tag{5.34}$$

设 $\bar{l} - X = \delta$ 代入式(5.34),得

$$\Delta_i = \delta - v_i \quad (i = 1, 2, \cdots, n) \tag{5.35}$$

将式(5.35)平方并取和,得

$$[\Delta\Delta] = [vv] - 2[v]\delta + n\delta^2 \tag{5.36}$$

因为

$$[v] = \sum_{i=1}^{n} (\bar{l} - l_i) = n\bar{l} - [l] = 0 \tag{5.37}$$

故有

$$[\Delta\Delta] = [vv] + n\delta^2 \tag{5.38}$$

又因

$$\delta = \bar{l} - X = \frac{[l]}{n} - X = \frac{[l - X]}{n} = \frac{[\Delta]}{n} \tag{5.39}$$

故

$$\delta^2 = \frac{[\Delta]^2}{n^2} = \frac{1}{n^2}(\Delta_1^2 + \Delta_2^2 + \cdots + 2\Delta_1\Delta_2 + 2\Delta_1\Delta_3 + \cdots)$$

$$= \frac{[\Delta\Delta]}{n^2} + \frac{2}{n^2}(\Delta_1\Delta_2 + 2\Delta_1\Delta_3 + \cdots) \tag{5.40}$$

由于 $\Delta_1, \Delta_2, \cdots, \Delta_n$ 是相互独立的偶然误差,故上式右边第二项趋近于零。当 n 为有限值时,其值远比第一项小,可以忽略不计,因此有

$$[\Delta\Delta] = [vv] + \frac{[\Delta\Delta]}{n} \tag{5.41}$$

将式(5.41)两边分别除以 n,得

$$\frac{[\Delta\Delta]}{n} = \frac{[vv]}{n} + \frac{[\Delta\Delta]}{n^2} \tag{5.42}$$

根据中误差的定义,式(5.42)可以写成

$$m^2 = \frac{[vv]}{n} + \frac{m^2}{n} \tag{5.43}$$

故

$$m = \pm\sqrt{\frac{[vv]}{n-1}} \tag{5.44}$$

公式(5.44)就是用观测值改正数求观测值中误差的计算公式,也称白塞尔公式。

▶ 5.4.3 算术平均值中误差

由前所述,算术平均值为

$$\bar{l} = \frac{[l]}{n} = \frac{l_1}{n} + \frac{l_2}{n} + \cdots + \frac{l_n}{n} \tag{5.45}$$

因为 l_i 为等精度观测值，即 $m_1 = m_2 = \cdots = m_n = m$，设算术平均值的中误差为 M，根据和差误差传播定律有

$$M^2 = \left(\frac{1}{n}m_1\right)^2 + \left(\frac{1}{n}m_2\right)^2 + \cdots + \left(\frac{1}{n}m_n\right)^2 = \frac{1}{n}m^2 \tag{5.46}$$

所以

$$M = \frac{m}{\sqrt{n}} \tag{5.47}$$

公式(5.47)即为算术平均值中误差的计算公式。

【例5.5】　一段距离进行了6次同精度测量，观测值分别为346.535 m、346.548 m、346.520 m、346.546 m、346.550 m、346.573 m。计算该距离的最或然值、观测值的中误差和最或然值的中误差。

【解】　$x = (346.535 + 346.548 + 346.520 + 346.546 + 346.550 + 346.573) \text{m}/6$
　　　　$= 346.545$ m

$v_1 = -0.010$ m，$v_2 = 0.003$ m，$v_3 = -0.025$ m，

$v_4 = 0.001$ m，$v_5 = 0.005$ m，$v_6 = 0.028$ m

$m = \pm \sqrt{[vv]/(n-1)} = \pm 0.018$ m

$M = m/\sqrt{n} = \pm \sqrt{[vv]/n(n-1)} = \pm 0.007$ m

习题与思考

1. 研究测量误差的目的是什么？产生观测误差的原因有哪些？

2. 测量误差如何分类？在测量工作中如何消除或削弱这些误差？

3. 偶然误差和系统误差有什么区别？偶然误差有哪些特性？

4. 衡量精度的标准有哪些？一组等精度的观测值中，中误差与真误差有何区别？

5. 对某直线丈量了7次，观测结果分别为168.135 m、168.148 m、168.120 m、168.129 m、168.150 m、168.137 m、168.131 m，试计算算术平均值、算术平均值的中误差及其相对中误差。

6. 设同精度观测了某水平角6个测回，观测值分别为：$56°32'12''$、$56°32'24''$、$56°32'06''$、$56°32'18''$、$56°32'36''$、$56°32'18''$。试求一测回的观测中误差、6个测回的算术平均值及其中误差。

参考答案

5. $L = 168.136$ m；$m = \pm 0.013$ m；$M = \pm 0.005$ m；$K = \dfrac{1}{33\ 600}$

6. $L = 56°32'19''$；$m = \pm 10''$；$M = \pm 4''$

6

小区域控制测量

〖**本章提要**〗

本章主要介绍小区域平面和高程控制测量的方法,并对控制网测量原理、布设原则、布设形式及成果处理进行了详细的说明;介绍导线、水准网和三角高程的计算方法。

6.1 控制测量概述

控制测量的目的是在整个测区范围内用比较精密的仪器和方法精确测定少量的、大致均匀分布的控制点的位置,包括平面坐标和高程。前者称为平面控制测量,后者称为高程控制测量。控制测量是进行碎部测量或者建筑工程施工放样的基础性工作,它往往把平面和高程分开进行。

▶ **6.1.1 平面控制测量**

平面控制测量的任务就是确定控制点的平面坐标。传统的平面控制测量方法主要有导线测量、三角测量和三边测量。如图 6.1 所示,A,B,C,D,E,F 组成互相邻接的三角形,观测所有三角形的内角并至少测量一条边长作为起算边,通过计算就可以获得它们之间的相对位置。三角形的顶点构成的网形称为三角网,相应的控制测量称为三角测量。三边网的网型结构与三角网相同,但仅需观测所有三角形的边长(如图6.2中所标注 d_1,d_2,$\cdots$,d_8),然后根据起始方位角、起始点坐标计算确定控制点的平面位置,相应的控制测量称为三边测量,如图6.2所示。为了测量和计算平面控制点的坐标,把控制点连成折线(或多边形),这种控制网称

为导线(网),控制点称为导线点。测量导线边的边长和导线角,然后根据起算数据(起始点的坐标和起始边的方位角)就可计算出各导线点的坐标,用这种方法进行平面控制测量称为导线测量,如图 6.3 所示。

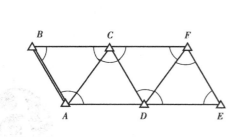

图 6.1　三角网

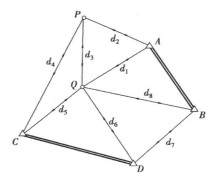

图 6.2　三边网

目前,卫星大地测量也得到了广泛的应用,常用的 GPS 卫星定位方法如图 6.4 所示,在 A,B,C,D 控制点安置 GPS 接收机,接收卫星(图中 S_1,S_2,S_3,S_4)发射的无线电信号,从而确定地面点位的工作称为 GPS 控制测量。

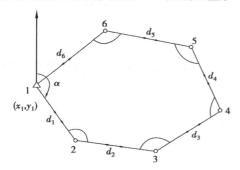

图 6.3　导线网

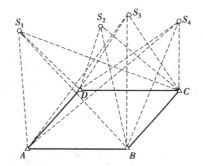

图 6.4　GPS 网

2001 年国家制定的《全球定位系统(GPS)测量规范》GB/T 18314—2001 将 GPS 控制网分成 AA,A,B,C,D,E6 级,如表 6.1 所示。我国于 1992 年在全国布设了覆盖全国的 A 级点 27 个,1996 年完成了全国 B 级网点 730 个,2001 年中国地震局牵头实施的"中国大陆地壳运动观测网络工程"在全国范围内布设了 1 000 多个 GPS 点。在各种工程应用中 GPS 正在逐渐取代传统的平面三角测量方法。

在全国范围内,作为各种测绘工作的基本控制而建立的平面控制网和高程控制网,统称国家控制网。我国国家平面控制网主要采用一、二、三、四等三角测量方法建立。一等三角网是由沿经、纬线方向纵横交错的三角锁组成,交叉点间锁段长度在 200 km 左右,在锁段交叉处设置起算边,三角形平均边长为 20～25 km。一等三角网是精度最高的平面控制网,它是国家平面控制的骨干,用于控制二等三角网,并为研究地球的形状和大小提供资料。二等三角网是在一等三角网的环内全面布设的三角网,四周与一等三角网相连,二等三角网的平均边长为 13 km。一、二等三角网组成了国家平面控制网的基础。三、四等三角网是以一、二等三角网为基础,用插网或者插点的方法布设,三等三角网平均边长为 8 km,四等三角网平均边长为 2~6 km。三、四等三角网的主要任务是进一步加密平面控制点。布设国家平面控制网的原则是：分级布网、逐级控制，即先布设一等三角网，然后布设二等三角网，最后在二等三角网的基础上加密三、四等三角网，如图 6.5 所示。国家三角网应有足够的精度，足够的密度以及统一的规格。

表 6.1　GPS 相对定位的精度指标

测量分级	常量误差 a_0/mm	比例误差系数 b_0/(mm·km^{-1})
AA	≤3	≤0.01
A	≤5	≤0.1
B	≤8	≤1
C	≤10	≤5
D	≤10	≤10
E	≤10	≤20

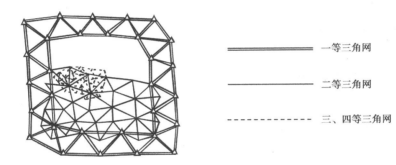

一等三角网

二等三角网

三、四等三角网

图 6.5　国家基本平面控制网

在城市地区，为满足大比例尺测图和城市建设施工的需要，需布设城市平面控制网。城市平面控制网是以国家控制网为基础，按城市范围大小布设不同等级的平面控制网，分为二、三、四等三角网或三、四等导线网和一、二级图根小三角网或一、二、三级图根导线网。其主要技术指标详见表 6.2。

表 6.2　城市三角测量的主要技术要求

等　级	平均边长/ km	测角中误差/(″)	起始边相对中误差	最弱边边长相对中误差	测回数			三角形最大闭合差/(″)
					DJ$_1$	DJ$_2$	DJ$_6$	
二等	9	±1.0	1/300 000	1/120 000	12	—		±3.5
三等	5	±1.8	首级 1/200 000	1/80 000	6	9	—	±7
四等	2	±2.5	首级 1/200 000	1/45 000	4	6	—	±9
一级小三角	1	±5.0	1/40 000	1/20 000		2	6	±15
二级小三角	0.5	±10	1/20 000	1/10 000	—	1	2	±30
图根	最大视距的 1.7 倍	±20	1/10 000					±60

在小范围内(一般面积在 15 km² 以内)建立的控制网称为小区域控制网。小区域控制网一般应与国家控制网联系起来。如果测区内或附近无高级控制点,也可建立测区独立控制网。在小区域内布设平面控制网也是采用从高级到低级分级布网,目的是保证控制点有必要的精度和密度。在测区中最高一级的控制称为首级控制,最低一级即直接用于测图的控制称为图根控制。首级平面控制可视测区面积的大小采用一、二、三级导线、一、二级小三角网或一、二级小三边网。图根控制是在首级控制的基础上进行控制点的加密,图根平面控制测量采用图根导线或图根三角网。图根平面控制根据需要还可分为两级,即在第一次加密的一级图根点的基础上再加密一次二级图根点。在很小的区域内也可不设首级控制,直接布设图根控制。

测图控制点的密度要根据地形条件及测图比例尺来决定。平坦地区测图控制点的密度可参考表 6.3 的规定,山区和地形复杂地区应适当加密。

表 6.3　测图控制点的密度

测图比例尺	1/500	1/1 000	1/2 000	1/5 000
测图控制点密度(点/km²)	150	50	15	5

▶ 6.1.2　高程控制测量

高程控制测量的任务就是在测区内布设一批高程控制点,即水准点,用精确方法测定它们的高程,构成高程控制网。高程控制测量的主要方法有水准测量和三角高程测量。

国家高程控制网主要是采用精密水准测量方法建立,所以又称国家水准网。国家水准网是全国范围内施测各种比例尺地形图和各类工程建设的高程控制基础,并为地球科学研究提供精确的高程资料,如研究地壳垂直形变的规律、海洋平均海水面的高程变化,以及其他有关地球科学的研究等。

国家水准网的布设也是采用由高级到低级、从整体到局部、逐级控制、逐级加密的原则。国家水准网分 4 个等级布设,一、二等水准测量路线是国家的精密高程控制网(图 6.6)。一等水准测量路线构成的一等水准网是国家高程控制网的骨干,同时也是研究地壳和地面垂直运动以及有关科学问题的主要依据,每隔 15～20 年沿相同的路线重复观测一次。构成一等水准网的环线周长根据不同地形的地区,一般在 1 000～2 000 km。二等水准网是布设在一等水准环线内,形成周长为 500～750 km 的环线,它是国家高程控制网的全面基础。三、四等级水准网直接为地形测图或工程建设提供高程控制点。

小区域高程控制网应根据测区面积大小和工程要求采用分级的方法建立。首先,布设三等或四等水准;然后在进行地形测量时,采用图根水准测量或者三角高程测量进行加密。三角高程主要用于非平坦地区。建筑工程施工时,在三、四等水准点的基础上进行工程水准测量。

在城市地区,为测绘大比例尺地形图、进行市政工程和建筑工程放样,在国家控制网的控制下而建立的高程控制网,称为城市高程控制网。城市高程控制网分为二、三、四等,四等以下水准网的布设直接为测绘大比例尺地形图服务,也称为图根水准测量。各级水准测量主要技术要求见表6.4。

图 6.6   国家一、二等水准路线布置示意图

表 6.4   城市各等级水准测量主要技术要求

等级	每 km 高差中误差/mm	路线长度/km	水准仪型号	水准尺	观测次数		往返较差,符合或环线闭合差	
					与已知点联测	附合路线或环线	平地/mm	山地/mm
二等	2	—	DS$_1$	铟瓦	往返各一次	往返各一次	$4\sqrt{L}$	—
三等	6	50	DS$_1$	铟瓦	往返各一次	往一次	$12\sqrt{L}$	$4\sqrt{n}$
			DS$_3$	双面		往返各一次		
四等	10	16	DS$_3$	双面	往返各一次	往一次	$20\sqrt{L}$	$6\sqrt{n}$
五等	15	—	DS$_3$	单面	往返各一次	往一次	$30\sqrt{L}$	—
图根	20	5	DS$_{10}$		往返各一次	往一次	$40\sqrt{L}$	$12\sqrt{n}$

注:①节点之间或节点与高级点之间其路线的长度不应大于表中规定的70%。

②L 为往返测段附合或环线的水准路线长度,km;n 为测站数。

6.2   导线测量

▶ 6.2.1   导线的布网形式

导线测量是进行平面控制测量的主要方法之一,它适用于平坦、隐蔽的地区和城镇建筑密集的地区。由于光电测距仪的普及,导线测量更是被广泛地采用。

用经纬仪测量导线角,用钢尺丈量导线边,称为经纬仪导线;若用光电测距仪测量导线边,则称为光电测距导线。

导线测量是建立小区域平面控制网常用的一种方法。根据测区的具体情况,单一导线的布设有3种基本形式,如图6.7所示。

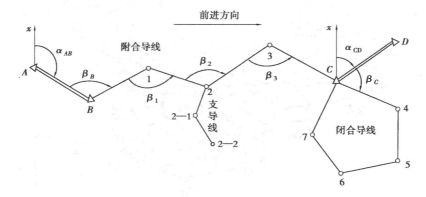

图6.7 导线的基本形式

(1)闭合导线 以高级控制点C,D中的C点为起始点,并以CD边的坐标方位角α_{CD}为起始坐标方位角,经过$4,5,6,7$点仍回到起始点C所形成的闭合多边形称为闭合导线。闭合导线多用于宽阔地区的平面控制。

(2)附合导线 以高级控制点A,B中的B点为起始点,以AB边的坐标方位角α_{AB}为起始坐标方位角,经过$1,2,3$点,附合到另外两个高级控制点C,D中的C点,并以CD边的坐标方位角α_{CD}为终边坐标方位角,这样的导线称为附合导线。

(3)支导线 假设2点已测定,成为已知点。由2点出发延伸出去(如$2—1,2—2$两点)的导线称为支导线。由于支导线缺少对观测数据的检核,故边数及总长都有限制。支导线只能用于图根控制,边数不能超过4条,长度不能超过图根附合导线规定长度的$1/2$。

在小区域内作为平面控制的导线,一般也分成若干等级。各种工程在地形测图和工程放样时对控制网精度的要求不同,采用的导线测量技术要求也不同,不同测边方法的导线技术要求也不同。表6.5和表6.6分别为《工程测量规范》中对一、二、三级导线和图根导线的主要技术要求。

表6.5 导线测量的主要技术要求

导线级别	导线长度 /km	平均边长 /km	测角中误差/(″)	测距中误差/mm	测距相对中误差	方位角闭合差/(″)	导线全长相对闭合差
一级	4	0.5	5	15	1/30 000	$10\sqrt{n}$	1/15 000
二级	2.4	0.25	8	15	1/14 000	$16\sqrt{n}$	1/10 000
三级	1.2	0.1	12	15	1/7 000	$24\sqrt{n}$	1/5 000

注:①表中n为测站数;

②当测区测图的最大比例尺为1:1 000时,导线的平均边长及总长可适当放宽但最大长度不应大于表中规定的2倍。

表 6.6 图根导线测量的主要技术要求

导线长度/m	相对闭合差	边　　长	测角中误差/(″)		方位角闭合差/(″)	
			一　般	首级控制	一　般	首级控制
1.0M	1/2 000	1.5 倍最大视距	30	20	$60\sqrt{n}$	$40\sqrt{n}$

注:①表中 M 为测图比例尺的分母,n 为测站数;

②隐蔽或施测困难地区,导线相对闭合差可适当放宽,但不应大于1/1 000。

▶ 6.2.2 导线的外业观测

导线测量的外业工作包括:踏勘选点及建立标志、边长测量、角度测量和连接测量。

1)踏勘、选点及建立标志

在踏勘、选点前,应调查收集测区已有地形图和高一级控制点的成果资料,把控制点展绘在地形图上;然后在地形图上拟定导线的布设方案;最后到野外踏勘,实地核对、修改、落实点位。如果测区没有地形图资料,则需详细踏勘现场,根据已知控制点的分布、测区地形条件及测图、施工需要等具体情况,合理地选定导线点的位置。

实地选点时,应注意下列几点:

①相邻点间通视良好,地势较平坦,便于测角和量距;

②点位应选在土质坚实处,便于保存标志和安置仪器;

③视野开阔,便于施测碎部;

④导线各边的长度应大致相等,除特别情形外,对于二、三级导线,边长应不大于 350 m,也不宜小于 50 m;

⑤导线点应有足够的密度,且分布均匀,便于控制整个测区。

导线点选定后在每个点位上要埋设标志。图根点的标志一般可采用木桩,桩顶应与地面平齐,桩顶钉一小钉,如图 6.8 所示。也可在水泥地面上用红漆划一圆,圆内点一小点,作为临时性标志。需要长期保存的图根点及等级导线点,应埋设混凝土桩或标石,桩顶嵌入带有" + "字的金属标志,作为永久性标志,如图 6.9 所示。为了便于寻找点位,埋石点均需绘制"点之记",量出标石到附近 3 个地物点的距离,并在实地地物上标出量距起点。点之记应说明导线点的编号、标石类型及所在地,并简要绘出点位周围的地形,如图 6.10 所示。

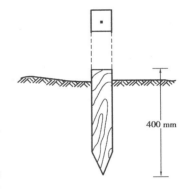

400 mm

图 6.8 临时导线点的埋设

2)导线边长测量

导线的边长可采用光电测距仪、钢尺和经纬仪视距等不同的仪器和方法测量,分别称为光电测距导线、钢尺量距导线和视距导线等。目前最常采用的是光电导线和钢尺量距导线。光电测距由于具有精度高、观测方便等特点,已成为测量导线边长的主要方法。如果使用中等精度的测距仪,即标称精度为 $\pm(5 \text{ mm} + 5 \times 10^{-6} \times S)$,S 为测距长度,按 500 m 计。对于一、二、三级导线需测二测回,图根导线测一测回。一测回指照准 1 次,读数 2 ~ 4 次。读数较差 <10 mm,单程测回间较差小于 15 mm。等级导线视观测条件可作单程观测或往返观测,图

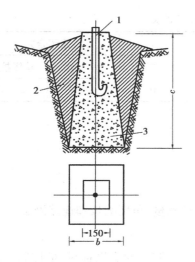

图 6.9　永久导线点的埋设
1—粗钢筋;2—回填土;3—混凝土;
b,c—视埋设深度而定

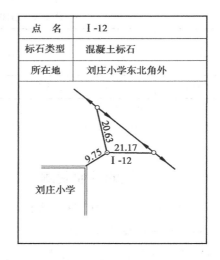

点　名	I-12
标石类型	混凝土标石
所在地	刘庄小学东北角外

20.63　21.17　9.75　I-12

刘庄小学

图 6.10　导线点点之记

根导线只作单程观测。测量时应注意气象条件及外界条件,在有雾、雨、雪、大风及透明度很差的情况下不宜观测,作业时视线方向上严禁有另外的反光镜或反光体。所测距离应加气象、加常数和乘常数改正,对于图根导线可不加改正。

　　钢尺量距仍是方便且常用的方法,特别是在图根导线中。一般采用铺地丈量,地面起伏不平时采用悬空丈量。所使用的钢尺必须经过检定。各等级导线需采用精密量距方法,图根导线采用一般丈量方法。边长一般应加尺长、温度和倾斜改正。对于图根导线,当尺长改正数小于 1/10 000,温度与标准温度 +20 ℃相差 10 ℃以内,尺面倾斜在 1.5% 以内时,可不加改正。

　　当导线的边跨越河流、沟谷或其他障碍,不能直接丈量时,可采用基线法间接测距。

3)导线角度测量

　　导线角一般采用测回法观测,有左角和右角之分。位于导线前进方向左侧的角为左角(图 6.7 中的 β_2),反之为右角(图 6.7 中的 β_1、β_3)。一般在附合导线或支导线中测量导线的左角,在闭合导线中均测内角,具体可以根据实际情况和行业习惯确定。若闭合导线按顺时针方向编号,则其右角就是内角。

　　不同等级导线的测角主要技术要求应根据相应的规范确定。对于图根导线,一般用 DJ$_6$ 级光学经纬仪观测一个测回。若盘左、盘右测得角值的较差不超过 40″,则取平均值作为一测回成果。

铅垂线

图 6.11　垂球用于瞄准

　　测角时,为了便于瞄准,可用测钎、觇牌作为照准标志,也可在标志点上用仪器的脚架吊一垂球线作为照准标志,如图 6.11 所示。

4）导线连接测量

导线与高级控制点进行连接,以取得坐标和坐标方位角的起算数据,称为连接测量。如图 6.12 所示,为了计算闭合导线点的坐标,需要与高级控制网连测,观测连接角 β_B,β_1 及连接边长 D_{B1}。

对于独立布设的导线,至少要测定一条边的方位角,测量方法可采用天文观测或陀螺经纬仪法。对于小区域的独立导线,也可以用罗盘仪测量起始边的磁方位角。

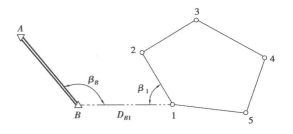

图 6.12　导线连测

5）用全站仪测量三维导线

全站仪可同时观测水平角、竖直角及斜距,并具有记录、计算等多种功能,因而在野外能获得平距、高差和坐标。这是一种新的导线测量方法,特别适用于图根导线。由于这种方法既能得出导线点的坐标,又能得出导线点的高程,所以被称为"三维导线"。

▶ **6.2.3　导线的内业计算**

导线计算的目的是要获得导线点的坐标,并检验导线测量的精度是否符合要求。计算前首先要检查外业手簿,以确保计算所用原始资料正确无误。此外,要搜集或确定起始点坐标和起始边的坐标方位角等起算数据。为计算方便,可绘制一草图,注明点号和已知数据。

内业计算中数字的取位,对于四等以下各级导线,角值取至秒("),边长及坐标取至毫米(mm);对于图根导线,角值取至秒("),边长和坐标取至厘米(cm)。

1）坐标计算的基本公式

(1)坐标正算　根据已知点的坐标、已知边长及其坐标方位角,计算未知点的坐标,称为坐标正算。如图 6.13 所示,设已知点 A 的坐标为 x_A,y_A,边长和坐标方位角分别为 D_{AB},α_{AB},则 B 点的坐标 x_B,y_B 为

$$x_B = x_A + \Delta x_{AB}$$
$$y_B = y_A + \Delta y_{AB} \tag{6.1}$$

式中　Δx_{AB}——纵坐标增量;

Δy_{AB}——横坐标增量。

它们是边长 AB 在坐标轴上的投影。根据三角形原理,坐标增量的计算公式如下:

$$\Delta x_{AB} = D_{AB}\cos \alpha_{AB}$$
$$\Delta y_{AB} = D_{AB}\sin \alpha_{AB} \tag{6.2}$$

Δx_{AB},Δy_{AB} 的正负取决于 $\cos \alpha_{AB}$,$\sin \alpha_{AB}$ 的符号,如图 6.14 所示。根据公式(6.2),式(6.1)又可写成

$$x_B = x_A + D_{AB}\cos \alpha_{AB}$$
$$y_B = y_A + D_{AB}\sin \alpha_{AB} \tag{6.3}$$

(2)坐标反算　根据两个已知点的坐标,计算它们的边长和坐标方位角,称为坐标反算。如图 6.13 所示,已知直线 AB 两端点的坐标分别为 (x_A, y_A) 和 (x_B, y_B),则直线边长 D_{AB} 和坐标

方位角 α_{AB} 的计算公式为

$$D_{AB} = \frac{\Delta y_{AB}}{\sin \alpha_{AB}} = \frac{\Delta x_{AB}}{\cos \alpha_{AB}} \Bigg\}$$
$$\text{或 } D_{AB} = \sqrt{\Delta x_{AB}^2 + \Delta y_{AB}^2} \Bigg\}$$

(6.4)

$$\alpha_{AB} = \arctan \frac{\Delta y_{AB}}{\Delta x_{AB}} = \arctan \frac{y_B - y_A}{x_B - x_A}$$

(6.5)

由式(6.5)求得的 α 可能分布在任意一个象限之内,它由 Δy 和 Δx 的正负符号确定,即

①第一象限: $\alpha = \arctan \dfrac{\Delta y}{\Delta x}$

②第二象限: $\alpha = 180° + \arctan \dfrac{\Delta y}{\Delta x}$

③第三象限: $\alpha = 180° + \arctan \dfrac{\Delta y}{\Delta x}$

④第四象限: $\alpha = 360° + \arctan \dfrac{\Delta y}{\Delta x}$

实际上,由图 6.14 可知, $R = \arctan \left| \dfrac{\Delta y}{\Delta x} \right|$ 为象限角,根据 R 所在的象限,将象限角换算为坐标方位角,也可得到同样结果。象限角和坐标方位角之间的关系如表 6.7 所示。

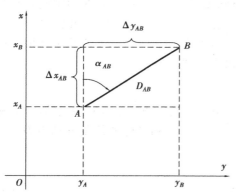

图 6.13　坐标正算和反算

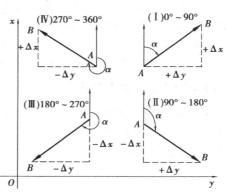

图 6.14　坐标增量的正负

表 6.7　象限角和坐标方位角的关系

象　限	换算式	象　限	换算式
Ⅰ	$R = \alpha$	Ⅲ	$R = \alpha - 180°$
Ⅱ	$R = 180° - \alpha$	Ⅳ	$R = 360° - \alpha$

【例6.1】　已知 $x_A = 1\ 874.43$ m, $y_A = 43\ 579.64$ m, $x_B = 1\ 666.52$ m, $y_B = 43\ 667.85$ m,求 α_{AB}。

【解】　由已知坐标得

$\Delta y_{AB} = 43\ 667.85$ m $- 43\ 579.64$ m $= 88.21$ m

$\Delta x_{AB} = 1\ 666.52$ m $- 1\ 874.43$ m $= -207.91$ m

根据图 6.14 判断，α 在第二象限，则有

$$\alpha_{AB} = 180° + \arctan\frac{88.21}{-207.91} = 180° - 22°59'24'' = 157°00'36''$$

2）闭合导线坐标的计算

现以图 6.15 中所标注的实测数据为例，并结合表 6.8"闭合导线坐标计算表"来说明闭合导线坐标计算的步骤。

（1）准备工作　将检查过的外业观测数据及起算数据填入表 6.8 中，起算数据应特别标出。

（2）角度闭合差的计算与调整　n 边形闭合导线内角和的理论值为

$$\sum\beta_{理} = (n-2)\times180° \qquad (6.6)$$

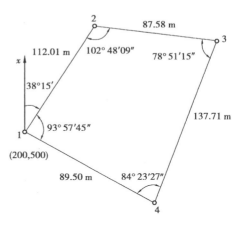

图 6.15　闭合导线草图

由于观测角度不可避免地含有误差，导致实测的内角之和 $\sum\beta_{测}$ 与理论值不符，其差值称为角度闭合差，以 f_β 表示，即

$$f_\beta = \sum\beta_{测} - \sum\beta_{理} = \sum\beta_{测} - (n-2)\times180° \qquad (6.7)$$

各级导线角度闭合差的容许值 $f_{\beta容}$ 见表 6.5 所示，其中图根导线的 $f_{\beta容} = \pm60''\sqrt{n}$。若 f_β 超过 $f_{\beta容}$，则说明所测角度不符合要求，应重新检核；若 f_β 不超过 $f_{\beta容}$，可进行角度闭合差调整。由于导线角基本上是在相同条件下观测的，观测精度相同，调整时可将角度闭合差按相反的符号平均分配到各个角上，角度改正数为

$$v_\beta = -\frac{f_\beta}{n} \qquad (6.8)$$

将上述改正数填入表 6.8（2）栏角度值的上方。当角度闭合差不能整除时，可将余数再分配到含有短边的角上。这是由于仪器对中和目标偏心的影响，含有短边的角可能产生较大的误差。改正后的角值为

$$\beta_i = \beta_i' + v_\beta \qquad (6.9)$$

调整后的角值填入表 6.8 中（3）栏，改正之后内角和应等于 $(n-2)\times180°$，本例应为 360°，以作计算校核。

（3）推算各边的坐标方位角　导线各边的坐标方位角是按起始边的已知坐标方位角和导线的转折角依次推算出来的。根据起始边的已知坐标方位角及改正后的水平角，按下列公式推算其他前视导线边的坐标方位角：

$$\alpha_{前} = \alpha_{后} - 180° + \beta_{左} \qquad (6.10)$$

或

$$\alpha_{前} = \alpha_{后} + 180° - \beta_{右} \qquad (6.11)$$

本例观测右角，按式（6.11）推算出导线各边的坐标方位角，列入表 6.8 的第（4）栏。在推算过程中必须注意：如果推算出的 $\alpha_{前} > 360°$，则应减去 360°；如果推算出的 $\alpha_{前} < 0°$，则应加上 360°。

闭合导线最后推算出的起始边坐标方位角,应与原有的起始边已知坐标方位角相等,否则应重新检查计算。

(4)坐标增量的计算及其闭合差的调整

①坐标增量的计算。如图 6.16 所示,设点 1 的坐标为 (x_1, y_1),1—2 边的坐标方位角 α_{12},且均为已知。根据已经推算出的导线边坐标方位角和外业测量的边长,由公式(6.2)计算各边的坐标增量,以导线边 1—2 的坐标增量为例:

$$\Delta x_{12} = D_{12} \cos \alpha_{12}$$
$$\Delta y_{12} = D_{12} \sin \alpha_{12}$$

同理可以计算其他边的坐标增量,并填入表 6.8 中的第(6)、(7)两栏中。

②坐标增量闭合差的计算与调整。从图 6.16 中可以看出,闭合导线纵、横坐标增量代数和的理论值应为零,即

$$\left. \begin{array}{l} \sum \Delta x_{理} = 0 \\ \sum \Delta y_{理} = 0 \end{array} \right\} \tag{6.12}$$

实际上由于测量误差的存在,往往使 $\sum \Delta x_{测}$,$\sum \Delta y_{测}$ 不等于零,与理论值之差称为坐标增量闭合差,即

$$\left. \begin{array}{l} f_x = \sum \Delta x_{测} - \sum \Delta x_{理} = \sum \Delta x_{测} \\ f_y = \sum \Delta y_{测} - \sum \Delta y_{理} = \sum \Delta y_{测} \end{array} \right\} \tag{6.13}$$

从图 6.17 可以看出,由于 f_x,f_y 的存在使导线不能闭合,1—1′ 的长度 f 称为导线全长闭合差,并用下式计算:

$$f = \sqrt{f_x^2 + f_y^2} \tag{6.14}$$

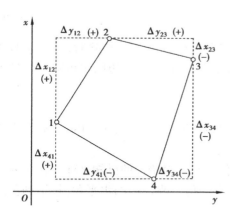

图 6.16　坐标增量闭合差

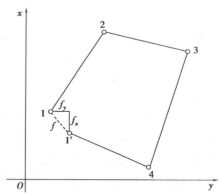

图 6.17　闭合导线全长闭合差

仅以 f 值的大小还不能说明导线测量的精度是否满足要求,应将 f 与导线全长 $\sum D$ 相比,以分子为 1 分母为整数的分数形式来表示导线全长相对闭合差,即

$$k = \frac{f}{\sum D} = \frac{1}{\dfrac{\sum D}{f}} \tag{6.15}$$

以导线全长相对闭合差 K 来衡量导线测量的精度较为合理,K 的分母值越大,精度越高。不同等级的导线全长相对闭合差的容许值 $K_容$ 见表 6.5 和表 6.6。若 K 超过 $K_容$,则说明成果不合格,此时应首先检查内业计算有无错误,必要时重测导线边长;若 K 不超过 $K_容$,则说明成果符合精度要求,可以进行闭合差的调整。将 f_x,f_y 反号按边长成正比分配到各边的纵、横坐标增量中去,并以 v_{xi},v_{yi} 分别表示第 i 边的纵、横坐标增量改正数,即

$$v_{xi} = -\frac{f_x}{\sum D}D_i \left.\begin{matrix} \\ \\ \\ \end{matrix}\right\} \qquad (6.16)$$
$$v_{yi} = -\frac{f_y}{\sum D}D_i$$

纵、横坐标增量改正数之和应满足下式:

$$\left.\begin{matrix}\sum \nu_x = -f_x \\ \sum \nu_y = -f_y\end{matrix}\right\} \qquad (6.17)$$

计算出的坐标增量改正数填入表 6.8 中的第(6)、(7)两栏坐标增量计算值的上方。坐标增量加改正数得到改正后坐标增量,填入表 6.8 中的第(8)、(9)两栏。改正后纵、横坐标增量之代数和应分别为零,以作计算校核。

(5)计算导线点坐标   根据起点 1 的已知坐标(这里为假定值:$x_1 = 200.00$ m,$y_1 = 500.00$ m)及改正后各边坐标增量,用下式依次推算 2、3、4 各点的坐标:

$$\left.\begin{matrix}x_前 = x_后 + \Delta x_{改正} \\ y_前 = y_后 + \Delta y_{改正}\end{matrix}\right\} \qquad (6.18)$$

算得的坐标值填入表 6.8 中的第(10)、(11)两栏。最后还应推算起点 1 的坐标,其值应与原有的已知数值相等,以作校核。

3)附合导线坐标计算

附合导线的坐标计算步骤与闭合导线相同,角度闭合差、坐标增量闭合差的计算公式和调整原则也与闭合导线相同,即式(6.7)和式(6.13)。但对于附合导线,闭合差计算公式中的 $\sum\beta_理$,$\sum\Delta x_理$,$\sum\Delta y_理$ 与闭合导线不同。下面主要介绍两者之间的不同点。

(1)角度闭合差中 $\sum\beta_理$ 的计算   有一附合导线如图 6.18 所示,AB 和 CD 为高级控制网的两条边,已知起始边 AB 的坐标方位角 α_{AB} 和终边 CD 的坐标方位角 α_{CD}。假定观测了所有左角(包括连接角 β_B 和 β_C),由公式(6.10)可知:

$$\alpha_{B1} = \alpha_{AB} - 180° + \beta_A$$
$$\alpha_{12} = \alpha_{B1} - 180° + \beta_1$$
$$\cdots$$

将上列式取和,得

$$\alpha_{CD} = \alpha_{AB} - 6 \times 180° + \sum\beta_左$$

式中 $\sum\beta_左$——各转折角(包括连接角)理论值的总和。写成一般式,得

$$\sum\beta_理^左 = \alpha_终 - \alpha_始 + n \times 180° \qquad (6.19)$$

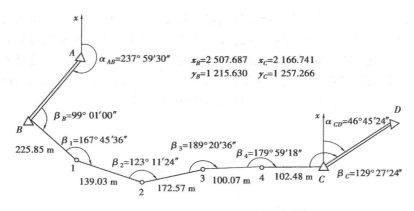

图 6.18　附合导线示意图

表 6.8　闭合导线坐标计算表

点号	角度观测值	改正后角度	方位角	水平距离/m	坐标增量/m		改正后坐标增量/m		坐标/m	
					Δx	Δy	Δx	Δy	x	y
(1)	(2)	(3)	(4)	(5)	(6)	(7)	(8)	(9)	(10)	(11)
1									200.00	500.00
			38°15′00″	112.01	+3 87.96	−1 69.34	87.99	69.33		
2	−9″ 102°48′09″	102°48′00″							287.99	569.33
			115°27′00″	87.58	+2 −37.64	0 79.08	−37.62	79.08		
3	−9″ 78°51′15″	78°51′06″							250.37	648.41
			216°35′54″	137.71	+4 −110.56	−1 −82.10	−110.52	−82.11		
4	−9″ 84°23′27″	84°23′18″							139.85	566.30
			312°12′36″	89.50	+2 60.13	−1 −66.29	60.15	−66.30		
1	−9″ 93°57′45″	93°57′36″							200.00	500.00
			38°15′00″							
2										
				426.80	−0.11	+0.03	0.00	0.00		
$\sum$	360°00′36″	360°00′00″								

闭合差计算	$f_\beta = \sum \beta - (4-2) \times 180° = +36″$　$f_{\beta容} = \pm40\sqrt{n} = \pm80″$　$f_\beta \leq f_{\beta容}$（合格） $f_x = \sum \Delta x = -0.11$ m　$f_y = \sum \Delta y = +0.03$ m　$f = \sqrt{f_x^2 + f_y^2} = 0.114$ m $K = \dfrac{f}{\sum D} = \dfrac{1}{3\ 700} < \dfrac{1}{2\ 000}$（符合精度要求）

同理,观测角度为右角时

$$\sum \beta_{理}^{右} = \alpha_{始} - \alpha_{终} + n \times 180° \tag{6.20}$$

（2）坐标增量闭合差中 $\sum \Delta x_{理}$，$\sum \Delta y_{理}$ 的计算 由图 6.18 的附合导线可知

$$\Delta x_{B1} = x_1 - x_B, \Delta y_{B1} = y_1 - y_B$$
$$\Delta x_{12} = x_2 - x_1, \Delta y_{12} = y_2 - y_1$$
$$\cdots$$

将以上各式左、右分别相加，得

$$\sum \Delta x = x_C - x_B, \sum \Delta y = y_C - y_B$$

推广为一般公式：

$$\left. \begin{array}{l} \sum \Delta x_{理} = x_{终} - x_{始} \\ \sum \Delta y_{理} = y_{终} - y_{始} \end{array} \right\} \tag{6.21}$$

从前面的推导可以看出：附合导线的坐标增量代数和的理论值应等于终、始两点的已知坐标值之差。

附合导线的全长闭合差，全长相对闭合差和容许相对闭合差的计算，以及增量闭合差的调整等，均与闭合导线相同。附合导线坐标计算的过程详见表 6.9 的算例。

表 6.9 附合导线坐标计算表

点号	角度观测值	改正后角度	方位角	水平距离/m	坐标增量/m Δx	坐标增量/m Δy	改正后坐标增量/m Δx	改正后坐标增量/m Δy	坐标/m x	坐标/m y
(1)	(2)	(3)	(4)	(5)	(6)	(7)	(8)	(9)	(10)	(11)
A										
B	$+6''$ 99°01′00″	99°01′06″	237°59′30″						2 507.69	1 215.63
1	$+6''$ 167°45′6″	167°45′42″	157°00′36″	225.85	$+5$ -207.91	4 88.21	-207.86	88.17	2 299.83	1 303.80
2	$+6''$ 123°11′24″	123°11′30″	144°46′18″	139.03	$+3$ -113.57	-3 80.20	-113.54	80.17	2 186.29	1 383.97
3	$+6''$ 189°20′36″	189°20′42″	87°57′48″	172.57	$+3$ 6.13	-3 172.46	6.16	172.43	2 192.45	1 556.40
4	$+6''$ 179°59′18″	179°59′24″	97°18′30″	100.07	$+2$ -12.73	-2 99.26	-12.71	99.24	2 179.74	1 655.64
C	$+6''$ 129°27′24″	129°27′30″	97°17′54″	102.48	$+2$ -13.02	-2 101.65	-13.00	101.63	2 166.74	1 757.27
D			46°45′24″							
$\sum$	888°45′18″	888°45′54″		740.00	-341.10	541.78	-310.95	541.64		
闭合差计算	$f_\beta = -36''$ $f_{\beta容} = \pm 40'' \sqrt{n} = \pm 97''$ $f_\beta \leqslant f_{\beta容}$（合格） $f_x = \sum \Delta x = -0.15 \text{ m}$									
	$f_y = \sum \Delta y = +0.14 \text{ m}$ $f = \sqrt{f_x^2 + f_y^2} = 0.20 \text{ m}$ $K = \dfrac{f}{\sum D} = \dfrac{1}{3\,700} < \dfrac{1}{2\,000}$（符合精度要求）									

4）支导线的坐标计算

支导线中没有多余观测值，因此也没有闭合差产生，导线转折角和计算的坐标增量均不需要进行改正。支导线的计算步骤如下：

①根据观测的导线角推算导线边坐标方位角；

②根据导线边坐标方位角和边长计算坐标增量；

③根据导线边的坐标增量推算导线点的坐标。

以上步骤的计算方法同闭合导线和附合导线。

6.3　交会定点测量

当原有控制点的数量不能满足施工或测图需要时，可以用交会法来加密控制点，称为交会定点。交会法就是根据已知点的坐标，用观测角度或距离，按交会方法计算出待定点的坐标。交会法一般分为前方交会、后方交会和距离交会。

▶ 6.3.1　前方交会

前方交会是用经纬仪在已知点 A,B 上分别向未知点 P 观测水平角 α 和 β，从而计算 P 点的坐标，如图 6.19（a）所示。为了检核，有时对三角形的 3 个内角都进行观测，或者从 3 个已知点 A,B,C 上分别向未知点 P 进行角度观测（如图 6.20），由两个三角形分别解算 P 点的坐标。下面仅以一个三角形为例进行说明。

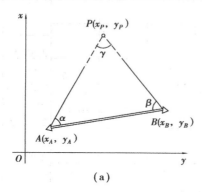
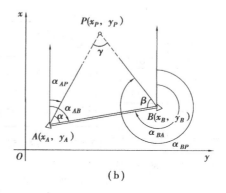

（a）　　　　　　　　　　　　　　（b）

图 6.19　前方交会

在图 6.19（a）中，如果观测了三角形 3 个内角，则应先将角度闭合差反号平均分配到各个内角中。为了使公式具有普遍性，下面假设交会角 γ 没有观测。从图 6.19（b）可知

$$D_{AP} = \frac{D_{AB}\sin\beta}{\sin(180° - \alpha - \beta)} = \frac{D_{AB}\sin\beta}{\sin(\alpha + \beta)} \tag{6.22}$$

$$\alpha_{AP} = \alpha_{AB} - \alpha \tag{6.23}$$

$$x_P = x_A + D_{AP}\cos\alpha_{AP} \tag{6.24}$$

将式（6.22），式（6.23）代入式（6.24），即

$$x_P = x_A + \frac{D_{AB} \sin \beta}{\sin(\alpha + \beta)} \cos(\alpha_{AB} - \alpha)$$

展开后得到

$$x_P = x_A + \frac{D_{AB} \cos \alpha_{AB} \sin \beta \cos \alpha + D_{AB} \sin \alpha_{AB} \sin \beta \sin \alpha}{\sin \alpha \cos \beta + \sin \beta \cos \alpha}$$

上式分子、分母同除以 $\sin \alpha \sin \beta$，并顾及 $D_{AB} \cos \alpha_{AB}$ $= \Delta x_{AB}$ 和 $D_{AB} \sin \alpha_{AB} = \Delta y_{AB}$，得

$$x_P = x_A + \frac{\Delta x_{AB} \cot \alpha + \Delta y_{AB}}{\cot \alpha + \cot \beta}$$

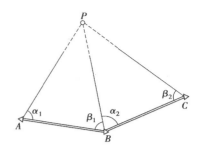

图 6.20　三点前方交会

同理可得

$$y_P = y_A + \frac{\Delta y_{AB} \cot \alpha - \Delta x_{AB}}{\cot \alpha + \cot \beta}$$

将 $\Delta x_{AB} = x_B - x_A$，$\Delta y_{AB} = y_B - y_A$ 代入上式，即可得到前方交会公式

$$\left. \begin{aligned} x_P &= \frac{x_A \cot \beta + x_B \cot \alpha + y_B - y_A}{\cot \alpha + \cot \beta} \\ y_P &= \frac{y_A \cot \beta + y_B \cot \alpha - x_B + x_A}{\cot \alpha + \cot \beta} \end{aligned} \right\}$$

（6.25）

应用前方交会公式时必须要注意：A, B, P 的点号必须按逆时针次序排列。

前方交会中，γ 称为交会角。交会角过大或过小，都会影响 P 点位置测定精度，要求交会角一般应大于 $30°$ 并小于 $120°$。为了进行检核，一般都要求从 3 个已知点作两组前方交会，观测 4 个水平角 $\alpha_1, \beta_1, \alpha_2, \beta_2$，如图 6.20 所示。分别在 $\triangle ABP$ 和 $\triangle BCP$ 中求出 P 点的两组坐标 (x_{P1}, y_{P1}) 和 (x_{P2}, y_{P2})。如果两组坐标的较差在容许限差内，则取两组坐标的平均值作为 P 点的最后坐标。一般规范规定，两组坐标较差 Δ 应不大于 2 倍的比例尺精度，即点位误差

$$\Delta = \sqrt{\delta_x^2 + \delta_y^2} \leqslant 2 \times 0.1M$$

（6.26）

式中　δ_x, δ_y —— P 点两组坐标之差；

　　　M —— 测图比例尺的分母。

【例 6.2】 已知图 6.20 中 A, B, C 3 点的坐标，并观测了 $\alpha_1, \beta_1, \alpha_2, \beta_2$ 等角，用前方交会法计算待定点 P 的坐标，其过程见表 6.10 所示。

表 6.10　前方交会计算

点　名	观测角 ° ′ ″		x/m		y/m	
A	α_1	61 14 25	x_A	588.65	y_A	529.46
B			x_B	438.30	y_B	301.10
P	β_1	68 07 43	x_P	261.50	y_P	555.79
B	α_2	74 31 25	x_B	438.30	y_B	301.10
C			x_C	174.80	y_C	208.87
P	β_2	56 40 27	x_P	261.52	y_P	555.77

平均 $x_P = 261.51$, 平均 $y_P = 555.78$

$$\Delta = \sqrt{2^2 + 2^2}\,\text{cm} = 2.8\ \text{cm} < 2 \times 0.1 \times 1\,000\ \text{mm} = 200\ \text{mm}$$

▶ 6.3.2 后方交会

如图 6.21 所示，A,B,C 是已知点，经纬仪安置在未知点 P 上，观测 P 至 A,B,C 各方向之间的夹角 α,β，然后根据已知点坐标，即可解算未知点 P 的坐标，这种方法称为后方交会。后方交会的计算公式很多，公式推导过程较为繁琐，这里仅列举其中一种方法，并直接给出结论。

（1）计算公式　引入辅助量 a,b,c,d，计算公式如下：

$$\left.\begin{array}{l} a = (x_B - x_A) + (y_B - y_A)\cot\alpha \\ b = (y_B - y_A) - (x_B - x_A)\cot\alpha \\ c = (x_B - x_C) - (y_B - y_C)\cot\beta \\ d = (y_B - y_C) + (x_B - x_C)\cot\beta \end{array}\right\} \tag{6.27}$$

令 $K = \dfrac{a - c}{b - d}$，坐标增量计算如下：

$$\left.\begin{array}{l} \Delta x_{BP} = \dfrac{-a + Kb}{1 + K^2} \\ \Delta y_{BP} = -K\Delta x_{BP} \end{array}\right\} \quad \text{或者} \quad \left.\begin{array}{l} \Delta x_{BP} = \dfrac{-c + Kd}{1 + K^2} \\ \Delta y_{BP} = -K\Delta x_{BP} \end{array}\right\} \tag{6.28}$$

计算待定点坐标：

$$\left.\begin{array}{l} x_P = x_B + \Delta x_{BP} \\ y_P = y_B + \Delta y_{BP} \end{array}\right\} \tag{6.29}$$

（2）交会点 P 的检核　为了检查测量结果的准确性，必须在 P 点上对第四个已知点进行观测，即观测 γ 角，如图 6.19。根据 A、B、C 3 点计算得到 P 点坐标，再利用已知点 C 和 D 的坐标反算方位角 α_{PC} 和 α_{PD}，则

$$\begin{array}{l} \gamma' = \alpha_{PD} - \alpha_{PC} \\ \Delta\gamma = \gamma' - \gamma \end{array} \tag{6.30}$$

当交会点是图根点时，$\Delta\gamma$ 的容许值为 $\pm 40''\sqrt{2} = \pm 56''$。

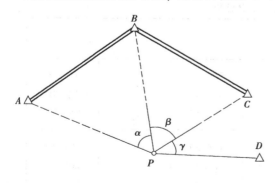

图 6.21　后方交会

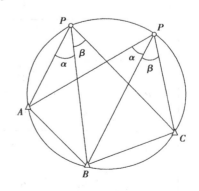

图 6.22　危险圆

（3）危险圆问题　如图 6.22 所示，当点 P 正好落在通过 A,B,C 3 点的圆周上，则无解或有无穷多解。因为 P 点在圆周任意位置上，其 α 和 β 角均不变，此时后方交会点就无法解算。通常把过三角形 ABC 的外接圆称为危险圆。

当 A,B,C,P 4 点共圆时，满足以下条件：

$$\left.\begin{array}{c} a = c \\ b = d \\ k = \dfrac{a-c}{b-d} = \dfrac{0}{0} \end{array}\right\} \tag{6.31}$$

上式为 P 点落在危险圆上的判别式。后方交会计算见表 6.11。

表 6.11　后方交会计算表

已知数据	x_A	1 406.593	y_A	2 654.051	
	x_B	1 659.232	y_B	2 355.537	
	x_C	2 019.396	y_C	2 264.071	
观测值	α	51°06′17″	$\cot\alpha$	0.806 762	
	β	46°37′26″	$\cot\beta$	0.944 864	
$x_B - x_A$	252.639	$y_B - y_A$	−298.145	$x_B - x_A$	−350.164	$y_B - y_C$	91.466
a	11.809	b	−502.334	c	446.587	d	−248.840
K	−1.808 31	$Kb-a$	896.567	$Kd-c$	896.567	Δx	209.969
Δy	379.690	x_P	1 869.201	y_P	2 735.227		

▶ 6.3.3　距离交会

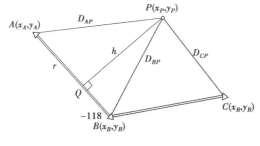

图 6.23　距离交会

随着电磁波测距仪的广泛使用，距离测量变得较为容易，距离交会也成为加密控制点的一种常用方法。如图 6.23 所示，在两个已知点 A,B 上分别量取至待定点 P 的边长 D_{AP},D_{BP}，求解 P 点坐标称为距离交会。

距离交会的详细计算步骤如下：

①利用已知点 A,B 坐标反算求得坐标方位角 α_{AB} 和边长 D_{AB}。

②过点 P 作 AB 垂线交于 Q 点。设垂距 PQ 为 h，AQ 为 r，利用余弦定理可以求出角 A。

$$\cos A = \frac{D_{AB}^2 + D_{AP}^2 - D_{BP}^2}{2D_{AB}D_{AP}} \tag{6.32}$$

$$r = D_{AP}\cos A = \frac{D_{AB}^2 + D_{AP}^2 - D_{BP}^2}{2D_{AB}} \tag{6.33}$$

$$h = \sqrt{D_{AP}^2 - r^2} \tag{6.34}$$

③若 P 点在 AB 线段右侧（A,B,P 顺时针构成三角形），则

$$x_{P_1} = x_A + r \cos \alpha_{AB} - h \sin \alpha_{AB} \Big\}$$
$$y_{P_1} = y_A + r \sin \alpha_{AB} + h \cos \alpha_{AB} \Big\} \quad (6.35)$$

若 P 点在 AB 线段左侧(A,B,P 逆时针构成三角形),则

$$x_{P_1} = x_A + r \cos \alpha_{AB} + h \sin \alpha_{AB} \Big\}$$
$$y_{P_1} = y_A + r \sin \alpha_{AB} - h \cos \alpha_{AB} \Big\} \quad (6.36)$$

在实际工作中,为了保证待定点的精度,避免边长测量错误的发生,一般要求从 3 个已知点 A,B,C 分别向 P 点测量 3 段水平距离 D_{AP},D_{BP},D_{CP},作两组距离交会。根据上述方法计算出 P 点的两组坐标,当两组坐标较差满足公式(6.26)要求时,取其平均值作为 P 点的最后坐标。

距离交会的计算表详见表 6.12。

表 6.12　距离交会坐标计算表

略图			已知数据/ m	x_A	1 807.041	y_A	719.853
				x_B	1 646.382	y_B	830.660
				x_C	1 765.500	y_C	998.650
			观测值 /m	D_{AP}	105.983	D_{BP}	159.648
				D_{CP}	177.491		

D_{AP} 与 D_{BP} 交会			D_{BP} 与 D_{CP} 交会		
D_{AB}/m	195.165		D_{BC}/m	205.936	
α_{AB}	145°24′21″		α_{BC}	54°39′37″	
$\angle BAP$	54°49′11″		$\angle CBP$	56°23′37″	
α_{AP}	90°35′10″		α_{BP}	358°16′00″	
Δx_{AP}/m	−1.084	Δy_{AP}/m	105.977	Δx_{BP}/m	159.575	Δy_{BP}/m	−4.829
x_P'/m	1 805.957	y_P'/m	825.830	x_P''/m	1 805.957	y_P''/m	825.831
x_P/m	1 805.957		y_P/m	825.830	
辅助计算	$\delta_x = 0$ mm, $\delta_y = -1$ mm, $e_{容} = 2 \times 0.1 m = 200$ mm, $e = \sqrt{\delta_x^2 + \delta_y^2} = 1$ mm $\leqslant e_{容}$				

注:测图比例尺分母 $M = 1\ 000$。

6.4　高程控制测量

▶ 6.4.1　高程测量概述

为了进行各种比例尺的测图和工程放样,除了要建立平面控制网外,还需要建立高程控制网。高程控制测量的任务,就是在测区内布设一批高程控制点,即水准点,用精确方法测定它们的高程,构成高程控制网。

高程控制测量的主要方法有水准测量和三角高程测量。为了建立一个全国统一的高程控制网,需要确定一个统一的高程基准面,通常采用大地水准面作为高程基准面,此外还需建立一个共同的基准点,即水准原点,以固定高程基准面的位置。我国规定自 1989 年起一律采用"1985 年国家高程基准",以这个基准测定的青岛水准原点高程为 72.260 m。

小区域高程控制测量包括三、四等水准测量和三角高程测量。

▶ **6.4.2 三、四等水准测量**

三、四等水准测量的水准点应选在地基稳固,能长久保存和便于观测的地方。三、四等水准路线一般沿道路布设,尽量避开土质松软地段,水准点间的距离一般为 2 ~ 4 km,在城市建筑区为 1 ~ 2 km。

三、四等水准测量的主要技术要求见表 6.4,在观测中,对每一测站的技术要求如表 6.13 所示。

表 6.13 三、四等水准测量测站技术要求

等 级	视线长度 /m	视线高度 /m	前后视距离差/m	前后视距累积差/m	红黑面读数差 (尺常数误差)/mm	红黑面所测高差之差/mm
三等	≤65	≥0.3	≤3	≤6	≤2	≤3
四等	≤80	≥0.2	≤5	≤10	≤3	≤5

三、四等水准测量的常用方法有双面尺法和变动仪器高法。下面以双面尺法为例详细介绍四等水准测量的观测方法。

1)观测方法

四等水准测量的观测应在通视良好、望远镜成像清晰稳定的情况下进行。若用普通 DS_3 水准仪观测,则每次读数前都应精平(使符合水准气泡居中);如果使用自动安平水准仪,则无需精平,工作效率可大为提高。

双面水准尺法测站的观测程序:

①后视水准尺黑面,读取上、下视距丝和中丝读数,记入表 6.14 中(1)、(2)、(3)栏;

②后视水准尺红面,读取中丝读数,记入表 6.14 中(8)栏;

③前视水准尺黑面,读取上、下视距丝和中丝读数,记入表 6.14 中(4)、(5)、(6)栏;

④前视水准尺红面,读取中丝读数,记入表 6.14 中(7)栏。

这样的观测顺序简称为"后—后—前—前",优点是可以减弱仪器下沉误差的影响。概括起来,每个测站共需读取 8 个读数,并立即进行测站计算与检核,满足四等水准测量的有关限差要求后(见表 6.13)方可迁站。

2)测站计算与检核

(1)视距计算与检核　根据前、后视的上、下视距丝读数计算前、后视的视距:

后视距离:(9) = 100 × [(1) - (2)]

前视距离:(10) = 100 × [(4) - (5)]

计算前、后视距差：(11) = (9) - (10)

计算前、后视距累积差：(12) = 上站(12) + 本站(11)

以上计算的前、后视距、视距差及视距累积差均应满足表 6.13 中的要求。

表 6.14　四等水准测量记录

日期：　年　月　日　　　　观测者：　　　　　记录者：　　　　　校核者：

测站编号	点号 视距差 $d/\sum d$	后尺	上丝 下丝 视距	前尺	上丝 下丝 视距	方向	中丝读数		黑+K-红/mm	平均高差/mm	高程/m
							黑面	红面			
	点　名	(1)		(4)		后	(3)	(8)	(14)		
		(2)		(5)		前	(6)	(7)	(13)	(18)	
	(11)/(12)	(9)		(10)		后-前	(15)	(16)	(17)		
1	BM.1～TP.1	1 329		1 173		后	1 080	5 767	0		17.438
		0 831		0 693		前	0 933	5 719	+1	+0.147 5	
	+1.8/+1.8	49.8		48.0		后-前	+0.147	+0.048	-1		17.585 5
2	TP.1～TP.2	2 018		2 467		后	1 779	6 567	-1		
		1 540		1 978		前	2 223	6 910	0	-0.443 5	
	-1.1/+0.7	47.8		48.9		后-前	-0.444	-0.343	-1		17.142

注：表中所示的(1),(2),…,(18)表示读数、记录和计算的顺序。

(2)尺常数 K 检核　尺常数为同一水准尺黑面与红面读数差。尺常数误差计算式为

$$(13) = (6) + K_i - (7)$$
$$(14) = (3) + K_i - (8)$$

K_i 为双面水准尺的红面分划与黑面分划的零点差(A 尺：$K_1 = 4\ 687$ mm；B 尺：$K_2 = 4\ 787$ mm)。对于四等水准测量，不得超过 3 mm。

(3)高差计算与检核　根据前、后视水准尺红、黑面中丝读数分别计算该站高差：

黑面高差：(15) = (3) - (6)

红面高差：(16) = (8) - (7)

红黑面高差之误差：(17) = (14) - (13)

对于四等水准测量，不得超过 5 mm。

红黑面高差之差在容许范围以内时取其平均值，作为该站的观测高差：

$$(18) = \{(15) + [(16) \pm 100\ mm]\}/2$$

上式计算时，当(15) > (16)，100 mm 前取正号计算；当(15) < (16)，100 mm 前取负号计算。总之，平均高差(18)应与黑面高差(15)很接近。

(4)每页水准测量记录计算校核　每页水准测量记录应作总的计算校核：

高差校核：　　$\sum(3) - \sum(6) = \sum(15)$

$$\sum(8) - \sum(7) = \sum(16)$$

$$\sum(15) - \sum(16) = 2\sum(18) \qquad (\text{偶数站})$$

或者 $\qquad \sum(15) - \sum(16) = 2\sum(18) \pm 100 \text{ mm} \qquad (\text{奇数站})$

视距差校核：$\quad \sum(9) - \sum(10) = \text{本页末站}(12) - \text{前页末站}(12)$

本页总视距：$\quad \sum(9) + \sum(10)$

3）四等水准测量的成果整理

四等水准测量的闭合线路或附合线路的成果整理首先应按表6.4的规定，检验测段（两水准点之间的线路）往返测高差不符值（往、返测高差之差）及附合线路或闭合线路的高差闭合差。如果在容许范围以内，则测段高差取往、返测的平均值，线路的高差闭合差须反号按测段长成正比例分配。

▶ 6.4.3　三角高程测量

当地面两点间地形起伏较大且不便于水准测量时，可应用三角高程测量的方法测定两点间高差，从而求得高程。

1）三角高程测量的计算公式

三角高程测量的基本思想是通过测站观测目标点的竖直角 α 和斜距 S 或水平距离 D 来计算两点间的高差 h。

如图6.24所示，已知 A 点高程 H_A，欲测定 B 点高程 H_B，可将经纬仪安置在 A 点量取仪器高 i，在 B 点竖立标杆，量标杆高度 v（即照准标志点 M 量至 B 点桩顶，称为目标高），用望远镜横丝瞄准标杆 M 点，测得竖角 α。

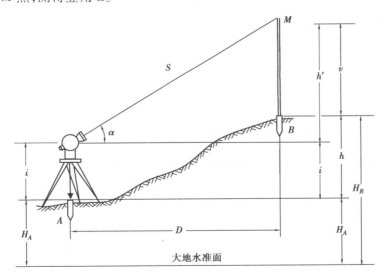

图6.24　三角高程测量原理

如果测得 AB 两点间斜距 S，则 A,B 的高差为

$$h = S\sin\alpha + i - v \tag{6.37}$$

如果测得 AB 两点间水平距离 D,则 A、B 的高差为

$$h = D\tan\alpha + i - v \qquad (6.38)$$

B 点的高程为

$$H_B = H_A + h$$

在具体应用上述公式时要注意竖直角 α 的正负号。当两点距离大于 300 m 时,应考虑地球曲率及大气折光对高差的合成影响,所加的改正数简称为球气差改正(具体内容详见第 2 章),其中

$$地球曲率改正 c: c = \frac{D^2}{2R}$$

$$大气折光改正 \gamma: \gamma = 0.07 \cdot \frac{D^2}{R}$$

$$两差改正 f: f = c + \gamma = (1 - 0.14)\frac{D^2}{2R} = 67D^2 \ (f\ 的单位为\ mm) \qquad (6.39)$$

式中　D——水平距离,km;

　　　R——地球的曲率半径,$R = 6\ 371$ km。

为了消除或削弱球气差的影响,通常三角高程采用对向观测。由 A 向 B 观测得 h_{ab},由 B 向 A 观测得 h_{ba},当两高差的较差在容许值内,取其平均值,得

$$h_{AB} = \frac{1}{2}(h_{ab} - h_{ba}) = \frac{1}{2}[(D_{ab}\tan\alpha_{ab} - D_{ba}\tan\alpha_{ba}) + (i_a - i_b) + (v_a - v_b) + (f_a - f_b)]$$

$$(6.40)$$

当外界条件相同,$f_a = f_b$,上式的最后一项为零,消除球气差的影响。但在检查高差较差时,计算中仍须加入球气差改正,这一点应引起注意。

2)三角高程测量的观测与计算

(1)三角高程测量的观测

①安置经纬仪于测站上,量取仪器高 i 和目标高 v。

②当中丝瞄准目标时,将竖盘水准管气泡居中,读取竖盘读数。必须以盘左、盘右分别进行观测。

③竖直角观测测回数与限差应符合表 6.15 的规定。

表 6.15　竖角观测测回数及限差

项目 等级	四等和一、二级小三角		一、二、三级导线	
仪器	DJ_2	DJ_6	DJ_2	DJ_6
测回数	2	4	1	2
各测回竖直角互差限差	15″	25″	15″	25″

④用电磁波测距仪测量两点间的倾斜距离 S,或用钢尺丈量两点间的水平距离 D。

(2)三角高程测量的计算　三角高程测量往返测的高差之差 f_h(经两差改正后)不应大于 $0.1D$(D 为边长,以 km 为单位;f 的单位为 m),即 $f_{h容} = \pm 0.1D$。

由对向观测所求得的高差平均值来计算闭合环线或附合路线的闭合差应不大于 $\pm\,0.05\sqrt{\sum D^2}$（D 以 km 为单位）。

如图 6.25 所示，在 A,B,C,D 4 点间进行三角高程测量，观测结果列于图上。高差的计算和闭合差调整见表 6.16 和表 6.17。

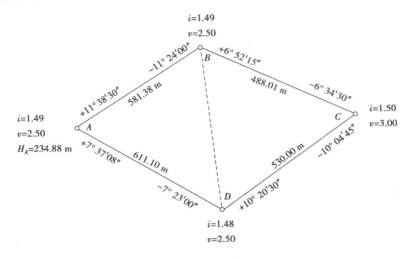

图 6.25　三角高程测量观测成果略图

表 6.16　三角高程测量的高差计算

起算点	A		B		C		D	
待求点	B		C		D		A	
	往	返	往	返	往	返	往	返
水平距离 D/m	581.38	581.38	488.01	488.01	530.00	530.00	611.10	611.10
竖直角 α	+11°38′30″	−11°24′30″	+6°52′15″	−6°34′30″	−10°04′45″	+10°20′30″	−7°23′00″	+7°37′08″
仪器高 i/m	1.49	1.49	1.49	1.50	1.50	1.48	1.48	1.49
目标高 v/m	−2.50	−2.50	−3.00	−2.50	−2.50	−3.00	−2.50	−2.50
两差改正 f/m	+0.02	+0.02	+0.02	+0.02	+0.02	+0.02	+0.02	+0.02
高差/m	+118.74	−118.72	+57.31	−57.23	−93.20	+93.19	−80.72	+80.68
平均高差/m	+118.73		+57.27		−93.20		−80.70	

表 6.17   三角高程测量的闭合差调整

点 号	距离 D/m	观测高差/m	改正数 v/m	改正后高差/m	高程/m
A	581	+118.73	-0.03	+118.70	234.83
B					353.88
	488	+57.27	-0.02	+57.25	
C					410.83
D	530	-93.20	-0.02	-95.22	315.61
A	611	-80.70	-0.03	-80.73	234.88
$\sum$		+0.10	-0.10		

6.5   全球定位系统(GPS)简介

全球定位系统是"授时、测距导航系统/全球定位系统(Navigation System Timing and Ranging/Global Positioning System,GPS)"的简称,它给测绘界带来了一场革命。与传统的手工测量手段相比,GPS 技术有着巨大的优势:测量精度高、操作简便、仪器体积小、便于携带;全天候操作;观测点之间无需通视;测量结果统一在 WGS-84 坐标下,信息自动接收、存储,减少繁琐的中间处理环节。这里需要特别指出一点:GPS 测量得到的高程是大地高,与通常水准测量得到的正常高有本质的不同,不可以混淆!正因为如此,GPS 高程测量在应用方面受到诸多限制。

▶ 6.5.1   GPS 系统构成

全球定位系统(GPS)是 20 世纪 70 年代由美国陆海空三军联合研制的新一代空间卫星导航定位系统。主要目的是为陆海空三大领域提供实时、全天候和全球性的导航服务,并用于情报收集、核爆监测和应急通讯等一些军事目的。经过 20 余年的研究实验,耗资 300 亿美元,到 1994 年 3 月,全球覆盖率高达 98% 的 24 颗 GPS 卫星星座布设完成,图 6.26 为 GPS 卫星星座及其分布。

全球定位系统由 3 部分构成:

①地面控制部分,由主控站(负责管理、协调整个地面控制系统的工作)、地面天线(在主控站的控制下,向卫星注入寻电文)、监测站(数据自动收集中心)和通讯辅助系统(数据传输)组成;

②空间部分,由 24 颗卫星组成,分布在 6 个轨道平面上;

③用户装置部分,主要由 GPS 接收机和卫星天线组成。

GPS 卫星接收机种类很多,根据型号分为测地型、全站型、授时型、手持型;根据用途分为车载式、船载式、机载式、星载式、弹载式。

图 6.26 GPS 卫星星座及其分布

全球定位系统的主要特点：

①全天候；

②全球覆盖；

③三维高精度定位、测速、高效率；

④多功能、多用途。

▶ 6.5.2 GPS 定位原理

24 颗 GPS 卫星在离地面 19 000 km 的高空上，以大约 12 h 的周期环绕地球运行，使得任意时刻在地面上的任意一点都至少可以同时观测到 4 颗以上的卫星。

由于卫星的位置精确已知，在 GPS 观测中得到的是卫星到接收机的距离，若有 3 颗卫星，就可以利用三维坐标中的距离公式组成 3 个方程式，解出观测点的位置(X, Y, Z)。考虑到接收机时钟之间的钟差，实际上有 4 个未知数，即 X, Y, Z 和钟差，因而需要引入第 4 颗卫星，形成 4 个方程式进行求解，从而得到观测点的经纬度和高程，这就是 GPS 单点定位原理，如图 6.27 所示。

事实上，接收机往往可以锁住 4 颗以上的卫星，这时，接收机可按卫星的星座分布分成若干组，将高度角太低（一般指 <12°）的卫星数据删掉或者作降权处理，根据一定的算法对卫星数据进行处理从而提高定位精度。

由于卫星运行轨道、卫星时钟存在误差，大气对流层、电离层对信号的影响，民用 GPS 测码伪距的定位精度平面约 30 m，高程约 50 m。为了提高定位精度，普遍采用差分 GPS 技术（见图 6.28），建立基准站（差分台）进行 GPS 观测。利用已知的基准站精确坐标，与观测值进行比较，从而得出一修正数，并对外发布。接收机收到该修正数后，与自身的观测值进行比较，消去大部分误差，得到一个较精确的位置。实验表明，利用差分 GPS，伪距定位精度可提高到米级。

▶ 6.5.3 GPS 定位方法

随着 GPS 技术的进步和接收机的迅速发展，GPS 在测量定位领域已得到了广泛的应用。不同领域和用户的不同要求，采用的测量方法会不一样。一般来说，GPS 测量模式可分为静态测量和动态测量两种，静态测量模式又分常规静态测量模式和快速静态测量模式，动态测

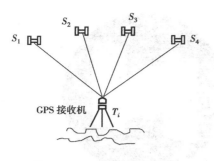

图 6.27　GPS 单点定位原理

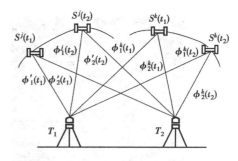

图 6.28　差分 GPS 示意图

量模式分准动态测量模式(后处理动态)和实时动态测量模式。实时动态测量模式又分 DGPS 和 RTK 方式。分别介绍如下:

(1)常规静态测量　这种模式采用 2 台(或 2 台以上)GPS 接收机,分别安置在一条或数条基线的两端,同步观测 4 颗以上卫星,每时段根据基线长度和测量等级观测 45 min 以上的时间。这种模式一般可以达到 5 mm + 1 ppm* 的相对定位精度。常规静态测量常用于建立全球性或国家级大地控制网,建立地壳运动监测网、建立长距离检校基线、进行岛屿与大陆联测、钻井定位及精密工程控制网建立等。

(2)快速静态测量　这种模式是在一个已知测站上安置一台 GPS 接收机作为基准站,连续跟踪所有可见卫星。移动站接收机依次到待测站观测数分钟。这种模式常用于控制网的建立及其加密、工程测量、地籍测量等。需要注意的是,在观测时段内应确保有 5 颗以上卫星可供观测;流动站与基准站相距应不超过 20 km。

(3)准动态测量　这种模式是在一个已知测站上安置一台 GPS 接收机作为基准站,连续跟踪所有可见卫星。移动站接收机在进行初始化后依次到待测站观测几个历元**数据。这种方法不同于快速静态,除了观测时间不一样外,它要求移动站在搬站过程中不能失锁,并且需要先在已知点或用其他方式进行初始化(采用有 OTF 功能的软件处理时例外)。

这种模式可用于开阔地区的加密控制测量、工程放样及碎部测量、剖面测量及线路测量等。与快速静态一样,观测时段内需确保有 5 颗以上卫星可供观测;流动站与基准站相距应不超过 20 km。

(4)实时动态测量　分为差分 GPS(differential GPS,DGPS)和动态实时差分 GPS(Real-time Kinematics, RTK)。

前面讲述的测量方法都是在采集完数据后用特定的后处理软件进行处理,然后才能得到精度较高的测量结果。实时动态测量则是实时得到高精度的测量结果。这种测量模式具体方法是:在一个已知三维坐标的基准站上架设 GPS 接收机,连续跟踪所有可见卫星,并通过数据链向移动站发送数据。移动站接收机除接收 GPS 卫星信号外,还通过数据链接收基准站发射来的数据,移动接收机实时处理卫星信号和基准站数据,得到移动站的高精度位置。

---

　　* 定位精度、测距精度常表示为 ±(a + b ppm),其中 a 为与距离无关的加常数误差,单位 mm;b 为与距离有关的乘常数误差,单位 ppm 即 10^{-6}。

　　** 这里是指观测历元。为了比较不同时刻的观测结果,需要注明观察资料所对应的观察时刻,这种接收卫星信号的时刻称为历元。

DGPS 精度为亚米级到米级。这种方式是将基准站上测量得到美国海用无线电技术委员会 *RTCM* 格式数据通过数据链传输到移动站,移动站接收到 RTCM 数据后,自动进行解算,得到经差分改正以后的坐标。

RTK 是以载波相位观测量为基本观测数据的实时差分 GPS 测量,它是 GPS 测量技术发展中的一个新突破。它的工作思路与 DGPS 相似,只不过是基准站将观测数据发送到移动站(而不是发射 RTCM 数据),移动站接收机再采用更先进的实时处理方法进行处理,从而得到精度比伪距 DGPS 高得多的实时测量结果。这种方法的精度一般为 cm 级甚至 mm 级。

► 6.5.4　GPS 的应用

（1）GPS 网的观测设计

观测设计分为 GPS 网形设计和观测计划的制定。网形设计对保证 GPS 定位的精度与可靠性有着重要的意义。用两台接收机进行相对定位测量可以解算出一条基线(即两点之间的坐标差);用 3 台接收机进行相对定位测量可以同时解算出 3 条基线。这 3 条基线组成一个同步环;若用四台接收机进行相对定位测量,则可同时解算出六条基线并组成多个同步环。由不同时段观测解算出的基线组成异步环,如图 6.29 所示。设计 GPS 网时,应当由多个时段的观测基线构成多个异步环。异步环越多,多余观测数越多,GPS 网精度越高。可靠性越强,网形设计完成后,应在实地选定点位,然后制定观测计划。观测计划包含预报观测日期 GPS 卫星的几何分布情况,以便确定在至少有 4 颗以上卫星并且其几何分布参数(PDOP)适宜的情况下进行观测。观测计划的另一部分内容就是实施观测的组织工作。

（2）野外观测的实施

GPS 定位的野外观测比经纬仪测角、测距仪测边要简便得多,只需将 GPS 接收机天线安置在测站点上,对中并量取天线高度。开机后仅需输入测站点号、观测日期和量取天线高,并在观测中注意接收机工作是否正常即可。静态相对定位一般观测几十分钟即可达到相应的精度。观测时接收机将采集的数据存储在接收机的存储器上。

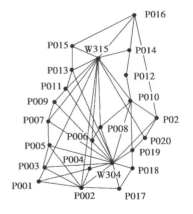

图 6.29　GPS 观测网

（3）GPS 相对定位数据处理

野外观测完成后,便可用随机软件将各接收机存储的数据传输到计算机并对数据进行处理。数据处理分为预处理和后处理。预处理是根据两台以上接收机同步观测的数据解算出两点间的基线向量及其协方差阵,检核同步环闭合差和异步环闭合差是否合乎限差的要求,以便确定是否需要重新观测。后处理包括基线向量网的平差和坐标转换,最后得到实用的控制点坐标。

需要指出的是,GPS 卫星的坐标是 WGS—84 世界大地坐标系坐标,经接收机对 GPS 卫星进行观测并解算出的测站点的坐标自然也是 WGS—84 坐标。如果实际测图应用需要国家坐标系的大地坐标或高斯平面坐标,则需要通过坐标转换将 GPS 点的坐标转换为国家坐标系坐标。为了实现坐标转换,在布设 GPS 控制网时,应联测若干个(一般应为 3 个以上)已知国家控制点(包括平面控制点和高程控制点)。这些联测的国家点经 GPS 观测后,同时具有两套

坐标值和高程值,便可通过坐标转换软件实现坐标系统的转换。

习题与思考

1. 什么叫控制点?什么叫控制测量?

2. 什么叫碎部点?什么叫碎部测量?

3. 选择测图控制点(导线点)应注意哪些问题?

4. 按表 6.18 的数据,计算闭合导线点的坐标值。已知 $f_{\beta容} = \pm 40''\sqrt{n}$,$K_容 = 1/2\ 000$。

表 6.18　闭合导线坐标计算

点　号	角度观测值(右角) 。　′　″	坐标方位角 。　′　″	边长/m	坐　标	
				x/m	y/m
1				2 000.00	2 000.00
		69 45 00	103.85		
2	139 05 00				
			114.57		
3	94 15 54				
			162.46		
4	88 36 36				
			133.54		
5	122 39 30				
			123.68		
1	95 23 30				

5. 附合导线 $AB123CD$ 中 A,B,C,D 为高级点,已知 $\alpha_{AB} = 48°48'48''$,$x_B = 1\ 438.38$ m,$y_B = 4\ 973.66$ m,$\alpha_{CD} = 331°25'24''$,$x_C = 1\ 660.84$ m,$y_C = 5\ 296.85$ m;测得导线左角 $\angle B = 271°36'36''$,$\angle 1 = 94°18'18''$,$\angle 2 = 101°06'06''$,$\angle 3 = 267°24'24''$,$\angle C = 88°12'12''$。测得导线边长 $D_{B1} = 118.14$ m,$D_{12} = 172.36$ m,$D_{23} = 142.74$ m,$D_{3C} = 185.69$ m。试计算 1,2,3 点的坐标值。已知 $f_{\beta容} = \pm 40''\sqrt{n}$,$K_容 = 1/2\ 000$。

6. 已知 A 点高程 $H_A = 182.232$ m,在 A 点观测 B 点得竖直角为 $18°36'48''$,量得 A 点仪器高为 1.452 m,B 点棱镜高 1.673 m。在 B 点观测 A 点得竖直角为 $-18°34'42''$,B 点仪器高为 1.466 m,A 点棱镜高为 1.615 m,已知 $D_{AB} = 486.751$ m,试求 h_{AB} 和 H_B。

7. 简要说明附合导线和闭合导线在内业计算上的不同点。

8. 整理表 6.19 中的四等水准测量观测数据。

9. 在导线计算中,角度闭合差的调整原则是什么?坐标增量闭合差的调整原则是什么?

10. 在三角高程测量时,为什么必须进行对向观测?

11. GPS 全球定位系统由几部分组成?有什么优点?

表 6.19 四等水准测量记录整理

测站编号	后尺 下丝 上丝	前尺 下丝 上丝	方向及尺号	标尺计数 后视 黑面	标尺计数 前视 红面	K+黑－红	高差中数	备考
	后距	前距						
	视距差 d	∑ d						
1	1979	0738	后	1718	6405	0		
	1457	0214	前	0476	5265	－2		
	52.2	52.4	后－前	+1.242	+1.140	+2	1.2410	
	－0.2	－0.2						$K_1 = 4.687$
2	2739	0965	后	2461	7247			$K_2 = 4.787$
	2183	0401	前	0683	5370			
			后－前					
3	1918	1870	后	1604	6291			
	1290	1226	前	1548	6336			
			后－前					
4	1088	2388	后	0742	5528			
	0396	1708	前	2048	6736			
			后－前					
检查计算	$\sum D_a =$ $\sum D_b =$ $\sum d =$		$\sum$ 后视 $=$ $\sum$ 前视 $=$ $\sum$ 后视 $- \sum$ 前视 $=$			$\sum h =$ $\sum h_{平均} =$ $2\sum h_{平均} =$		

建筑工程测量
Jianzhu Gongcheng Celiang

参考答案

4. 闭合导线坐标计算见下表：

点 号	角度观测值（右角）° ′ ″	坐标方位角 ° ′ ″	边长/m	坐标 x/m	坐标 y/m	计 算
1		69 45 00	103.85	2 000.00	2 000.00	$f_{\beta容} = \pm 40''\sqrt{n} = \pm 89''$
2	−6″ / 139 05 00	110 40 06	114.57	2 035.941	2 097.451	$f_\beta = 30''$, $f_\beta < f_{\beta容}$（合格）
3	−6″ / 94 15 54	196 24 18	162.46	1 995.500	2 204.670	$f_x = +0.019$ m,
4	−6″ / 88 36 36	287 47 48	133.54	1 839.649	2 158.819	$f_y = -0.125$ m $f_D = 0.126$ m
5	6″ / 122 39 30	345 08 24	123.68	1 880.460	2 031.695	$K = \dfrac{f_D}{\sum D} = \dfrac{0.126}{638.1} = \dfrac{1}{5\,100}$
1	−6″ / 95 23 30	69 45 00	638.10	2 000.00	2 000.00	$k < k_容$（合格）

5. $f_\beta = 60''$, $f_{\beta容} = \pm 40''\sqrt{n} = \pm 89''$, $f_x = -0.007\,4$ m, $f_y = +0.101$ m, $f_D = \pm 0.201$ m, $f_\beta < f_{\beta容}$（合格）、$K = \dfrac{f_D}{\sum D} = \dfrac{1}{\sum D/f_D} = 0.201/618.93 = 1/3\,080, k < k_容$（合格）。

$x_1 = 1\,347.281$ m, $x_2 = 1\,446.876$ m, $x_3 = 1\,577.132$ m,

$y_1 = 5\,048.914$ m, $y_2 = 5\,189.593$ m, $y_3 = 5\,131.102$ m。

6. $h_{AB} = 163.734$ m, $H_B = 345.966$ m。

8. 四等水准测量记录整理见下表。

测站编号	后尺 下丝 上丝 / 后距 / 视距差 d	前尺 下丝 上丝 / 前距 / $\sum d$	方向及尺号	标尺计数 后视 黑面	标尺计数 前视 红面	K+黑−红	高差中数	备 考
1	1 979 / 1 457 / 52.2 / −0.2	0 738 / 0 214 / 52.4 / −0.2	后 K_1 前 K_2 后−前	1 718 0 476 +1.242	6 405 5 265 +1.140	0 −2 +2	1.241 0	$K_1 = 4.687$ $K_2 = 4.787$
2	2 739 / 2 183 / 55.6 / −0.8	0 965 / 0 401 / 56.4 / −1.0	后 K_2 前 K_1 后−前	2 461 0 683 +1.778	7 247 5 370 +1.877	+1 0 +1	1.777 5	

续表

测站编号	后尺 下丝 / 上丝	前尺 下丝 / 上丝	方向及尺号	标尺计数 后视 黑面	标尺计数 前视 红面	K+黑-红	高差中数	备考
	后距	前距						
	视距差 d	∑ d						
3	1 918	1 870	后 K_2	1 604	6 291	0		
	1 290	1 226	前 K_1	1 548	6 336	−1		
	62.8	64.4	后−前	+0.056	−0.045	+1	0.055 5	
	−1.6	−2.6						
4	1 088	2 388	后 K_2	0 742	5 528	+1		
	0 396	1 708	前 K_1	2 048	6 736	−1		
	69.2	68.0	后−前	−1.306	−1.208	+2	−1.307 0	
	+1.2	−1.4						

检查计算

$\sum D_a = 239.8$　　$\sum 后视 = 31.996$　　$\sum h = +3.534$

$\sum D_b = 241.2$　　$\sum 前视 = 28.462$　　$\sum h_{平均} = +1.761$

$\sum d = 1.4$　　$\sum 后视 - \sum 后视 = +3.534$　　$2\sum h_{平均} = +3.534$

注:如奇数测站 $2\sum h_{平均}$ 应相差常数 0.100 m

地形图测绘

〖**本章提要**〗

本章主要介绍地形图的基本知识和地物、地貌的表示方法:比例尺及其表示方法、比例尺精度、地物符号、地貌符号、等高线,并对地形图测量和地形图的绘制等方法进行了详细的说明;简单介绍了地形图的分幅和数字化测图的基本方法。

地形图是实际地物地貌在图纸上的反映,它将整个区域内的地面情况呈现在人们眼前,使人一目了然。地形图表达了丰富的信息,从图上可以迅速了解到全区详细的地形,还可以判读有关距离、角度、方向及高程等数据。因此,地形图具有广泛的用途,特别是在各种工程建设的规划设计中,它是不可缺少的重要资抖。

地形图所描绘的地面物体可以分为地物和地貌两大类。地物是指自然形成或人工建成的有明显轮廓的物体,如河流、道路、房屋等。地貌是指地面的高低变化和起伏形状,如山脉、丘陵、平原等。通常描绘地物、地貌的地形图也可以简称为地图。

小区域地形图是地面形状沿铅垂线方向在水平面上的投影,然后按一定的比例缩小绘制成图。当测区范围较大时,则应顾及地球曲率的影响,采用特定的投影方法,利用观测成果编绘成图。如果图上只表示地物的平面位置而不表示地貌,这种图称为地物平面图,简称平面图。地形图是利用各种地物、地形符号进行描绘的线划图。

利用航空摄影像片经过处理生成正射像片,然后对主要地物、地貌用线划描绘在像片上,这种图称影像地图。影像地图有效地结合了地形图和航摄像片的优点,保留丰富的地面信息,直观而逼真,因此得到广泛的应用。数字地图则是将密集的地面点用三维坐标存储在计算机中,通过相关软件可转化成各种比例尺的地形图,也可直接用于工程设计。

地形图的测绘是按照"先控制,后碎部"的原则进行的。首先,根据测图目的及测区的具体情况建立平面及高程控制网;然后根据控制点进行地物和地貌测绘;最后将地面上各种地物的平面位置按一定比例尺,用规定的符号和线条缩绘在图纸上,并注有代表性的高程点。

7.1　地形图的基本知识

▶ ### 7.1.1　比例尺

1)比例尺的表示方法

任一线段的图上长度与其相应的地面线水平距离之比,称为地形图的比例尺。比例尺有数字比例尺和图式比例尺两种。

(1)数字比例尺　数字比例尺表示为分子为1,分母为整数的分数。设图上某一线段长度为 d,相应的实地水平距离为 D,则地图的数字比例尺为

$$\frac{d}{D} = \frac{1}{D/d} = \frac{1}{M} \tag{7.1}$$

式中　M——数字比例尺字母。

M 愈大,分数值越小,则比例尺越小;相反,M 愈小,分数值越大,则比例尺越大。数字比例尺一般写成1：500,1：1 000,1：2 000 等形式。

(2)图示比例尺　图7.1为1：500 的直线比例尺,基本单位为 2 cm,使用时从直线比例尺上可直接读取基本单位的1/10,估读到1/100。图示比例尺一般印刷于图纸的下方,便于用分规直接从图上量取直线段的水平距离,并且可以减小因图纸伸缩对丈量长度的影响。

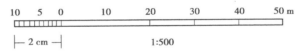

图7.1　直线比例尺

2)比例尺分类及选用

通常将1：500,1：1 000,1：2 000,1：5 000 比例尺的地形图称为大比例尺地形图,将1：1 万、1：2.5 万、1：5 万、1：10 万比例尺的地形图称为中比例尺地形图,将1：20 万、1：50万、1：100 万比例尺的地形图称为小比例尺地形图。

中比例尺地形图系国家的基本图,由国家测绘部门负责测绘,目前均采用航空摄影测量方法成图。小比例尺地形图一般由中比例尺图缩小编绘而成。大比例尺地形图多用于城市和工程建设的规划和设计,比例尺为1：500、1：1 000 的地形图一般采用平板仪、经纬仪或电子全站仪进行测绘;比例尺为1：2 000 和1：5 000 的地形图则用更大比例尺的地形图缩制而成。大范围的大比例尺地形图也可以采用航空摄影测量方法编绘成图。

在城市和工程建设的规划、设计和施工中,要用到多种比例尺的地形图,如表7.1所示。究竟选用何种比例尺的地形图,要根据工程施工阶段的任务和具体要求而定。

表 7.1　地形图比例尺的选用

比例尺	用　途
1∶10 000	城市总体规划、厂址选择、区域布置、方案比较
1∶5 000	
1∶2 000	城市详细规划及工程项目初步设计
1∶1 000	建筑设计、城市详细规划、工程施工设计、竣工图
1∶500	

3)比例尺精度

人们用肉眼能分辨的图上最小距离为 0.1 mm,因此,把相当于图上 0.1 mm 的实地水平距离称为比例尺精度,用 ε 表示,即

$$\varepsilon = 0.1M \tag{7.2}$$

显然,M 愈小,比例尺越大,其比例尺精度也越高。不同比例尺地形图的比例尺精度详见表 7.2 所示。

表 7.2　比例尺精度

比例尺	1∶500	1∶1 000	1∶2 000	1∶5 000	1∶10 000
比例尺精度 ε/m	0.05	0.1	0.2	0.5	1.0

比例尺精度的概念,对测图和用图有重要的意义。如以 1∶1 000 的比例尺进行测图,实地量距只需精确到 0.1 m。因为根据 1∶1 000 地形图的比例尺精度,小于 0.1 m 的距离无法在图上表示出来。又如,要求在图上能反映地面上 5 cm 的细节,则所选用的比例尺不应小于 1∶500。图的比例尺愈大,其表示的地物、地貌愈详细,精度也愈高。但是,相应地一幅地形图所能包含的地面面积也愈小,且测绘工作量也会成倍增加。因此,应按实际需要选择合适的测图比例尺。

▶　7.1.2　地物符号

在地形图中,用于表示地球表面各种地物、地貌形状和大小的专门符号统称为地形图图式。我国公布的《地形图图式》是一种国家标准,它是测绘、编制、出版地形图的重要依据,是识别地形图内容、使用地形图的重要工具。《地形图图式》所规定的符号有表示地面物体的地物符号,也有表示地面起伏状态的地貌符号。在《地形图图式》中,地物符号占有最多的内容,其中包括有山、河、湖、海、植被、矿藏资源等天然地物和居民住宅、城镇、工厂、学校以及交通、水利、电力等人类活动的构造地物。在交通土木工程中,人类活动的构造地物又分为建筑物和构筑物,其中建筑物指的是楼堂馆所、厂房棚舍等,构筑物指的是路桥塔井、管线渠道等。表 7.3 列出部分比较常用的地物符号。

根据地物大小和描绘方法的不同,地物符号可分为比例符号、非比例符号、线性符号和注记符号地物 4 种类型。

（1）比例符号　按地物的实际大小，以规定的比例尺缩小测绘在图上的符号，称为比例符号，如房屋、露天体育场、湖、塘、街道、天桥、居民点等。在大比例尺的地形图中，比例符号是使用得比较多的地物符号，如表 7.3 中 3～5 号及 42～44 号。

（2）非比例符号　不能按地物实际占有的空间按比例缩绘于地形图上的地物符号，称为非比例符号。三角点、水准点、消防栓、地质探井、路灯、里程碑等独立地物，无法按其大小在图上表示，只能以统一规格、概括形象特征的非比例符号表示。在比例尺较大的地形图中，加有外围边界的非比例符号具有比例符号的性质，如宝塔、水塔、纪念碑、庙宇、坟地等，如表 7.3 中 1，2 号及 6～13 号。

（3）线性符号　宽度难以按比例表示，而在长度方向上可以按比例表示的地物符号，称为线性符号（或半比例符号）。如电力线、通讯线、铁丝网、网墙、境界线、小路等，如表 7.3 中 14～18 号及 25～28 号。

（4）注记符号　具有说明地物性质、用途以及带有数量、范围等参数的地物符号，称为注记符号。如地区、单位、城镇、河流、道路的名称；河流流向、道路去向、植被种类的说明；特种地物的高程注记等。

表 7.3　常用的地物符号

编　号	符号名称	图　例	编　号	符号名称	图　例
1	三角点	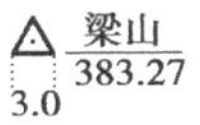 △ 梁山 3.0 383.27	9	坟地	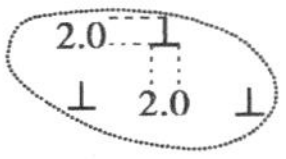 2.0 ⊥ 2.0 ⊥
2	导线点	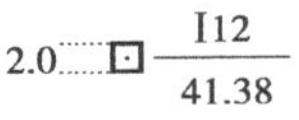 2.0 □ I12 41.38	10	宝塔	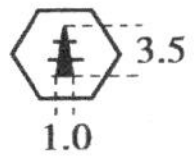 ⬡ 3.5 1.0
3	普通房屋	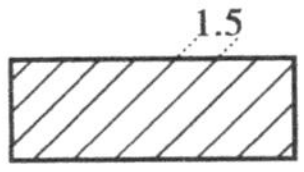 1.5	11	水塔	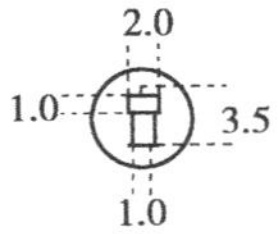 2.0 1.0 ⊞ 3.5 1.0
4	水池	 水	12	小三角点	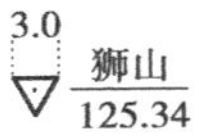 3.0 ▽ 狮山 125.34
5	村庄	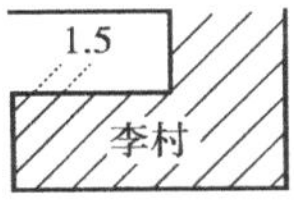 1.5 李村	13	水准点	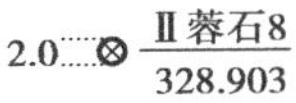 2.0 ⊗ Ⅱ蓉石8 328.903
6	学校	 ⊗文 3.0	14	高压线	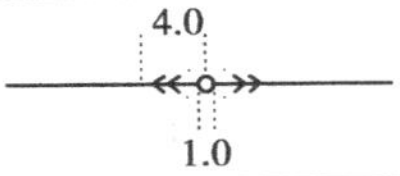 4.0 1.0
7	医院	 ⊕ 3.0	15	低压线	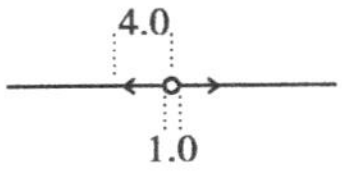 4.0 1.0
8	工厂	⊥ 3.0	16	通讯线	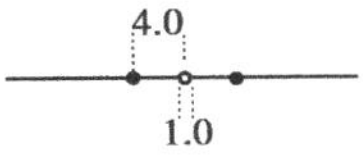 4.0 1.0

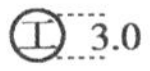

续表

编 号	符号名称	图 例	编 号	符号名称	图 例
17	砖石及混凝土围墙	100	27	隧道	45° 6.0 2.0 0.3 1.5
18	土墙	100 0.5	28	挡土墙	0.3 5.0
19	等高线	首曲线 0.15 计曲线 45 0.3 间曲线 0.15 6.0 1.0	29	车行桥	45° 1.5
20	梯田坎	未加固的 加固的 1.5 3.0	30	人行桥	45° 1.5
21	垄	1.5 0.2	31	高架公路	0.3 1.0 0.5 1.5
22	独立树	阔叶 果树 针叶	32	高架铁路	1.0
23	公路	0.15 沥 砾 0.3	33	路堑	1.5 0.8
24	大车路	2.0 8.0 0.15 0.15	34	路堤	1.5 0.8
25	小路	4.0 1.0 0.3	35	土堤	1.5 3.0 45.3
26	铁路	10.0 0.8	36	人工沟渠	

续表

编　号	符号名称	图　例	编　号	符号名称	图　例
37	输水槽	1.5　1.0　45°	41	地类界	0.25　1.5
38	水闸	2.0　1.5	42	经济林	3.0　梨　10.0　1.5　10.0
39	河流溪流	0.15　清　0.5　河　7.0	43	水稻田	3.0　10.0　10.0
40	湖泊池塘	塘	44	旱地	1.0　2.0　10.0　10.0

▶ 7.1.3　地貌符号

1) 等高线

在地形图上,地貌主要是用等高线来表示。等高线是由地面上高程相同且连续的点所形成的闭合曲线,也就是静止水面与地形表面的交线。如图 7.2 所示,假设有一座小山全部被水面淹没,用一系列静止的水面与其相截。当水面的高程为 10 m 时,则水面与地面的交线就是高程为 10 m 的等高线;当水面上升 5 m,则水面与地面的交线就是高程为 15 m 的等高线。依此类推,可分别得到一系列的等高线,将这些等高线沿铅垂方向投影到某一水平面 H 上,并按一定的比例缩绘到图纸上,就可得到与实地地形相似的等高线。

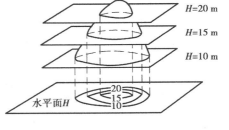

图 7.2　等高线

相邻两等高线高程之差称等高距,也称等高线间隔,用 h 表示。在同一幅地形图上,等高距是相同的,称为基本等高距。相邻两等高线间的水平距离称为等高线平距,用 d 表示。地面的坡度 i 可以写成:

$$i = \frac{h}{dM} \tag{7.3}$$

对式(7.3)进行分析可以看出,对于某一比例尺的地形图,等高距愈小,愈能详细反映出地面变化的情况。但等高距越小,相应的平距亦越小,对于小比例尺地形图而言则图上等高线过密,图面将不清晰。因此等高距的选用应与地面的坡度以及测图比例尺相适应。大比例尺地形图的基本等高距一般可按表 7.4 中所列数值选用。

表 7.4　地形图的基本等高距　　　　　　　　单位:m

地形类别	比例尺			
	1:500	1:1 000	1:2 000	1:5 000
平坦地	0.5	0.5	1	2
丘陵地	0.5	1	2	5
山地	1	1	2	5
高山地	1	2	2	5

2)等高线的分类

地形图中的等高线主要有首曲线、计曲线、间曲线和助曲线之分,它们之间的关系如图7.3所示。

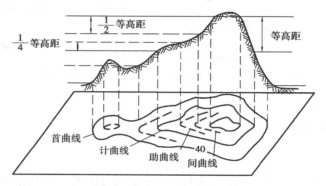

图 7.3　等高线的分类图

(1)首曲线　首曲线也称基本等高线,是指从高程基准面起算,按规定的基本等高距描绘的等高线称首曲线,在地形图中用宽度为 0.15 mm 的细实线表示。

(2)计曲线　从高程基准面起算,每隔四条基本等高线加粗描绘的基本等高线,称为计曲线,在地形图中用宽度为 0.3 mm 的粗实线表示。为了读图方便,计曲线上应标注高程。

(3)间曲线和助曲线　当基本等高线不足以显示局部地貌特征时,按二分之一基本等高距所加绘的等高线称为间曲线,用 0.15 mm 的细长虚线表示。按四分之一基本等高距所加绘的等高线,称为助曲线,用 0.15 mm 的细短曲线表示。描绘时均可不闭合。

3)基本地貌及其在地形图上的表示

地面起伏的形态是千姿百态、千变万化的,但是可以将其分解为若干种简单的基本地貌,任何复杂多变的地貌都不外乎是这些基本地貌的不同组合而已。因此,熟悉这些基本地貌及其在地形图上的表示方法,有助于识图、应用和测绘地形图。

(1)山顶和洼地　山的最高部分为山顶,有尖顶、圆顶、平顶等形态,尖峭的山顶叫山峰。图 7.4 为山顶的等高线,而图 7.5 则为洼地的等高线。山顶与洼地的等高线都是一组闭合曲线,不同之处在于它们的高程注记。内圈等高线的高程注记大于外圈者为山顶;反之,小于外圈者为洼地。此外,也可以采用示坡线表示山顶或洼地。示坡线是地形图上垂直于等高线的短线,用以指示坡度下降的方向。

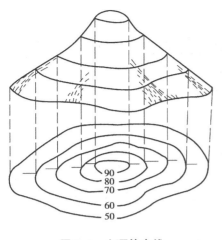

图7.4 山顶等高线

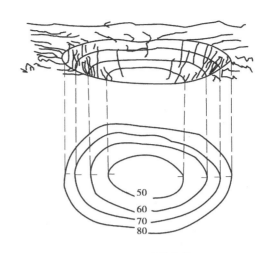

图7.5 洼地等高线

（2）山脊和山谷 山顶向一个方向延伸的凸棱部分称为山脊，山脊的最高点连线称为山脊线。山脊等高线表现为一组凸向低处的曲线，如图7.6所示。相邻山脊之间的凹部称为山谷，山谷中最低点的连线称为山谷线。如图7.7所示，山谷等高线表现为一组凸向高处的曲线。

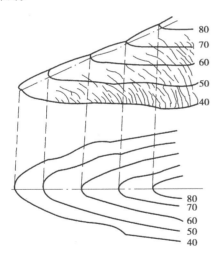

图7.6 山脊等高线

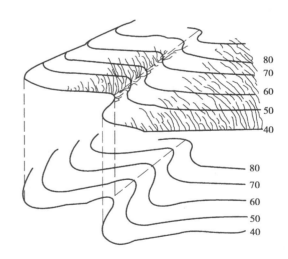

图7.7 山谷等高线

在山脊上，雨水会以山脊线为分界线而流向山脊的两侧，所以山脊线又称为分水线。在山谷中，雨水由两侧山坡汇集到谷底，然后沿山谷线流出，所以山谷线又称为集水线。山脊线和山谷线合称为地性线，山脊线与山谷线与改变方向处的等高线的切线垂直相交，如图7.8所示。

（3）鞍部 鞍部是相邻两山头之间呈马鞍形的低凹部位（图7.9中的 S）。鞍部的左右两侧的等高线是对称的两组山脊线和两组山谷线。鞍部等高线的特点是在一圈大的闭合曲线内套有两组小的闭合曲线。

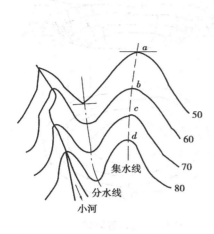

图 7.8 山脊线、山谷线与等高线关系

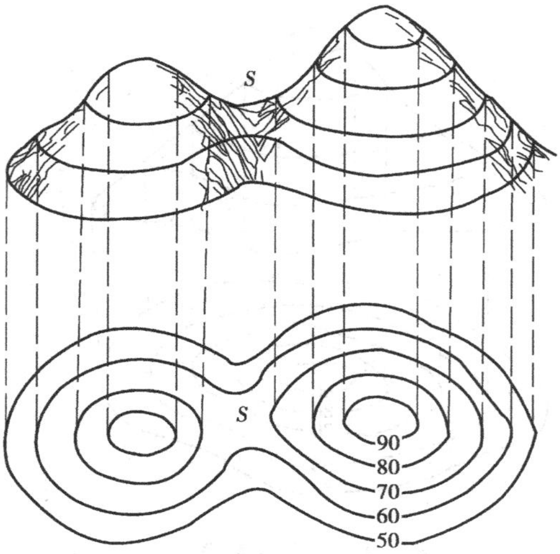

图 7.9 鞍部

（4）陡崖和悬崖 陡崖是坡度在70°以上或为90°的陡峭崖壁，其等高线非常密集或重合为一条线，因此采用陡崖符号来表示，如图 7.10（a）、（b）所示。悬崖是上部突出，下部凹进的陡崖。上部的等高线投影到水平面时，与下部的等高线相交，下部凹进的等高线用虚线表示，如图 7.10（c）所示。

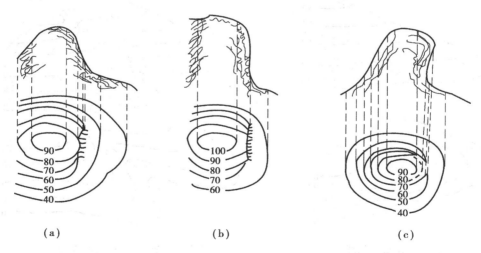

（a）　　　　　　　　　　（b）　　　　　　　　　　（c）

图 7.10 陡崖和悬崖

此外，还有一些特殊地貌，如冲沟、雨裂、绝壁、滑坡、崩塌等，其表示方法可参照《地形图图式》。掌握典型地貌的等高线，就容易理解复杂的地面综合地貌。图 7.11 为某一综合地貌及其对应的等高线。

4）等高线的特性

①同一条等高线上各点的高程相等。

②等高线是闭合曲线，不能中断。如果不在同一幅图内闭合，则必定在相邻的其他图幅

内闭合。

③等高线只有在绝壁或悬崖处才会重合或相交。

④等高线经过山脊或山谷时改变方向,因此山脊线与山谷线应和改变方向处的等高线的切线垂直相交,如图7.11所示。

图7.11　地形与等高线

⑤在同一幅地形图上,等高线距是相同的。因此,等高线平距大表示地面坡度小;等高线平距小则表示地面坡度大;平距相等则坡度相同。倾斜平面的等高线是一组间距相等且平行的直线。

7.2　地形图的分幅和编号

为了便于测绘、拼接、使用和保管地形图,需要将各种比例尺的地形图进行统一的分幅和编号。地形图的分幅方法有两类,一类是按经纬线分幅的梯形分幅法(又称为国际分幅法),另一类是按坐标格网分幅的正方形或矩形分幅法。前者用于国家基本比例尺地形图,后者用于工程建设大比例尺地形图。

▶　7.2.1　梯形分幅和编号

梯形分幅法以经线和纬线为图廓,常用于中小比例尺的地形图,但1∶5 000的地形图有时也采用梯形分幅。

1)1∶100万比例尺地形图的分幅与编号

按国际上的规定,1∶100万的世界地图实行统一的分幅和编号。即自赤道向北或向南分别按纬差4°分成横列,各列依次用$A,B,\cdots,V$表示。自经度180°开始起算,自西向东按经差6°分成纵行,各行依次用$1,2,3,\cdots,60$表示。每一幅图的编号由其所在的"横列-纵行"的代号组成。例如北京某地的经度为东经116°24′20″,纬度为39°56′30″,则其所在1∶100万比例尺图的图号为J-50,如图7.12所示。又如长春市所在1∶100万比例尺图的图号为K-51。

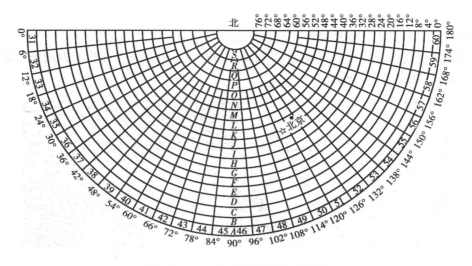

图 7.12　1：100 万地图的分幅编号

2）1：10 万比例尺地形图的分幅与编号

将一幅 1：100 万的图，按经差 30′、纬差 20′分为 144 幅 1：10 万的图。如图 7.13 所示，北京某地的 1：10 万图的编号为 J-50-5。

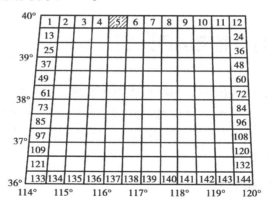

图 7.13　1：10 万地图的分幅编号

3）1：5 万~1：1 万比例尺地形图的分幅和编号

这类比例尺地形图的分幅编号都是以 1：10 万比例尺地形图为基础的。每幅 1：10 万的图，划分成 4 幅 1：5 万的图，分别在 1：10 万的图号后面写上各自的代号 A,B,C,D。每幅 1：5 万的图又可以分为 4 幅 1：2.5 万的图，分别以 1,2,3,4 编号。每幅 1：10 万的图分为 64 幅 1：1 万的图，分别以（1），（2），…，（64）表示。北京某地上述 3 种比例尺图的图幅编号见表 7.5。

4）1：5 000 和 1：2 000 比例尺地形图的分幅编号

1：5 000 和 1：2 000 比例尺地形图的分幅编号是在 1：1 万比例尺地形图的基础上进行的。每幅 1：1 万的图分为 4 幅 1：5 000 的图，分别在 1：10 000 的图号后面写上各自的代号 a,b,c,d。每幅 1：5 000 的图又分成 9 幅 1：2 000 的图，分别以 1,2,…,9 表示，图幅的大小及编号见表7.5。

表 7.5　1:10 万 ~1:2 000 地图的分幅与编号

比例尺	图幅大小		在上列比例尺图中所包含的幅数	北京某地的图幅编号
	经度差	纬度差		
1:10 万	20′	30′	在 1:100 万图幅有 144 幅	J-50-5
1:5 万	10′	15′	4 幅	J-50-5-B
1:2.5 万	5′	7′30″	4 幅	J-50-5-B-2
1:1 万	2′30″	3′45″	在 1:10 万图幅有 64 幅	J-50-5-(15)
1:5 000	1′15″	1′52.5″	4 幅	J-50-5-(15)-a
1:2 000	25″	37.5″	9 幅	K-50-5-(15)-a-9

▶ 7.2.2　矩形分幅和编号

　　大比例尺地形图多采用矩形分幅法,它是按照统一的直角坐标格网划分的,图幅大小如表 7.6 所示。

表 7.6　矩形分幅的图幅规格

比例尺	图幅大小 /cm	实地面积 /km²	一幅 1:5 000 地形图中包含的图幅数
1:5 000	40×40	4	1
1:2 000	50×50	1	4
1:1 000	50×50	0.25	16
1:500	50×50	0.062 5	64

　　采用矩形分幅时,大比例尺地形图的编号,一般采用图幅西南角坐标公里数编号法。如某幅图西南角的坐标 $x=3\,530.0$ km, $y=531.0$ km,编号为 3530.0-531.0。编号时,比例尺为 1:500 的地形图,坐标值取至 0.01 km,而 1:1 000、1:2 000 的地形图取至 0.1 km。对于小面积测图,还可以采用其他方法进行编号。例如按行列式或自然序数法编号。

　　在某些测区,根据使用要求需要测绘几种不同比例尺的地形图。在这种情况下,为了便于地形图的测绘管理、图形拼接、编绘、存档管理应用,应以最小比例尺的矩形分幅地形图为基础,进行地形图的分幅与编号。如测区内要分别测绘 1:5 000,1:2 000,1:1 000,1:500 比例尺的地形图,则应以 1:5 000 比例尺的地形图为基础,进行 1:2 000 和大于 1:2 000 地形图的分幅与编号。如图 7.14 所示,1:5 000 的编号为 20-30,1:2 000 图幅的编号是在 1:5 000 图幅编号后面加上罗马数字Ⅰ,Ⅱ,Ⅲ,Ⅳ,如左上角一幅图的图号为 20-30-Ⅰ; 1:1 000 图幅的编号是在 1:2 000 图幅编号后面加罗马数字,如左上角一幅图的图号为 20-30-Ⅰ-Ⅰ;1:500 图幅的编号是在 1:1 000 图幅编号后面加罗马数字,如左上角 1:500 图的图号为 20-30-Ⅰ-Ⅰ-Ⅰ。

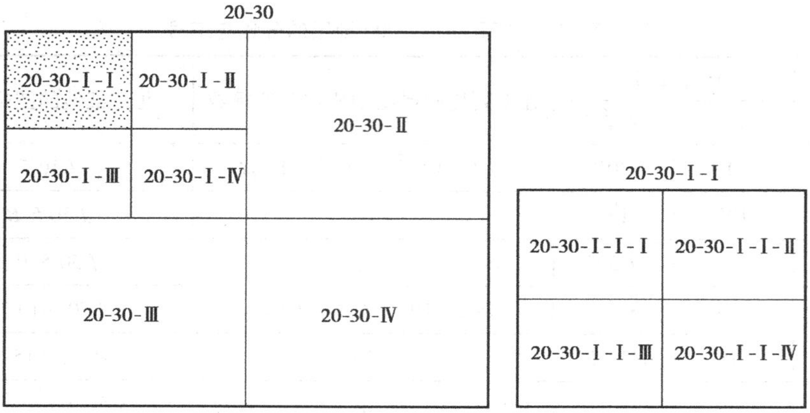

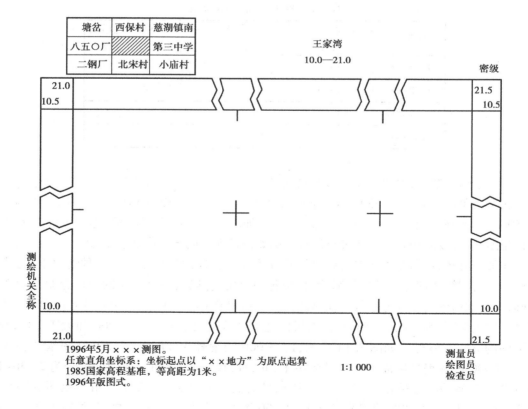

图 7.14　矩形分幅与统一编号

▶ 7.2.3　地形图的图外注记

对于一幅标准的大比例尺地形图,图廓外应注记图号、图名、接图表、比例尺、图廓、坐标格网等,如图 7.15 所示。

图 7.15　地图图廓

1)图名、图号、接图表

图名即本幅图的名称,是以所在图幅内最著名的地名、厂矿企业或村庄的名称来命名的。为了区别各幅地形图所在的位置关系,每幅地形图上都编有图号。图号是根据地形图分幅和编号方法编定的,并把图名、图号标注在北图廓上方的中央。

接图表用于说明本幅图与相邻图幅的关系,供索取相邻图幅时使用。通常是中间一格画有斜线代表本图幅,四邻的八幅图分别标注图号或图名,并绘在图廓的左上方。此外,有些地形图还把相邻图幅的图号分别注在东、西、南、北图廓线中间,进一步说明与四邻图幅的相互关系。

图廓是地形图的边界线,分内、外图廓。如图 7.15 所示,内图廓线即地形图分幅时的坐标格网经纬线。外图廓线是距内图廓以外一定距离绘制的加粗平行线,仅起装饰作用。在内图廓外四角注有坐标值,并在内图廓线内侧,每隔 10 cm 绘制 5 mm 的短线,表示坐标格网的位置。在图幅内每隔 10 cm 绘有坐标格网交叉点。

2)直线比例尺和坡度尺

直线比例尺也称图示比例尺,用于将图上的线段用实际的长度来表示,如图 7.16(a)所示。直线比例尺通常绘制在地形图南图廓外。

用图解的方法在地形图上量测地面坡度时需要使用坡度尺,如图 7.16(b)所示。坡度尺的水平底线下边注有两行数字,上一行是用坡度角表示的坡度,下一行是对应的倾斜百分率表示的坡度,即坡度角的正切函数值。坡度尺通常绘制在南图廓外直线比例尺的左边。

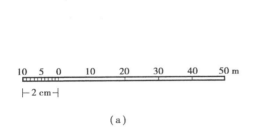
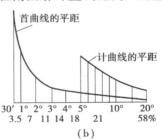

图 7.16　直线比例尺坡度尺

3)三北方向

在中、小比例尺地形图的南图廓线的右下方,还绘有真子午线、磁子午线和坐标纵轴(中央子午线)3 个方向之间的角度关系,称为三北方向图,如图 7.17所示。根据图上注记的磁偏角及子午线收敛角值,可进行各方位角的换算和图幅定向。

4)其他图廓外注记

每幅地形图测绘完成后,都要在图上标注投影方式、坐标系统和高程系统,以备日后使用时参考。地形图都是采用正形投影的方式完成的。坐标系统是指本图采用何种平面直角坐标系统,如 1980 年国家大地坐标系、城市坐标系或独立平面直角坐标系等。高程系统是指本图所采用的高程基准,如 1985 年国家

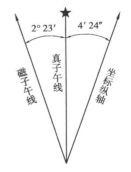

图 7.17　三北方向

高程基准系统或相对高程系统。

以上内容均应标注在地形图外图廓右下方。

7.3 大比例地形图经纬仪测绘方法

► 7.3.1 测图前的准备工作

1)图纸选用

大比例尺地形测图一般选用一面打毛的聚酯薄膜作图纸,其厚度约为 0.07 ~ 0.1 mm,经过热定型处理,伸缩率小于 0.03%。聚酯薄膜坚韧耐湿,玷污后可清洗,便于野外作业,可在图纸清绘着墨后直接晒蓝图。但是聚酯薄膜易燃,有折痕后不能消失,在测图、使用、保管过程中须加注意。

2)绘制坐标格网

地形图是根据控制点进行测绘的,测图之前应将控制点展绘到图纸上。为了能准确地展绘控制点的平面位置,首先要在图纸上精确地绘制直角坐标方格网。

一般大比例尺地形图的图幅分为 50 cm × 50 cm,50 cm × 40 cm,40 cm × 40 cm 等几种,且直角坐标格网是由边长为 10 cm 的正方形组成,如图 7.18 所示。测绘专用的聚酯薄膜印制有规范的精确的直角坐标格网而无须自行绘制,但使用前应进行精度检查。若聚酯薄膜上无坐标格网,可采用格网尺等专用工具进行绘制,或在计算机中用 AutoCAD 软件编辑好坐标格网图形,然后将其通过绘图仪绘制在图纸上。

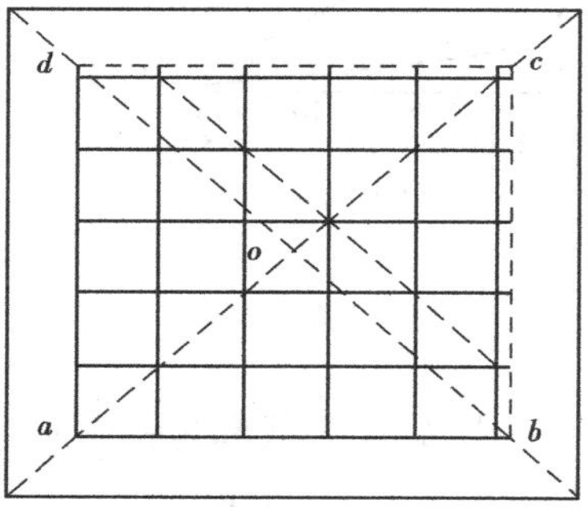

如无上述专用工具,可采用对角线法绘制,如图 7.18 所示。先用直尺在图纸上绘出两条对角线,从交点 o 为圆心沿对角线量取等长线段,得 a, b, c, d 点,用直线顺序连接 4 点,得矩形 abcd。然后,从 a, d 两点起各沿 ab, dc 方向每隔 10 cm 定一点;从 a, b 两点起各沿 ad, bc 方向每隔 10 cm 定一点,连接矩形对边上的相应点,即得坐标格网。坐标格网是测绘地形图的基础,每一个方格的边长都应该准确,纵横格网线应严格垂直。因此,坐标格网绘好后,要进行格网边长和垂直度的检查。小方格网的边长检查,可用比例尺量取,其值与 10 cm 的误差不应超过 0.2 mm;小方格网对角线长度与 14.14 cm 的误差不应超过 0.3 mm。方格网垂直度的检查,可用直尺检查格网的交点是否在同一直线上(如图 7.18 中直线 ac, bd),其偏离值不应超过 0.2 mm。如检查值超过限差,应重新绘制方格网。

图 7.18 对角线法绘制方格网

绘制或印制好坐标格网后,使用前必须进行检查。具体方法是:利用坐标格网尺或直尺检查对角线上各交点是否在一直线上,偏离不应大于 0.2 mm;检查内图廓边长及每方格的边长,允许误差为 0.2 mm;每格对角线长及图廓对角线长与理论长度之差的允许值为 0.3 mm。

超过允许值时,应将格网进行修改或重绘。根据测区的地形图分幅,确定各幅图纸的范围(坐标值),并在坐标格网外边注记坐标值。

3)展绘控制点

展绘控制点时,首先要确定控制点所在的方格。如图7.19中,控制点 A 的坐标为(764.30 m,566.5 m),因此确定其位于方格 $klmn$ 内。从 k 和 n 点分别向上用比例尺量取64.30 m,得到 a,b 两点,再从 k,l 两点分别向右量取66.15 m,得到 c,d 两点,连接 ab 和 cd,其交点即为控制点 A 在图纸上的位置。用同样方法将其他各控制点展绘在图纸上。

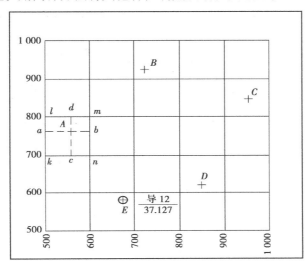

图 7.19　控制点的展绘

控制点展绘完成后,应进行校核。具体方法是用比例尺量取相邻控制点之间的图上距离,并与已知距离进行比较,最大误差不应超过图上 ±0.3 mm,否则应重新进行展绘。

当控制点的平面位置展绘在图纸上以后,按图式要求绘制控制点符号并注记点号和高程,高程注记到 mm。

▶ 7.3.2　碎部测量

碎部测量就是测定碎部点(地形点)的平面位置和高程。地形图的质量在很大程度上取决于立尺员能否正确合理地选择碎步点。碎步点应选择在地物和地貌的特征点上。地物的特征点就是地物轮廓的转折点、交叉点、弯曲点等变化处的点位及独立地物的中心点,如房屋角点、河流和道路转折点、路灯和避雷针等独立地物的中心点。地貌特征点就是控制地貌的山脊线、山谷线和倾斜变化线等地性线上的最高、最低点,坡度和方向变化处、山头和鞍部等处的点。

碎步点的密度主要取决于地物和地貌的复杂程度,也取决于测图比例尺和测图的目的。测绘不同比例尺的地形图,对碎部点间距以及碎部点距测站的最远距离也有不同的限定。表7.7、表7.8给出了碎步点最大间距以及视距测量方法测量距离时的最大视距的允许值。

表 7.7　地形点最大间距和最大视距（一般地区）

测图比例尺	地形点最大间距/m	最大视距/m	
		主要地物特征点	次要地物特征点
1：500	15	60	100
1：1 000	30	100	150
1：2 000	50	130	250
1：5 000	100	300	350

表 7.8　地形点最大间距和最大视距（城镇建筑区）

测图比例尺	地形点最大间距/m	最大视距/m	
		主要地物特征点	次要地物特征点
1：500	15	50	70
1：1 000	30	80	120
1：2 000	50	120	200

1）碎部点平面位置的测绘方法

（1）极坐标法　如图 7.20 所示,测定测站点 B 至碎部点 1,2,3 方向和测站点 B 至后视点 A（另一个控制点）方向间的水平角 β_1,β_2,β_3,测定测站至碎部点的距离 D_1,D_2,D_3,便能确定碎部点的平面位置 $(x_1,y_1),(x_2,y_2),(x_3,y_3)$,这就是极坐标法。极坐标法是碎部测量最基本的方法。

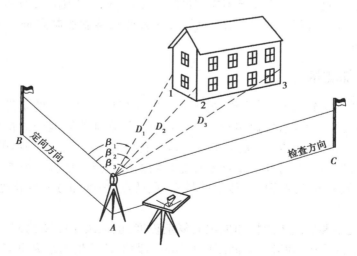

图 7.20　极坐标法测绘地物

（2）方向交会法　如图 7.21 所示,测定测站 A 至碎部点方向和测站 A 至后视点 B 方向间

的水平角 β_1 ,测定测站 B 至碎部点方向和测站 B 至后视点 A 方向间的水平角 β_2 ,便能确定碎部点的平面位置,这就是方向交会法。当碎部点距测站较远而测距工具只有钢尺或皮尺,或遇河流、水田等测距不便时,可用此法。

（3）距离交会法　如图7.22所示,分别测定已知点1至碎部点 M 的距离 D_1 、已知点2至 M 的距离 D_2 ,便能确定碎部点 M 的平面位置,这就是距离交会法。此处已知点不一定是测站点,可能是已测定出平面位置的碎部点。

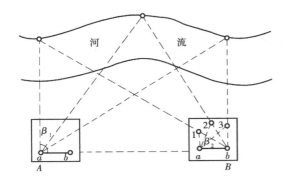

图 7.21　方向交会法测绘地物

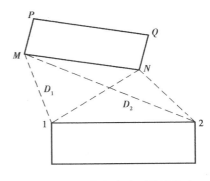

图 7.22　距离交会法测绘地物点

（4）直角坐标法　如图7.23所示,设 A , B 为控制点,碎部点1,2,3靠近 A , B 。以 AB 方向为 x 轴,确定碎部点在 AB 上的垂足,用皮尺量出 x , y ,即可定出碎部点,此法称为直角坐标法。直角坐标法适用于地物靠近控制点的连线且垂距 y 较短的情况。垂直方向可以用简单工具定出。

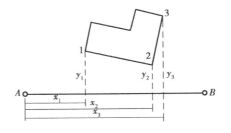

图 7.23　直角坐标法测绘地物点

2）测站的测绘工作

经纬仪测绘法的实质是极坐标法。首先,将经纬仪安置在测站点上,绘图板安置于测站旁边。用经纬仪测定碎部点方向与已知方向之间的水平角,并以视距测量方法测定测站点至碎部点的距离和碎部点的高程。然后,用半圆仪和比例尺把测量数据展绘在图纸上,从而确定碎部点的平面位置,并在点的右侧注记高程。当测绘一定数量的碎步点后,对照实地勾绘地形(地物和等高线)。利用全站仪代替经纬仪测绘地形图的方法,称为全站仪测绘法,其测绘步骤和过程与经纬仪法类似。

（1）测绘工作程序　经纬仪测绘大比例尺地形图操作简单、灵活,适用于各种类型的测区。下面详细介绍经纬仪测绘法一个测站的测绘工作程序。

①安置仪器和图板:如图7.24所示,观测员安置经纬仪于测站点(控制点) A 上,并进行对中和整平,量取仪器高 h ,测量竖盘指标差 x 。记录员将上述数据记录在碎部测量手簿中(表7.9),并在表头填写其他内容。绘图员在图上同名点 a 安置半圆仪。

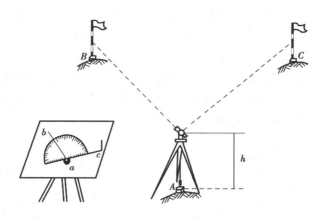

图 7.24　经纬仪测绘法的测站安置

表 7.9　碎部测量记录手簿

日期：　　　年　　月　　日　　　班级：　　　　　小组：　　　　记录者：

测站：　　　　　　　　　后视点：　　　　仪器高 i：　　　测站高程：

观测点	视距间隔 /m	中丝读数 /m	竖盘度数 ° ′ ″	竖直角 ° ′ ″	高差/m	水平角 ° ′ ″	平距/m	高程/m	备注
1	0.339	1.3	90　52	+0　53	+0.52	145　50	33.9	81.5	房角
2	0.425	1.3	90　54	+0　55	+0.68	152　49	42.6	81.7	房角
3	1.110	0.30	91　37	+1　38	+4.16	185　17	110.9	85.2	路边
…									

②定向：将经纬仪置于盘左位置，照准另外已知控制点 B 作为后视方向，安置水平度盘 $0°00'00''$。绘图员在图上同名方向 ab 上画一短直线，短直线超过半圆仪的半径，作为半圆仪读数的起始方向线。

③立尺：司尺员依次将水准尺立在地物、地貌特征点上。立尺时，司尺员应弄清实测范围和实地概略情况，选定立尺点，并与观测员、绘图员共同商定跑尺路线。

④观测：观测员照准水准尺，读取水平角 β、视距间隔 l、中丝读数 v 和竖盘读数 L。

⑤记录：记录员将读数依次记入手簿。有些手簿视距间隔栏为视距，需由观测者直接读出视距值。对于具有特殊作用的碎部点，如房角、山头、鞍部等，应在备注中加以说明。

⑥计算：记录员依据视距间隔、中丝读数、竖盘读数和竖盘指标差、仪器高，按视距测量公式计算碎步点的平距 D 和高程 H。

⑦展绘碎部点：绘图员转动半圆仪，将半圆仪上等于 β 角值（例如某碎部点为 $114°00'$）的刻划线对准起始方向线，如图 7.25 所示，此时半圆仪零刻划方向即为该碎部点的图上方向。根据水平距离 D，用半圆仪零刻划边所带的直尺按比例标定出碎部点的图上位置，用铅笔在图上点示，并在点的右侧注记高程。同时，应将有关地形点连接起来，并检查测点是否有错。这样，测图时如有错误和遗漏，就可以及时发现，给予修正或补测。

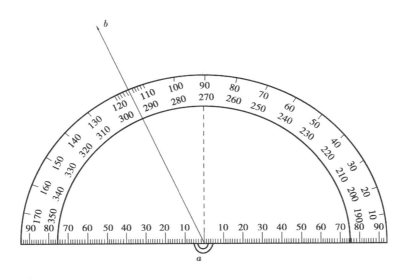

图 7.25　半圆仪展绘碎部点的方向

⑧测站检查：为了保证测图正确、顺利地进行，必须在新的测站工作开始时进行测站检查。检查方法是在新的测站上测量已观测的地形点，检查重复点精度是否在限差范围内。否则应检查测站点展绘是否正确。此外，在工作中间和结束前，观测员可利用时间间隙照准后视点进行归零检查。归零差不应大于 4′。在每一测站工作结束前需检查确认地物、地貌无错测或漏测时，方可迁站。若测区面积较大，分成若干图幅测图时，为了相邻图幅的拼接，每幅图应测至图廓外 5 mm。

⑨地物地貌的描绘：当碎步点站展绘到图纸上后，就可以参照实地描绘地物和等高线。测量工作中，一般对于已测定的地物点应连接起来，要随测随连，以便将图上测得的地物与地面上的实体对照，进行检核。

在测出地貌特征点后，即可根据高程点勾绘等高线。勾绘等高线时，首先用铅笔轻轻描绘出山脊线、山谷线等地性线，再根据碎部点的高程勾绘等高线。不能用等高线表示的地貌，如悬崖、峭壁、土堆、冲沟、雨裂等，应按图式规定的符号表示。由于碎部点是选在地面坡度变化处，因此相邻点之间可视为均匀坡度。这样可在两相邻碎部点的连线上，按平距与高差成比例的关系，内插出两点间各条等高线；定出其他相邻两碎部点间等高线应通过的位置。将高程相等的相邻点连成光滑的曲线，即为等高线。

（2）描绘等高线的内插方法　下面介绍两种常见的等高线内插方法：

①目估法：图 7.26（a）为某局部地区地貌特征点的相对位置和高程，已测定在图纸上。首先连接地性线上同坡段的相邻特征点 ba,bc 等，虚线表山脊线，实线表山谷线；然后，在同坡段上，按高差与平距成比例的关系内插等高点，勾绘等高线。已知 a,b 点平距为 35 mm（图上量取），高差 $h_{ab}=48.5\text{ m}-43.1\text{ m}=5.4\text{ m}$，如勾绘等高距为 1 m 的等高线，共有 5 根线穿过 ab 段，两根间的平距 $d=6.7\text{ mm}$（由 $d:35=1:5.4$ 求得）。a 点至第一根等高线的高差为 0.9 m，不是 1 m，按高差 1 m 的平距 d 为标准，适当缩短（将 d 分为 10 份，取 9 份），目估定出 44 m 的点；同法在 b 点定出 48 m 的点。然后将首尾点间的平距 4 等分定出 45 m,46 m,47 m 各点；

同理,在 bc,bd,be 段上定出相应的点(图7.26(b))。最后将相邻等高的点,参照实地的地貌用圆滑的曲线徒手连接起来,就构成一簇等高线(图7.26(c))。

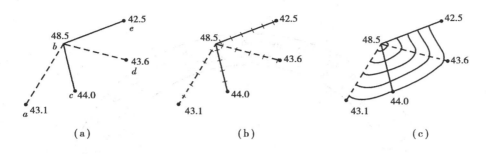

（a）　　　　　　　　　　（b）　　　　　　　　　　（c）

图7.26　目估法勾绘等高线

②图解法:绘一张等间隔若干条平行线的透明纸,蒙在勾绘等高线的图上,转动透明纸,使 a,b 两点分别位于平行线间的0.9和0.5的位置上,如图7.27,则直线 ab 和5条平行线的交点,便是高程为44 m,45 m,46 m,47 m及48 m的等高线位置。

图7.27　图解法内插等高线

► 7.3.3　地形图的拼接、检查与整饰

1)地形图的拼接

地形图分幅测绘时,在相邻两图幅的接边处,其地物、地貌应互相吻合。由于测绘误差的存在,相邻图幅接边处的地物、地貌往往不能完全吻合(图7.28)。因此,需要进行地形图的拼接工作。地形图接边误差不应大于规范规定的允许值,如表7.10所示。如果地形图的接边误差在允许范围内,可取其平均位置接合,直线地物应从相邻两图幅上直线的转折点或端点以直线相连。为了便于拼接,每幅图应测出图廓外5 mm。对于跨图幅的地物应将其轮廓完全测出,对线形地物应测至图幅外转折点处。

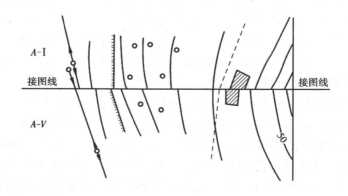

图7.28　地形图的拼接

表 7.10 地形图接边误差允许值

地区类别	点位中误差/mm	邻近地物点间距中误差/mm	等高线高程中误差(等高距)			
			平地	丘陵地	山地	高山地
山地、高山地和设站施测困难的旧街坊内部	0.75	0.6	1/3	1/2	2/3	1
城市建筑区和平地、丘陵地	9.5	0.4				

拼接时用宽 5.6 cm 的透明纸蒙在左图幅的接图边上,用铅笔把坐标格网线、地物、地貌描绘在透明纸上,然后再把透明纸按坐标格网线位置蒙在右图幅衔接边上,同样用铅笔描绘地物和地貌;当用聚酯薄膜进行测图时,不必描绘图边,利用其自身的透明性,可将相邻两幅图的坐标格网线重叠;若相邻处的地物、地貌偏差不超过规定的要求时,则可取其平均位置,并据此改正相邻图幅的地物、地貌位置。如果采用聚酯薄膜测图,拼接时可把相邻图幅根据坐标格网叠合起来,检查接边处地物、地貌吻合情况,同时可检查有无遗漏。改正时可先在上面一幅图上按平均位置改正,然后在下面图幅上进行同样的改正。如果是采用白纸测图,则先用 5 cm 宽的描图纸将一幅图的图廓线、坐标格网及离图廓 1 ~ 2 cm 内的地物、地貌描绘到描图纸上,再将此接边描图纸与邻幅图边拼接、检查并修改。

2)地形图的整饰

整饰是按规定的图式符号对地形原图进行加工,使图面更加清晰美观。对铅笔原图的整饰要求如下:

①所有地物应按照准确的位置,以规定的符号、清晰的线条用铅笔描绘清楚。

②等高线应描绘光滑圆顺,按规定粗细的线条描绘计曲线和首曲线。

③选择高程注记点点位要清楚,字体要工整,字头朝北,同时检查高程数据与等高线是否符合。

④各项文字注记位置要适当,计曲线的高程注记应在图中适当位置排成几列。

⑤重新描绘坐标格网并注记坐标值。

⑥按规定图式整饰图廓及图廓外各项注记。

3)地形图的检查

地形图的检查可分为室内检查和外业检查。

(1)室内检查 观测和计算手簿的记载是否齐全、清楚和正确,各项限差是否符合规定;图上地物、地貌的真实性、清晰性和易读性,各种符号的运用、名称注记等是否正确,等高线与地貌特征点的高程是否符合,有无矛盾或可疑的地方,相邻图幅的接边有无问题等。如发现错误或疑点,应到野外进行实地检查修改。

(2)外业检查 首先进行巡视检查,它根据室内检查的重点,按预定的巡视路线,进行实地对照查看。主要查看原图的地物、地貌有无遗漏;勾绘的等高线是否逼真合理,符号、注记是否正确等。然后进行仪器设站检查,除对在室内检查和巡视检查过程中发现的重点错误和遗漏进行补测和更正外,对一些怀疑点,地物、地貌复杂地区,图幅的四角或中心地区,也需抽样设站检查,一般为 10% 左右。

7.4 数字化测图简介

7.4.1 数字化测图的基本原理

20世纪60年代以来,随着电子计算机在测绘行业中的广泛应用,电子经纬仪、测距仪、全站仪的出现,数字化测图技术应运而生。传统的经纬仪测图方法实质是图解法测图。在测图过程中,将测得的观测值按图解法转化为静态的线划地形图。这种"数→图"转换,降低了数据精度,使设计人员在用图时又产生解析误差,即"图→数"转换误差。数字化测图技术可以避免上述问题。数字化测图技术的实质是解析法测图,将地形图信息通过电子测量仪器或数字化转化为数字量输入计算机,并以数字形式存储在磁盘上,从而便于传输与直接获取地形的数量指标,需要使用时通过显示屏显示或用绘图仪绘制出线划地形图。数字化测图是一个"数→数"过程,不会降低观测数据精度,而且数据成果易于存取、管理和成果共享。

测图数字化实现了数据采集、记录、处理和成图的自动化,大大地降低了劳动强度,有效地减少了人为差错。数字化测图,使得其产品多样化成为可能。测绘产品的需求来自于国土资源的调查和开发,城乡建设的规划与管理,自然灾害的监测和防治,各项重大工程的论证、设计和施工,各级政府部门的管理决策等,要求能方便地从测绘产品中提取多种具有必要精度的专题信息。传统的测绘产品是较难满足实际需要的。然而,对基于数字测图而建立的地理空间分层(专题)数据库系统则为满足上述要求提供了可能,其输出可以是数字形式,亦可以是线划图形式,既可输出反映多层空间信息的综合信息图,又可只输出反映某专题信息的专题图。

数字测量成果不受比例尺精度限制,其成果可以满足不同比例尺精度要求。而传统的几何测图比例尺一经确定,成果的数学精度和大致信息量就随之确定了,因而不能满足较之比例尺大的成图的要求。

数字地图便于地图更新。测绘成果的要求之一是现势性,因人类对自然的利用和改造一刻都没有停止,对于幅员辽阔的中国而言,地图更新是相当严峻的问题。若测绘的成果为几何图,更新测量意味着整幅图重测或重绘。这就是说,局部的更新会导致全局的图件重绘或重测。数字地图的更新则不然,只需更新所变更的数据部分,更新工作量是局部与局部的对等关系。此外,前者整个过程为手工操作,而后者可部分实现自动化处理。

数字地图实现了空间分析的自动化。根据传统的测绘产品进行空间分析,如求坐标、方位、坡度、面积、容积等,都需要人工在地形图上量算,对于数字地图而言,这些工作均由相应的软件自动完成。

数字测图(Digital Surveying and Mapping,DSM)系统是以计算机为核心,由地形数据采集设备和成果输出设备组成,在软件系统的支持下,对地形空间数据进行采集处理,编辑成图,输出和管理的测绘系统,其组织形式如图7.29所示。

野外数字测图已由野外测记和室内成图的内、外业分开模式发展到内、外业一体化模式。内、外业成图一体化的作业模式有全站仪+便携机和GPS+便携机两种。全站仪或GPS采集的空间几何数据连同属性数据和关系数据传输给便携机,在便携机的屏幕上就可实时地绘出

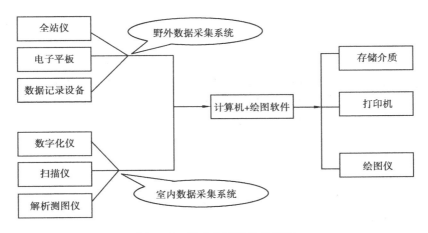

图 7.29 数字化测图作业流程

所测地形和地物。

室内数字测图一般指原始资料是影像或数字影像(称为影像数字化测图)。对于前者,需利用扫描仪进行影像数字化而获数字化影像。影像数字化测图是利用计算机对数字影像或数字化影像进行处理,由计算机视觉(其核心部分是影像匹配与影像识别)代替人眼的立体量测与识别,完成影像几何与物理信息的自动提取。

▶ 7.4.2 全站式电子速测仪测图简介

1)全站仪的结构及分类

全站式电子速测仪(简称全站仪)主要由电子经纬仪、光电测距仪和微处理机组成,可在一个测站上同时测角和测距,并能自动计算出待定点的坐标和高程,其基本构造如图 7.30 所示。全站仪可通过传输接口把野外采集的数据终端与计算机、绘图仪连接起来,配以数据处理软件和绘图软件,可实现测图的自动化。

全站仪主要由电源、测角、测距、中央处理器、输入、输出几部分组成。电源是可充电电池,供给其他各部分电源,包括望远镜十字丝和显示屏的照明。测角部分相当于电子经纬仪,可以测定水平角、竖直角和设置方位角。测距部分相当于光电测距仪,一般用红外光源,测定至目标点的斜距,并可归算为平距及高差。中央处理器接受指令,分配各种观测作业,进行测量数据的运算,如多测回取平均值、观测值的各种改正、极坐标法或交会法的坐标计算,以及包括运

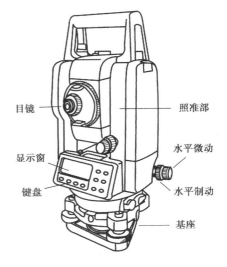

图 7.30 全站仪

算功能更为完备的各种软件。输入、输出部分包括键盘、显示屏和接口。从键盘可以输入操作指令、数据和设置参数;显示屏可以显示出仪器当前的工作模式、状态、观测数据和运算结果,接口使全站仪能与磁卡、磁盘、微机交互通讯,传输数据。全站仪是一种集光、机、电为一

体的新型测角仪器,与光学经纬仪比较,电子经纬仪将光学度盘换为光电扫描度盘,将人工光学测微读数代之以自动记录和显示读数,使测角操作简单化,且可避免读数误差的产生。电子经纬仪的自动记录、存储、计算功能,以及数据通讯功能,进一步提高了测量作业的自动化程度。全站仪与光学经纬仪的区别在于度盘读数及显示系统,电子经纬仪的水平度盘和竖直度盘及其读数装置是分别采用两个相同的光栅度盘(或编码盘)和读数传感器进行角度测量的。根据测角精度可分为 0.5″,1″,2″,3″,5″,10″ 等几个等级,全站仪采用了光电扫描测角系统,其类型主要有:编码盘测角系统、光栅盘测角系统和动态(光栅盘)测角系统等 3 种。

(1)全站仪按其外观结构分类

①积木型(modular,又称组合型) 早期的全站仪,大都是积木型结构,即电子速测仪、电子经纬仪、电子记录器各是一个整体,可以分离使用,也可以通过电缆或接口把它们组合起来,形成完整的全站仪。

②整体性(integral) 随着电子测距仪的进一步轻巧化,现代的全站仪大都把测距、测角和记录单元在光学、机械等方面设计成一个不可分割的整体,其中测距仪的发射轴、接收轴和望远镜的视准轴为同轴结构。这对保证较大垂直角条件下的距离测量精度非常有利。

(2)全站仪按测量功能分类

①经典型全站仪(classical total station) 经典型全站仪也称为常规全站仪,它具备全站仪电子测角、电子测距和数据自动记录等基本功能,有的还可以运行厂家或用户自主开发的机载测量程序。其经典代表为徕卡公司的 TC 系列全站仪。

②机动型全站仪(motorized total station) 在经典全站仪的基础上安装轴系步进电机,可自动驱动全站仪照准部和望远镜的旋转。在计算机的在线控制下,机动型系列全站仪可按计算机给定的方向值自动照准目标,并可实现自动正、倒镜测量。徕卡 TCM 系列全站仪就是典型的机动型全站仪。

③无合作目标性全站仪(reflectorless total station) 无合作目标型全站仪是指在无反射棱镜的条件下,可对一般的目标直接测距的全站仪。因此,对不便安置反射棱镜的目标进行测量,无合作目标型全站仪具有明显优势。如徕卡 TCR 系列全站仪(图 7.31),无合作目标距离测程可达 200 m,可广泛用于地籍测量、房产测量和施工测量等。

④智能型全站仪(robotic total station) 在机动化全站仪的基础上,仪器安装自动目标识别与照准的新功能,因此在自动化的进程中,全站仪进一步克服了需要人工照准目标的重大缺陷,实现了全站仪的智能化。在相关软件的控制下,智能型全站仪在无人干预的条件下可自动完成多个目标的识别、照准与测量,因此,智能型全站仪又称为"测量机器人"。典型的代表有徕卡的 TCA 型全站仪等,如图 7.32 所示。

图 7.31 徕卡 TCRP 全站仪

图 7.32 徕卡 TCA2003 全站仪

（3）全站仪按测距仪测距分类

①短距离测距全站仪　测程小于 3 km，一般精度为 ±（5 mm + 5 ppm），主要用于普通测量和城市测量。

②中测程全站仪　测程为 3 ~ 15 km，一般精度为 ±（5 mm + 2 ppm）。±（2 mm + 2 ppm）通常用于一般等级的控制测量。

③长测程全站仪　测程大于 15 km，一般精度为 ±（5 mm + 1 ppm），通常用于国家三角网及特级导线的测量。

全站仪具有角度测量、距离（斜距、平距、高差）测量、三维坐标测量、导线测量、交会定点测量和放样测量等多种用途。内置专用软件后，功能还可进一步拓展。

2）全站仪的基本操作与使用

全站仪的主要功能有角度测量、距离测量、坐标测量、放样测量和一些特殊的测量，同时还可进行强大的数据采集和存储管理。本教材结合拓普康 GTS-332 全站仪对全站仪的主要功能进行介绍。

（1）测前准备　测前测量人员要了解仪器的操作注意事项，特别是安全注意事项，避免造成不必要的人身与财产损失，检查电源电量是否充足。

（2）测量准备

①安置仪器：在站点上安置三脚架，装上全站仪，进行对中、整平，其操作方法与经纬仪基本相同。

②开机：在确认仪器已整平的情况下，打开电源开关（POWER）。

③检查电源使用情况：当显示屏上电池剩余显示闪烁时，说明电池已用完，应立即关机，并更换电池。

④垂直角与水平角倾斜改正：一般情况下，角度可进行自动补偿，因此通常倾斜传感器选择"开"，只有当超出补偿范围时，必须用人工整平，也可用软件设置倾斜改正。

（3）角度测量　进行水平角测量时，按［ANG］键，确认处于角度测量模式，按表 7.11 操作。同时通过键盘操作，可进行水平角的左角和右角的切换、水平角的设置、角度的重复观测、水平角 90°间隔蜂鸣声的设置和天顶距及高度角的切换等。

（4）距离测量

①大气改正的设置：当需要设置大气改正时，通过测量温度和气压求得改正值。也可在仪器中直接设置。

②棱镜常数的设置：拓普康棱镜常数为 0，当用其他厂家生产的棱镜时，应设置常数改正（有些仪器棱镜常数为 – 30 mm）。

③确认处于测距模式时，进行如下操作可进行距离测量（表7.12）。

其中按⏪键依次显示斜距 *SD*、平距 *HD*、高差 *VD*。这是指仪器中心至反光镜之间的斜距、平距和高差。根据需要选择精测模式/跟踪模式/粗测模式，距离单位可用软键进行"m"（米），"f"（英尺）等转换，还可进行单次或多次测量。

表 7.11　角度测量

操作过程	操 作	显 示
①照准第一个目标 A：	照准 A	V:87°10′20″ HR:120°30′40″ 置零 锁定 置盘 P1↓
②设置目标 A 的水平角为 　0°00′00″,按[F1](置零)键和 　[F3](是)键	[F1] [F3]	水平角置零 　　>OK? ——「是」「否」 V:87°10′20″ HR:0°0′00″ 置零 锁定 置盘 P1↓
③照准第二个目标 B,显示 B 的 　V/H	照准目标 B	V:85°36′20″ HR:106°40′30″ 置零 锁定 置盘 P1↓

表 7.12　距离测量

操作过程	操 作	显 示
①照准棱镜中心：	照准 A	V　87°10′20″ HR　120°30′40″ 置零 锁定 置盘 P1↓
②按◢键,距离测量开始	[◢]	V　87°10′20″ HR　120°30′40″ SD ＊ [cr] －< m 测量 模式 S/A P1↓
显示测量的斜距		V　87°10′20″ HR　120°30′40″ SD　　131.687 m 测量 模式 S/A P1↓
③再次按[◢]键,显示变为水平 　角(HR)、水平距离(HD)和垂距 　(VD)	[◢]	HR　120°30′40″ HD　131.527 m VD　6.497 m 测量 模式 S/A P1↓

（5）坐标测量　坐标测量可在坐标测量模式下进行,也可在数据采集中进行,但都必须进行测站点坐标、仪器高、棱镜高及起始边方位角的设置,如图7.33所示。

①设置测站点坐标:在一个已知测站点 O 上安置仪器,通过键盘输入(设置)测站点坐标 X_0, Y_0, H_0 (即 N_0, E_0, Z_0)。

②输入(设置)仪器高 I 。

③输入(设置)棱镜高 L 。

④照准后视点,输入(设置)起始边方位角 α_{OA} 。具体的做法是输入一已知点 A 的方位角(瞄准 A 点),也可输入 A 点的坐标,并选择一种测量方法进行测量,这样起始边方位角就被设置好了。

⑤进行坐标测量:照准目标 B ,按 ⊾ 键,即可测

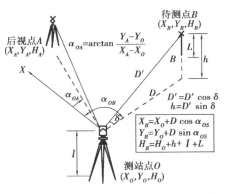

图 7.33　坐标测量

量并显示未知点 B 的坐标 X_B, Y_B, H_B (即 N_B, E_B, Z_B)(表7.13)。这个过程的实质是,既测了照准 B 点的水平角(等于 OB 的方位角 α_{OB})、竖直角 δ_{OB} ,又测了 OB 的斜距 SD ,并计算了平距 HD 和垂距 VD ,最后计算 B 点坐标。

确认处于坐标测量模式,操作过程如表7.13所示。

表 7.13　坐标测量

操作过程	操　作	显　示
①设置已知点 A 的方位角 ②照准目标 B 距离	照准 A、置盘输入方向角照准棱镜 B	V　86°52′36″ HR　95°30′50″ 置零　锁定　置盘 P1↓
③按[⊾]键,开始测量	按[⊾]	N * [cr]　　—< m E　　　　　　m Z　　　　　　m 测量　模式 S/A P1↓
显示测量结果		N　　　723.658 m E　　　534.267 m Z　　　　28.912 m 测量　模式 S/A P1↓

（6）放样测量　这里介绍两种放样方法。

①按放样点的指向角和平距(或斜距、高差)放样:在测站点上安置仪器,进行仪器高、棱镜高设置,瞄准后视点 A ,利用角度测量模式设置水平角0°00′00″,再转动仪器瞄准大致前视放样点 B 的反光镜,按F3键,显示水平角,再微动全站仪使水平角等于指向角,移动 B 点的反

光镜,使其在视线方向上。

按◢键可显示平距(或选择高差、斜距),在视线方向移动反光镜,当显示屏上水平角和平距都等于放样值时,即得放样点位。也可在距离测量模式中,选择放样模式,输入放样距离,即可显示放样值与测量值之差 d_{HD},d_{HD} 接近为 0 时按精测模式,当 d_{HD} 等于 0 时放样结束(图 7.34)。

②按放样点的坐标数据放样:这种方法是在菜单模式中的放样模式下进行,测站点、后视点及仪器高、棱镜高设置与前面方法相同,不同的是测站点和后视点的坐标数据可以由键盘输入也可由已知数据文件调用,从而反算出方位角,求出放样的元素(指向角 β 和平距以及高差),如图 7.35 所示。

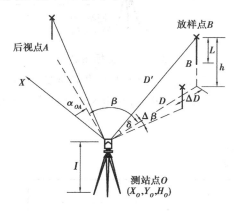

图 7.34　第一种放样测量模式

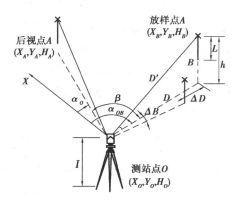

图 7.35　第二种放样测量模式

(7)偏心测量　偏心测量有四种模式,即角度偏心测量、距离偏心测量、平面偏心测量和圆柱偏心测量,由距离测量或坐标测量模式按[偏心]软键即可显示偏心测量菜单(图 7.36)。

①角度偏心测量:当碎部点(如大树)直接架设棱镜有困难时,用此测量模式。这时只要安置棱镜于和仪器平距相同的点 P 上,在设置仪器高和棱镜高后进行角度偏心测量,即得到被测物中心位置的坐标,如图 7.37 所示。

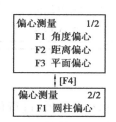

图 7.36　偏心测量菜单

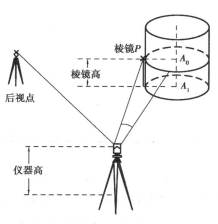

图 7.37　角度偏心测量

角度偏心测量的原理是,照准棱镜所测的平距与照准碎部点所测的角度组合起来,即可计算碎部点的坐标。

②距离偏心测量:如图 7.38 所示,当已知某地物(如大树或池塘)的半径时,用此测量模式。这时,输入图中所示的偏心距 OHD 并在距离偏心测量模式下测量 P_1 点,在显示屏上就会显示出 P_0 点的距离或坐标。但要注意,若测量点 P_1 位于待求点前边时,偏心距为正值,若位于后边则为负值。

③平面偏心测量:设 P_0 点位于某平面上且无法直接安棱镜,则用此模式测量,这时要在平面偏心的模式下,先测定平面上任意 3 个点(P_1,P_2,P_3),以确定被测平面,再照准 P_0 点,仪器就会自动计算并显示 P_0 点(视准轴与该平面交点)的距离和坐标,如图 7.39 所示。

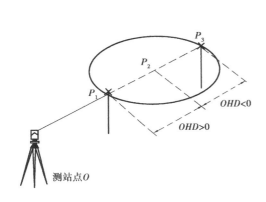

图 7.38　距离偏心测量

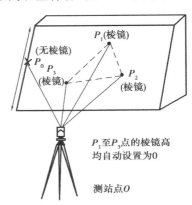

图 7.39　平面偏心测量

④圆柱偏心测量:如图 7.40 所示,当要测定一个圆柱的中心位置时,用此测量模式。在此模式下首先直接测定圆柱上 P_1 点的距离,然后通过测定圆柱面上两个切点(P_2,P_3)的方位角,就可以计算出圆柱中心 P_0 点的距离、方位角和坐标。

(8)全站仪的数据通讯　全站仪的数据通讯是指全站仪与电子计算机之间进行的双向数据交换。全站仪与计算机之间的数据通讯的方式主要有两种,一种是利用全站仪配置的 PCMCIA(personal computer memory card internation association)卡(简称 PC 卡,也称存储卡)进行数字通讯,特点是通用性强,各种电子产品间均可互换使用;另一种是利用全站仪的通讯接口,通过电缆进行数据传输。

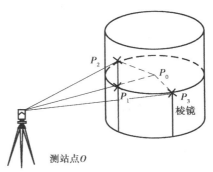

图 7.40　圆柱偏心测量

随着计算机技术的不断发展与应用以及用户的特殊要求与其他工业技术的应用,新型全站仪不断涌现,出现了带内存、防水型、防爆型、电脑型等的全站仪,将 GPS 与全站仪集成到一起的超站仪。

目前,高精度的全站仪测角精度(一测回方向标准差)达到 0.52,测距精度 1 mm + 1 ppm。利用 ATR 功能,白天和黑夜(无需照明)都可以工作。全站仪已经达到了令人惊叹的角

度和距离测量精度,既可人工操作也可自动操作,既可远距离遥控运行也可在机载应用程序控制下使用,可使用在精密工程测量、变形监测、无容许限差非常小的机械引导控制等应用领域。

3)全站仪数字化测图方法

(1)信息编码 常规测图方法是随测随绘。进行数字化测图时,必须对所测碎部点和其他地形信息进行编码。编码可以按照 GB 14804《1∶500、1∶1 000、1∶2 000 地形图要素分类与代码》进行。

(2)野外数据采集 野外数据采集时,既要记录测站参数,又要记录距离、水平角和竖直角,同时还要记录编码、点号、连接点和连接线型 4 种信息。其中连接点是与观测点相连接的点号,连接线型是测点与连接点之间的连线形式,有直线、曲线、圆弧和独立点 4 种形式。必要时要绘制草图。

(3)数据处理 将野外实测数据输入计算机,计算机用程序对控制点进行平差处理,求出测站点坐标 x,y 和高程 H,再计算出各碎部点坐标。将其按编码信息分类和整理,形成两个地形编码对应的数据文件:一个是带有点号、编码的坐标文件,记录有全部点的坐标;另一个是连接信息文件,含有所有点的连接信息。

(4)绘图 首先建立一个与地形编码相应的《地形图图式》符号库,供绘图使用。绘图程序根据输入的比例尺、图廓坐标、已生成的坐标文件和连接信息文件,按编码分类,分层进入房屋、道路、水系、独立地物和植被及地貌等各层,进行绘图处理,生成绘图命令,并在屏幕上显示所绘图形。然后根据操作员的人为判断,通过人机对话对屏幕图形进行编辑、修改。最后经过编辑修改的图形生成图形文件,由绘图仪绘制出地形图,并通过打印机打印出必要的控制点成果数据。

将实地采集的地物、地貌特征点的坐标和高程,经过计算机处理,自动生成不规则的三角网(TIN),建立起数字地面模型(DEM),核心目的是用内插法求得任意已知坐标点的高程。据此可以内插绘制等高线和断面图,为道路、管线、水利等工程设计服务,还能根据需要随时取出数据,绘制任何比例尺的地形图。

习题与思考

1. 什么是比例尺精度?它在测绘工作中有何作用?

2. 地物符号有几种?各有何特点?

3. 何谓等高线?在同一幅图上,等高距、等高线平距与地面坡度三者之间的关系如何?

4. 地形图应用有哪些基本内容?

5. 测图前有哪些准备工作?控制点展绘后,怎样检查其正确性?

6. 简述经纬仪测绘法在一个测站测绘地形图的工作步骤。

7. 何谓大比例尺数字地形图?

8. 用目估法勾绘图 7.41 所拟地形点的等高线图（测图比例尺为 1∶1 000,等高距为 1 m）。

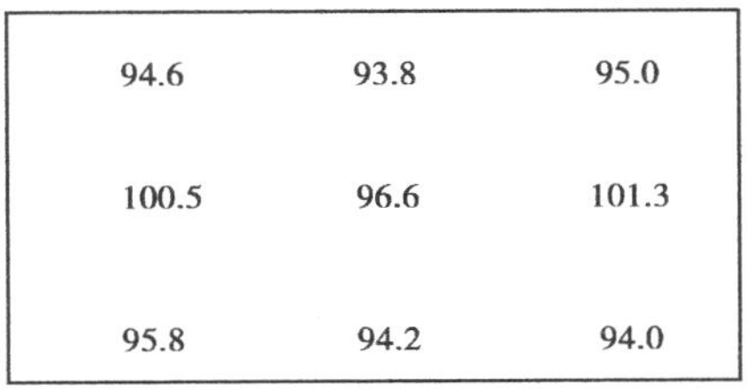

94.6
93.8
95.0
100.5
96.6
101.3
95.8
94.2
94.0

图 7.41　地形点

参考答案

8. 据题意,等高线图勾绘如图 7.42 所示。

94.6
93.8
95.0
100.5
96.6
101.3
95.8
95
94.2
94.0

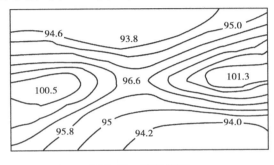

图 7.42　等高线图

地形图的应用

〖**本章提要**〗

本章主要介绍地形图的应用,包括:点位坐标的确定、高程的确定、距离的确定和坡度计算等内容,详细介绍断面图的绘制、按设计坡度定线、汇水面积计算和土石方量计算等工作。

地形图是具有丰富信息量的载体,它不仅包含有自然地理要素,也包含有社会政治经济要素。国土整治、资源勘查、城乡规划、土地利用、环境保护、工程设计、矿藏采掘、河道整理、军事指挥、武器发射等都离不开地形图。经济建设和国防建设的各部门均需要从地形图上获取地貌、地物、居民点、水系、交通、通讯、管线、农林等多方面的信息,作为决策的依据。因此,地形图为工程建设的整体规划、精细计算、正确设计提供了坚实的基础。

地形图的一个重要特点是具有可量性和可定向性。设计人员可以在地形图上确定点位、点间距离和直线间夹角;确定直线的方位;用地形图进行实地定向;确定点的高程和点间高差;在图上勾绘出集水线和分水线,标志出洪水线、淹没线;从地形图上计算出面积和体积,从而能确定田地亩数、土石方量、蓄水量、矿产量等;从图上了解到各种地物、地类、地貌等的分布情况,计算诸如村庄、树林、农田、园田等数据,获得房屋的数量、质量、层次等资料;从图上决定各设计对象的施工数据;从图上切取断面,绘制断面图。此外,地形图还可以用于研究通视区域和隐蔽范围;确定架空和地下管线、隧道、隧洞、人防工程等的位置和埋深;利用地形图作底图可编绘出一系列专题地图,如地质图、水文图、农田水利规划图、建筑物总平面图等;通过放大和缩小可以把一种比例尺地形图制作成另一种比例尺地形图,但需要注意的是比例尺放大后制成的地形图比实际的大比例尺地形图精度低。

综上所述,地形图是工程建设中必不可少的基本资料。因此,在每一项新的工程建设进行之前,都要事先进行地形测量工作,以获得规定比例尺的现状地形图。同时,还要收集有关的各种比例尺地形图和资料,使得可能从历史到现状的结合上,从整体到局部的联系上,从自然地理因素到经济因素的分析上去进行研究。

8.1　地形图应用的基本内容

▶ 8.1.1　点位坐标的确定

在地形图的图廓线外,均注有图廓角点的 x,y 坐标,图廓内每 10 cm 见方小方格的角点均用小十字符号标出,如图 8.1 所示。若需要量测图上 A 点坐标,可将 A 点所在的小方格角点用直线连接,即得图上正方形 $abcd$,过 A 点作垂线,得交点 e,f,g,h,量测 ab,ad,ag,ae 长度,按下列式子即可计算 A 点坐标:

$$\left.\begin{array}{l} x_A = x_a + \dfrac{10}{ad}agM \\[2mm] y_A = y_a + \dfrac{10}{ab}aeM \end{array}\right\} \tag{8.1}$$

式中　M——比例尺分母;ab,ad,ae,ag 以 cm 为单位。

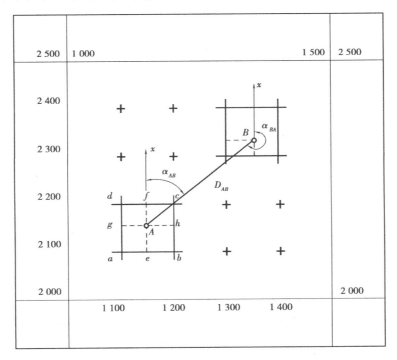

图 8.1　求图上某点坐标

式(8.1)中的 ab,ad 理论值应为 10 cm,当图纸因受潮或其他因素影响而变形时,按式(8.1)计算 A 点坐标可以抵消图纸伸缩所带来的误差。

▶ 8.1.2 线段距离的确定

如图8.1所示,若要确定直线 AB 的水平距离 D_{AB} ,应首先确定 A , B 点坐标,然后按下式计算:

$$D_{AB} = \sqrt{(x_B - x_A)^2 + (y_B - y_A)^2} \tag{8.2}$$

式(8.2)既适用于 A , B 点在同一幅地形图内,又适用于在不同地形图内的情况。此外,也可用比例尺直接量测。计算法的精度高于直接量测的精度,同时两者都要受到图解精度的制约。

▶ 8.1.3 线段坐标方位角的确定

如图8.1所示,若要确定直线 AB 的坐标方位角 α_{AB} ,通常是先量测 A , B 点坐标,然后根据坐标反算公式进行计算,即

$$\alpha_{AB} = \arctan\frac{y_B - y_A}{x_B - x_A} \tag{8.3}$$

其象限可由坐标差的符号或在图上确定。当 A , B 在同一幅地形图内时,也可以用量角器从图上量取。量角器的圆心对准 A 点,零分划线与 x 轴平行即可在刻度上读出 α_{AB} 。由于受量角器刻度的限制和圆心对准误差的影响,量角器量取的结果精度低于计算的精度。

▶ 8.1.4 点位高程的确定

若某点位置恰好位于图上某一条等高线上,则此点高程与该等高线的高程相同,如图8.2中的 A 点,其高程为50 m。若某点位于两条等高线之间,如图8.2中的 B 点,则可以通过 B 点画一条大致垂直于相邻等高线的线段 mn ,求出线段 mB 与 mn 的长度比值,则 B 点高程为:

$$H_B = H_m + \frac{mB}{mn}h \tag{8.4}$$

式中　　H_m ——m 点高程;

　　　　h ——等高距。

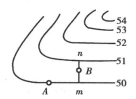

图8.2　求图上某点高程

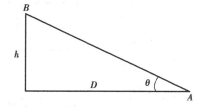

图8.3　坡度的确定

▶ 8.1.5 坡度的计算

坡度 i 是指直线两端的高差 h 与水平距离 D 之比,若要确定图8.3中地面线 AB 的坡度 i ,可用下式进行计算:

$$i = \tan\theta = \frac{h}{D} = \frac{h}{dM} \tag{8.5}$$

式中　d——图上 AB 长度；

　　　h——A,B 间的高差；

　　　D——AB 线的实地水平距离。

坡度 i 一般以百分率或千分率表示。对于绘有坡度平距关系曲线的地形图,量取相邻等高线间的平距可以从图上直接读出坡度。

8.2 地形图在工程建设中的应用

▶ 8.2.1 断面图的绘制

断面图是反映沿某一条方向线的地面起伏情况的一种图形,它在道路、管线等线路工程设计中有着重要的用途。断面图是以距离为横坐标,高程为纵坐标绘出的。它可以在现场实测,也可以从地形图上获取资料进行绘制。如图 8.4(a)所示,若要绘出直线 MN 方向的断面图,具体方法如下:首先,量出线段 MN 与各等高线交点 1,2,3,…到 M 的距离。然后,用与地形图相同的比例尺或其他适宜的比例尺,在横坐标轴上绘出点 1,2,3,…。同时根据等高线可以直接读取这些点的高程,用一定的比例尺在纵坐标方向上标出各点的高程,得出相应的地面点。最后,连接各地面点,绘出沿直线 MN 方向的断面图,如图 8.4(b)所示。

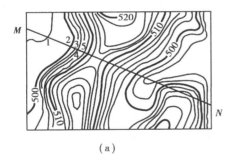
(a)

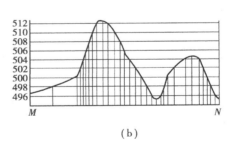
(b)

图 8.4　绘制断面图

另一种方法是在地形图上沿指定线路标出相隔 20 m 或 50 m 等距离的点,然后根据等高线求出这些点的高程,以距离为横坐标、高程为纵坐标绘出断面图。在等距点间,地面坡度如有变化时,在变化处应设加点。

▶ 8.2.2 确定地面两点间是否通视

在工程建设中,如进行索道和输电线路设计时,常常需要了解两点间地面的通视情况来确定工程的施工方法。通常情况下,根据地形图确定自观测点至任一点是否通视,可以通过分析地形图上的地势来判断。如在开阔地区,两点位于两反向的山谷斜坡上,则可通视,如图 8.5 中的 A,D 点和 C,B 点。反之,如果两点位于同一山岭或分水岭的两反向山坡上,则不能

通视,如图8.5中 A,B 点。

但在某些情况下,两点之间是否通视用分析和观察的方法很难确定,如图8.5中 B,D 两点。为了解决这个问题,必须沿线段 BD 绘制简略断面图,如图8.6所示。在断面图上连接 B,D 两点,由于该直线在任何地方都不与断面图的线段相交,由此可以判断 B,D 之间能够通视。

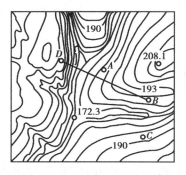

图8.5　地形图两点间通视分析

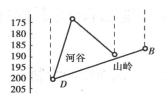

图8.6　断面图分析两点通视

▶ 8.2.3　按限制坡度选择最短路径

在设计铁路、公路、渠道、管线等线路工程时,常常需要确定一条线路,要求其坡度不得超过规定的限制坡度。这项工作在地形图上进行十分方便。图8.7所示为比例尺1∶5 000、等高距为2 m的地形图。若要从高程为150 m处的 A 点选一条坡度为4%的线路到达鞍部 B 时,可从鞍部 B 处开始。已知 B 点的高程为159 m,它与高程为158 m的等高线的高差为1 m。当坡度为4%,高差为1 m时,按公式(8.5)计算相应的平距为 D =25 m,图上距离为5

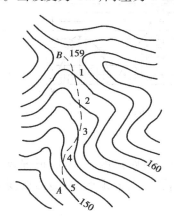

图8.7　按限制坡度选线

mm。以 B 为圆心,5 mm长为半径,作圆弧交158 m等高线于点1,则 B ,1之间连线就是4%的坡度。从等高线158 m至156 m高差为2 m,则按4%的坡度相应的平距在图上应为1 cm。再以点1为圆心,1 cm为半径,作圆弧交高程为156 m等高线于点2,则1,2点间连线就是4%的坡度。按同样方法定出3,4,5等点。连接这些点位,就在 A,B 之间定出了坡度为4%的线路。最后可以按照线路设计的要求取直或加设曲线,定出线路的最终位置。

如果按照上述方法计算的平距小于图上等高线间的平距,也就是说以计算平距为半径无法与相邻等高线相交,说明该处地面最大坡度小于限制坡度。此时,线路取任意方向均不会不超过限制坡度。

▶ 8.2.4　汇水面积计算

凡汇集一个区域内的降水,并流经河道的某一断面,这个区域就是河道上该断面的"汇水面积"。如图 8.8 所示,在虚线范围内的降水,都将流进各沟溪而经过 D 点,所以这一范围就是沟溪上 D 点的汇水面积。根据汇水面积和该区域的降水量,可以计算出在 D 处的流量,为设计桥涵孔径的大小提供依据。汇水面积的界线均由分水线即山脊线组成,所以在地形图上很容易确定。例如在图 8.8 中,若要绘出道路跨过山谷 D 处的汇水面积时,可从该山谷谷源上的鞍部开始,连续绘出山谷两侧最接近的山脊线,直到道路为止,则所形成的界线就是 D 点汇水面积的界线。勾绘汇水面积界线时,应注意使水流流经指定断面的范围都包括在内。最后可用格网法、平行线法或电子求积仪测定汇水面积的大小。

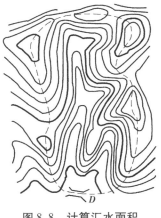

图 8.8　计算汇水面积

▶ ## 8.2.5　土石方量的计算

建筑工程中,常常要把地面整理成水平面。利用地形图可进行平整场地的土石方估算,常用的计算方法有以下几种。

1)方格网法

对于大面积的土石方估算常用这种方法。如图 8.9 所示,设地形图比例尺为 1 : 1 000,要求将原有的具有一定起伏的地形平整成一水平场地,具体步骤如下:

(1)绘方格网并求格网点高程　在地形图上拟平整场地范围内绘制方格网,方格边长主要取决于地形的复杂程度、地形图比例尺的大小和土石方估算的精度要求,一般为 10 m 或 20 m。然后根据等高线目估内插各格点地面高程,并注记在格点右上方。

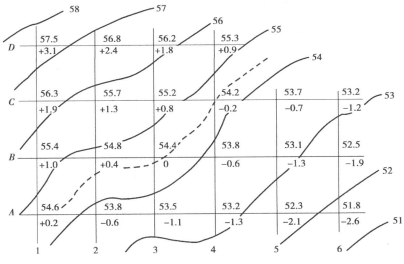

图 8.9　方格网法估算土石方量

(2)确定场地平整的设计高程　根据工程的具体要求确定设计高程。大多数工程要求挖方量和填方量大致平衡,这时设计高程的计算方法是:先将每一方格的 4 个格点高程相加后除以 4,得各方格的平均高程;再将每个方格的平均高程相加后除以方格总数,即得设计高程。从设计高程的计算过程和图 8.9 可以看出,角点 A_1,D_1,D_4,C_6,A_6 的高程只参加一次计算,边点 B_1,C_1,D_2,D_3,C_5,$\cdots$ 的高程参加两次计算,拐点 C_4 的高程参加三次计算,中点 B_2,C_2,C_3,$\cdots$ 的高程参加四次计算,因此,设计高程的计算公式为

$$H_{设} = \frac{\sum H_角 + 2 \sum H_边 + 3 \sum H_拐 + 4 \sum H_中}{4n} \qquad (8.6)$$

式中 n——方格总数。

将图 8.9 中各格点高程代入公式(8.6),求出设计高程为 54.4 m。在地形图中内插绘出 54.4 m 等高线(如图 8.9 中虚线),此即为填挖平衡线,也称为不填不挖边界线。

(3)计算挖、填方高度 用格点高程减设计高程即得每一格点的挖方或填方的高度,挖(填)方高度 = 地面高程 - 设计高程,即

$$h_挖(h_填) = H_{地面} - H_{设计} \qquad (8.7)$$

将挖、填方高度注记在相应格点右下方(可改用红色笔注记)。正号为挖方,负号为填方。

(4)计算挖、填方量 挖、填方量是将角点、边点、拐点、中点的挖、填方高度,分别乘以 1/4、2/4、3/4、1 方格面积的平均挖、填方量,可分别按下式计算:

角点: $\dfrac{1}{4}$ 方格面积 × 挖(填)方高度

边点: $\dfrac{2}{4}$ 方格面积 × 挖(填)方高度

拐点: $\dfrac{3}{4}$ 方格面积 × 挖(填)方高度

中点: 方格面积 × 挖(填)方高度

实际计算时,可按方格线依次计算挖、填方量,然后再计算挖方量总和及填方量总和。图 8.9 中土石方量计算如下(方格为 15 m × 15 m):

A: $V_w = \dfrac{1}{4} \times 225 \text{ m}^2 \times 0.2 \text{ m} = +11.25 \text{ m}^3$

  $V_T = \dfrac{1}{4} \times 225 \text{ m}^2 \times (-2.6) \text{ m} + \dfrac{2}{4} \times 225 \text{ m}^2 \times (-0.6 - 1.1 - 1.3 - 2.1) = -720 \text{ m}^3$

B: $V_w = \dfrac{2}{4} \times 225 \text{ m}^2 \times 1.0 \text{ m} + 225 \text{ m}^2 \times 0.4 \text{ m} = +202.5 \text{ m}^3$

  $V_T = 225 \text{ m}^2 \times (0 - 0.6 - 1.3) \text{ m} + \dfrac{2}{4} \times 225 \text{ m}^2 \times (-1.9) \text{ m} = -641.25 \text{ m}^3$

C: $V_w = \dfrac{2}{4} \times 225 \text{ m}^2 \times 1.9 \text{ m} + 225 \text{ m}^2 \times (1.3 + 0.8) \text{ m} = +686.25 \text{ m}^3$

  $V_T = \dfrac{3}{4} \times 225 \text{ m}^2 \times (-0.2) \text{ m} + \dfrac{2}{4} \times 225 \text{ m}^2 \times (-0.7) \text{ m} + \dfrac{1}{4} \times 225 \text{ m}^2 \times (-1.2) \text{ m}$
  $= -180 \text{ m}^3$

D: $V_w = \dfrac{1}{4} \times 225 \text{ m}^2 \times (3.1 + 0.9) \text{ m} + \dfrac{2}{4} \times 225 \text{ m}^2 \times (2.4 + 1.8) \text{ m} = +697.5 \text{ m}^3$

  总挖方量为: $\sum V_w \approx +1\,598 \text{ m}^3$

  总填方量为: $\sum V_T \approx -1\,541 \text{ m}^3$

2）等高线法

当场地地面起伏较大，且仅计算挖方时，可采用等高线法。这种方法是从场地设计高程的等高线开始，算出各等高线所包围的面积，分别将相邻两条等高线所围面积的平均值乘以等高距，就是两等高线间地面的开挖土方量。最后，求和即得整个场地的总挖方量。

如图 8.10 所示，地形图等高距为 2 m，要求平整场地后的设计高程为 55 m。先在图中内插设计高程 55 m 的等高线，如图 8.10 中虚线，再分别求出 55 m，56 m，58 m，60 m，62 m 5 条等高线所围成的面积 A_{55}，A_{56}，A_{58}，A_{60}，A_{62}，即可算出每层土石方量：

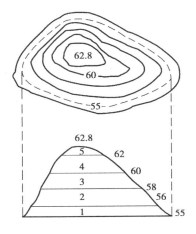

$$V_1 = \frac{1}{2}(A_{55} + A_{56}) \times 1$$

$$V_2 = \frac{1}{2}(A_{56} + A_{58}) \times 2$$

$$\vdots$$

$$V_5 = \frac{1}{3}A_{62} \times 0.8$$

图 8.10　等高线法求土石方量

V_5 是 62 m 等高线以上山头顶部的土石方量，则总挖方量为

$$\sum V_w = V_1 + V_2 + V_3 + V_4 + V_5$$

3）断面法

道路和管线建设中，沿中线至两侧一定范围内线状地形的土石方计算常用断面法。这种方法是在施工场地范围内，利用地形图以一定间距绘出断面图，分别求出各断面由设计高程线与断面曲线（地面高程线）围成的填方面积和挖方面积，然后计算每相邻断面间的填（挖）方量，最后求和即为总填（挖）方量。

如图 8.11 所示，地形图比例尺为 1∶1 000，矩形范围是欲建道路的一段，其设计高程为 47 m。为了计算土石方量，首先在地形图上绘出相互平行、间隔为 l（一般实地距离为 20 ~ 40 m）的断面方向线 1—1，2—2，…，5—5；按一定比例尺绘制各断面图（纵、横轴比例尺应一致，常用比例尺为 1∶100 或 1∶200），并将设计高程线展绘在断面图上，如图 8.11 所示 1—1，2—2 断面；然后在断面图上分别求出各断面设计高程线与断面曲线所包围的填土面积和挖土面积；最后计算两断面间土石方量。例如，1—1 和 2—2 两断面间的土石方量为：

填方：

$$V_t = \frac{1}{2}(A_{t_1} + A_{t_2})l$$

挖方：

$$V_w = \frac{1}{2}(A_{w_1} + A_{w_2})l$$

同理，依次计算出每两相邻断面间的土石方量，最后将填方量和挖方量分别累加即可得到总的土石方量。

上述 3 种土石方量估算方法各有特点，应根据场地地形条件和工程要求选择合适的方法。当实际工程土石方估算精度要求较高时，往往要到现场实测方格网图、断面图或地形图。

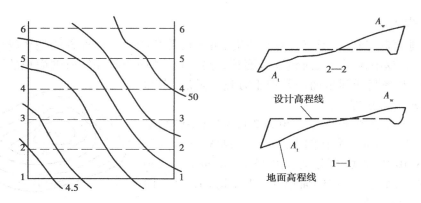

图 8.11　断面法计算土石方量

习题与思考

1. 地形图应用有哪些基本内容?

2. 在道路、隧道、管线等工程设计,如纵坡设计、边坡设计、土石方量计算等通常需要绘制断面图,请绘出图 8.12 所示地形图上 A, B 两点间的断面图。

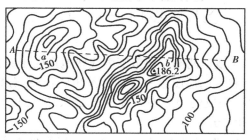

图 8.12　地形图

3. 在公路、铁路建设中修筑桥涵时通常需要计算汇水面积,请在图 8.13 中绘出汇水范围。

4. 试在图 8.14 上按给定坡度(4%)选定最短路线。

图 8.13　地形图

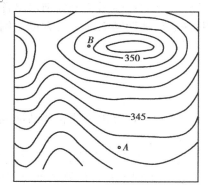

图 8.14　地形图

5. 请简述将原地形改造成某一坡度倾斜面的基本步骤。

6. 如何确定地形图上直线的长度、坡度和坐标方位角？

参考答案

2. 断面图如图 8.15 所示。

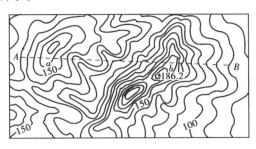

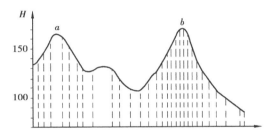

图 8.15　断面图

3. 沿道路一侧,上游方向,一系列山脊线与道路中心线所围成的闭合范围,如图 8.16 所示。

4. 按教材所讲的方法可以在图上绘出最短路径,如图 8.17 所示。

图 8.16　汇水范围

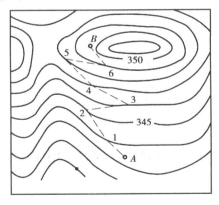

图 8.17　按限制坡度选线

施工测量

〖**本章提要**〗

本章介绍施工测量的基本内容,包括测设的基本方法和施工控制网测量。施工放样中主要介绍直角坐标法、极坐标法、角度交会法、距离交会法和坐标测设法等平面位置的测设方法,以及视线高程法、高程传递法、水平面测设法、坡度线测设法、水平视线法和倾斜视线法等高程测设法。施工控制网中着重介绍建筑基线和建筑方格网的布设形式和要求。

测设,又称放样,是指在建筑场地上根据图纸上所设计的建筑物或构筑物的一些特征点(如轴线的交点),按设计的要求在实地标定出来的工作。测设的具体作法是根据已建立的控制点或已有建筑物,计算出特征点与控制点或原有建筑物之间的角度、距离和高差等测设数据,然后利用测量仪器和工具,根据测设数据将特征点测设到实地。因此,测设的基本工作就是已知水平距离、已知水平角和已知高程的测设。

9.1 角度和长度的测设

▶ 9.1.1 已知水平角的测设

已知水平角的测设,就是在已知角顶点根据一个已知边方向,标定出另一边的方向,使两方向的水平夹角等于已知水平角的角值。

1)一般方法

当测设水平角的精度要求不高时,可采用盘左、盘右分中的方法测设。如图 9.1 所示,设

地面已知方向 OA，O 为角顶，β 为已知水平角角值，欲求设计方向 OB。测设方法如下：

　　①在 O 点安置经纬仪，盘左位置瞄准 A 点，配置度盘，使水平度盘读数为 $0°00'00''$；

　　②转动照准部，旋转微调螺旋使水平度盘读数为 β，并在视线方向上定出 B' 点；

　　③盘右位置，重复上述步骤，定出 B'' 点；

　　④由于观测误差的存在，B' 和 B'' 往往不重合，取两者的中点 B，则 $\angle AOB$ 就是需要测设的水平角 β。

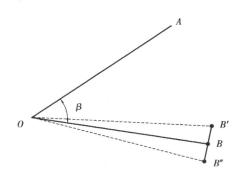

图9.1　水平角测设的一般方法

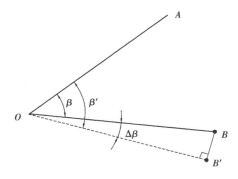

图9.2　水平角测设的精确方法

2）精确方法

当水平角测设精度要求较高时，可采用垂线支距法进行改正，以提高测设的精度，也称为归化法放样。具体的操作步骤如下：

　　①如图9.2所示，在 O 点安置经纬仪，先用盘左、盘右分中的方法测设 β 角，在地面上标定 B'，作为测设水平角终边的粗略方向。

　　②用测回法对 $\angle AOB'$ 进行多个测回的观测（测回数根据要求的精度而定），求出各测回平均值 β'，并计算 β 与 β' 的差值 $\Delta\beta = \beta - \beta'$。

　　③用钢尺量取 OB' 的水平距离，计算垂线支距距离：$BB' = OB'\tan\Delta\beta \approx OB'\Delta\beta/\rho$。

　　④根据 BB' 来改化 B' 点。若 $\Delta\beta$ 为正，自 B' 沿 OB' 的垂直方向向外量出距离 BB'，标定 B 点；若 $\Delta\beta$ 为负，自 B' 沿 OB' 的垂直方向向内量出距离 BB'，然后在地面上标定 B 点，则 $\angle AOB$ 就是需要测设的水平角度 β。

► 9.1.2　已知水平距离的测设

已知水平距离的测设，是从地面上一个已知点出发，沿给定的方向，量出已知（设计）的水平距离，在地面上标定出这段距离另一端点的位置。

1）钢尺测设

（1）一般方法　如图9.3所示，A 为地面上的已知点，D 为设计的水平距离，欲在地面上沿给定的方向 AC，测设水平距离 D，以定出这段距离的另一端点 B。首先从 A 点沿 AC 方向用钢尺进行定线丈量，按设计距离 D 在地面上标定出 B' 的位置。为了检核，应返测丈量 AB' 一次，若两次丈量的相对误差在 1/3 000 ~ 1/5 000 内，取往返测的平均值 D'，并计算改正数 $\Delta D = D - D'$。根据 ΔD 对端点 B' 进行改正，当 $\Delta D > 0$ 时，向外改正，当 $\Delta D < 0$ 时，向内改正，最终确定 B 点的位置，并在地面上标定出来。这种方法适用于测设精度要求不高的情况。

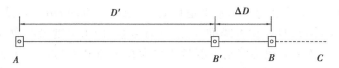

图 9.3　用钢尺测设已知水平距离的一般方法

（2）精确方法　当距离的测设精度要求 1/10 000 以上时，需用精密方法，使用检定过的钢尺，用经纬仪定线，水准仪测定高差，并对已知水平距离 D 经过尺长改正 ΔL_d、温度改正 ΔL_t 和倾斜改正 ΔL_h 三项改正后，计算出实地测设长度 L，但要注意的是测设时三项改正的符号与距离测量时相反。最后根据计算结果，用钢尺进行测设，具体公式如下：

$$L = D - \Delta L_d - \Delta L_t - \Delta L_h \tag{9.1}$$

【例 9.1】　如图 9.4 所示，欲在倾斜地面测设水平距离 $D_{AB} = 40$ m，已知 AB 两点之间的高差为 1.3 m，使用的钢尺尺长方程式为：$l_t = 30.000$ m $+ 0.004$ m $+ 1.25 \times 10^{-5}$℃$^{-1} \times 30(t - 20$ ℃$)$ m，测设时的温度为 30 ℃，试求测设时在实地应量出的长度。

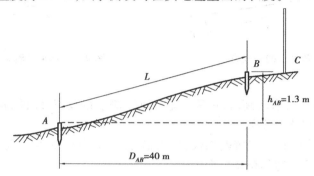

图 9.4　用钢尺测设已知水平距离的精确方法

【解】　首先根据第 4 章的相关内容计算水平距离 D 的三项改正：

（1）尺长改正　$\Delta L_d = \dfrac{\Delta l}{l_0}D = \dfrac{0.004}{30} \times 40$ m $= 0.005$ m；

（2）温度改正　$\Delta L_t = \alpha(t - t_0)D = 1.25 \times 10^{-5} \times (30 - 20) \times 40$ m $= 0.005$ m；

（3）倾斜改正　$\Delta L_h = -\dfrac{h^2}{2D} = -\dfrac{1.3^2}{2 \times 40}$ m $= -0.021$ m。

然后根据公式（9.1），计算测设时在实地应量出的长度 L 为

$L = D - \Delta L_d - \Delta L_t - \Delta L_h = 40$ m $- 0.005$ m $- 0.005$ m $- (-0.021$ m$) = 40.011$ m

最后，在倾斜地面上自 A 点沿 AC 方向用钢尺放样 40.011 m，标定 B 点，则其对应的水平距离就为 40 m。

2）全站仪测设

全站仪可以同时完成角度和距离测量，并具有相应的放样功能，特别适用于长距离的测设工作。如图 9.5 所示，将全站仪安置于 A 点，使其处于放样模式，瞄准已知方向 AC。沿此方向移动棱镜位置，使仪器显示值略大于测设距离 D，定出 B' 点。在 B' 点安置棱镜，利用全站仪测量出 AB' 的距离 D'，并计算 D' 与应测设的已知水平距离 D 之差 $\Delta D = D - D'$。根据 ΔD 的值在实地将棱镜沿已知方向移动，改正 B' 至 B 点，并在木桩上标定其点位。为了检核，应将

棱镜安置于 B 点,再实测 AB 的水平距离,与已知水平距离 D 比较,若不符合要求,应再次进行改正,直到测设的距离符合限差要求为止。

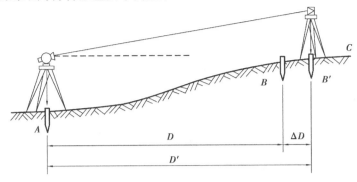

图9.5 用全站仪测设已知水平距离

9.2 点的平面位置的测设

点的平面位置测设方法主要有直角坐标法、极坐标法、角度交会法和距离交会法等。在实际工程使用中,应根据控制点的分布、放样精度及施工现场的具体情况选择合适的方法。

▶ 9.2.1 直角坐标法

直角坐标法是根据直角坐标原理,利用纵横坐标之差来测设点的平面位置。当施工控制网的布设形式为建筑方格网或建筑基线,且待测设的建筑物或构筑物轴线平行于建筑基线或建筑方格网边线时,常采用直角坐标法测设点位。

如图9.6(a)所示,A、B、C、D 为建筑施工场地的建筑方格网顶点,其坐标值已知,1、2、3、4 为欲测设建筑物的 4 个角点,根据设计图可以查找各点坐标值。现欲用直角坐标法测设建筑物的 4 个角桩,首先需要根据已知坐标计算测设数据,如测设 1 点的测设数据(A 点与 1 点的纵横坐标之差):

$$\left.\begin{array}{l} \Delta X_{A1} = X_1 - X_A \\ \Delta Y_{A1} = Y_1 - Y_A \end{array}\right\} \tag{9.2}$$

直角坐标法的具体测设过程如下:

①如图9.6(b)所示,在 A 点安置经纬仪,瞄准 B 点定向,沿视线方向测设距离 $\Delta Y_{A1} = 30.00$ m,定出 m 点,继续向前测设距离40.00 m(建筑物的长度),定出 n 点。

②在 m 点安置经纬仪,瞄准 B 点定向,按正倒镜分中法测设90°角,由 m 点沿90°视线方向测设距离 $\Delta X_{A1} = 40.00$ m,定出 1 点,再向前测设距离30.00 m(建筑物的宽度),定出 4 点,并在地面上做出标。

③同理,在 n 点安置经纬仪,瞄准 A 点定向,按正倒镜分中法测设90°角,由 n 点沿90°视线方向测设距离 $\Delta X_{42} = 40.00$ m,定出 2 点,再向前测设距离30.00 m(建筑物的宽度),定出 3 点,并在地面上做出标志。

④检查建筑物四角是否等于90°,各边长是否等于设计长度,其误差应均在限差以内。

在直角坐标法中,一般用经纬仪测设直角,但在精度要求不高、支距不大、地面较平坦时,可采用钢尺根据勾股定理进行测设。直角坐标法计算简单,测设方便,因此应用广泛。

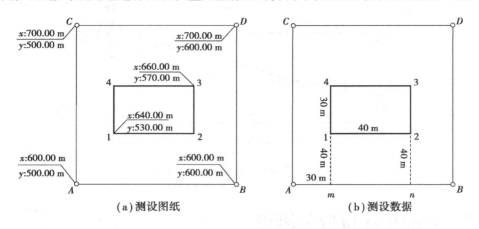

图9.6　直角坐标法测设点位

▶ 9.2.2　极坐标法

极坐标法是在已知控制点上测设一个水平角和一段距离来确定点的平面位置,它适用于量距方便,且待测设点距离控制点较近的情况。若使用全站仪测设则不受这些条件的限制,测设工作方便、灵活。

如图9.7所示,A、B为已知控制点,坐标为X_A、Y_A,X_B、Y_B,1、2、3、4为测设建筑物的4个角点,坐标(X_i, Y_i)(i =1,2,3,4)可在设计图纸上查得。

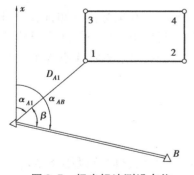

图9.7　极坐标法测设点位

现欲用极坐标法将建筑物4个角点一一测设到实地,首先应按坐标计算出测站至各放样点的水平距离D和水平角β。如1点的放样数据可按以下公式计算:

$$\left.\begin{array}{l} \alpha_{AB} = \arctan \dfrac{Y_B - Y_A}{X_B - X_A} \\ \alpha_{A1} = \arctan \dfrac{Y_1 - Y_A}{X_1 - X_A} \end{array}\right\} \quad (9.3)$$

$$\left.\begin{array}{l} \beta = \alpha_{AB} - \alpha_{A1} \\ D_{A1} = \sqrt{(X_1 - X_A)^2 + (Y_1 - Y_A)^2} \end{array}\right\} \quad (9.4)$$

测设时,在A点安置经纬仪,瞄准B点定向,按正倒镜分中法测设β角,定出$A1$方向;沿$A1$方向测设水平距离D_{A1},定出1点,并在地面上做出标志。用同样的方法测设建筑物的另外3个角点。全部测设完毕后,检查建筑物四角是否等于90°,各边长是否等于设计长度,其误差均应在限差以内。

【例9.2】　采用极坐标法来测设某不规则建筑物,已知施工控制点A的坐标:X_A =

82. 00 m, $Y_A = 100.00$ m, AB 控制点的坐标方位角 $\alpha_{AB} = 270°00'00''$,测设点 P_1 坐标: $X_{P_1} = 122.00$ m, $Y_{P_1} = 60.00$ m,试求:测设 P_1 点的测设数据 β_1 与 D_{AP_1}。

【解】 由 A 点和 P_1 点的坐标,可以求得 AP_1 的坐标方位角:

$$\alpha_{AP_1} = 360° + \arctan\frac{Y_{P_1} - Y_A}{X_{P_1} - X_A} = 360° - 45° = 315°$$

$$\beta_1 = \alpha_{AB} - \alpha_{AP_1} = 315° - 270° = 45°$$

$$D_{AP_1} = \sqrt{(X_{P_1} - X_A)^2 + (Y_{P_1} - Y_A)^2} = 56.568 \text{ m}$$

▶ 9.2.3 角度交会法

角度交会法是在两个或多个控制点上安置经纬仪,通过测设两个或多个已知水平角角度,交会出待测点的平面位置,这种方法又称为方向交会法。角度交会法适用于待定点离控制点较远,且距离测量较困难的建筑施工场地。

如图 9.8(a)所示, A、B、C 为现有的平面控制点,P 为待测设点,坐标均已知。现根据 A, B, C 3 点,用角度交会法测设 P 点,首先应计算相关的测设数据 β_1、β_2 和 β_3,计算方法详见公式(9.3)。

测设时,在 A、B、C 3 点各安置一台经纬仪,分别测设水平角 β_1、β_2 和 β_3,定出 3 条方向线,交点即为 P 点的位置。由于测量误差的存在,往往 3 个方向并不交于一点,而形成一个误差三角形,如图 9.8(b)所示。如果此三角形最长边不超过允许范围,则取三角形的重心作为 P 点的最终位置。

利用角度交会法测设平面点位时,交会角度宜在 $30° \sim 120°$。

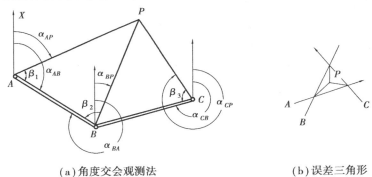

(a)角度交会观测法　　　　　　　(b)误差三角形

图 9.8 角度交会法测设点位

▶ 9.2.4 距离交会法

距离交会法是根据两个控制点测设已知长度,交会定出待测点的平面位置。距离交会法适用于场地平坦,量距方便,且控制点离测设点不超过一整尺段长的建筑施工场地。

如图 9.9 所示, A、B、C 为已有平面控制点,P 为待测设点位,坐标均已知。现欲根据 A、B 两点,采用距离交会法测设 P 点,需要按公式(9.4)计算测设距离 D_{AP} 和 D_{BP}。

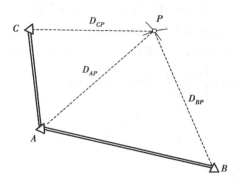

图9.9　距离交会法测设点位

测设时,首先将钢尺的零点对准 A 点,以 A 点为圆心,以 D_{AP} 为半径在地上画一圆弧。然后再将钢尺的零点对准 B 点,以 B 点为圆心,以 D_{BP} 为半径在地上画一圆弧,两圆弧的交点即为 P 点的平面位置。

为检验 P 点的放样精度,可再测量另一控制点 C 到 P 点的水平距离 D_{CP},并与设计长度进行比较,误差应在限差以内。也可按三点距离交会法得到如图9.8(b)所示的误差三角形。若其最长边不超过允许范围,则取三角形的重心作为 P 点的最终位置。

▶ 9.2.5 全站仪的坐标测设法

全站仪坐标测设的本质是极坐标法测设,只是更为便捷,无需事先计算测设数据。如图9.10所示, A 、 B 为已有平面控制点, P 为待测设点位,坐标均已知。测设时,将全站仪安置于 A 点,使全站仪处于测设模式,按提示输入测站点 A 及后视点 B 的坐标后,仪器会自动计算出 AB 方向的坐标方位角。令仪器照准后视目标 B ,点"设置",完成后视方位角的配置,即定向。进入坐标测设,输入待测设点的坐标,仪器即自动显示测设数据:水平角度 β 和水平距离 D 。转动仪器使角度显示为 $0°00'00''$,此时视线方向即为目标方向 AP 。在这个方向上摆放棱镜,并指挥持镜者前后移动棱镜,使屏幕显示距离改正值为0,此时棱镜所对应的位置就是测设点 P 的点位。最后,在地面上定出标志。

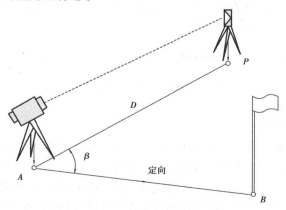

图9.10　全站仪测设点位

▶ 9.2.6 自由设站法

在有两个以上已知点的情况下,也可采用全站仪自由设站法进行点位的测设。测设时,置全站仪于任一未知点上,观测其到已知点的距离和方向,即可按照最小二乘法求得测站点的坐标。在求得测站点坐标的同时也完成了测站定向,然后根据测站点、已知点和放样点的坐标,采用极坐标法测设各个放样点的点位。自由设站法加极坐标法是实现施工放样一体化的主要方法。

9.3 已知高程的测设

已知高程的测设,就是利用水准测量的方法根据施工现场已有的水准点,将已知的设计高程测设于实地。它和水准测量不同,并不是测定两个固定点间的高差,而是根据一个已知高程的水准点进行测设,使另一点的高程为设计所给定的数值。如在建筑设计和施工中,为了计算方便,一般把建筑物的室内地坪用 ±0 表示,基础、门窗等的标高都是以 ±0 为依据确定的,而地坪标高位置的确定,就是要测设出已知的设计高程。此外,场地平整,基础开挖等工程中都需要进行相关的高程测设工作。高程测设最常用的方法有以下几种。

▶ 9.3.1 视线高程法

如图 9.11 所示,已知水准点 BM_A,高程为 H_A,测设 B 点,设计高程 $H_设$,测设过程如下:

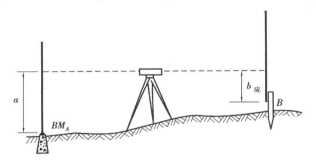

图 9.11 视线高程法测设高程

①在水准点 BM_A 和木桩 B 之间安置水准仪,在 BM_A 立水准尺,为后视尺,水准仪的水平视线测得后视读数为 a,此时视线高程 $H_视$ 为:

$$H_视 = H_A + a \tag{9.5}$$

②根据视线高程和 B 的设计高程即可算出 B 桩点尺上的应有读数 $b_应$ 为:

$$b_应 = H_视 - H_设 = (H_A + a) - H_设 \tag{9.6}$$

③在木桩 B 旁立尺,使水准尺紧贴木桩一侧上下移动,直至水准仪水平视线在尺上的读数为 $b_应$ 时,紧靠尺底在木桩上划一道横线,此线就是设计高程标高的位置。

【例9.3】 设 B 为建筑物的室内地坪 ±0 待测点,设计高程 $H_设 = 45.000$ m,附近有一水准点 BM_A,高程为 $H_A = 44.680$ m。现要求把建筑物的室内地坪高程测设到木桩 B 上,若后视

读数为 1.556 m,求 B 点尺读数为多少时尺底就是设计高程 $H_设$ 的位置?

【解】 $b_应 = H_视 - H_设 = (H_A + a) - H_设 = 44.680\ m + 1.556\ m - 45.000\ m = 1.236\ m$

9.3.2 高程传递法

当测设高程点与已知水准点之间高差较大时,如开挖较深的基坑,将高程引测到建筑物上部或安装吊车轨道等,只用水准尺已无法测定点位的高程,就必须采用高程传递法,利用钢尺将地面水准点的高程向下或向上引测到临时水准点,然后根据临时水准点测设所需待定点高程。

如图 9.12 所示,欲在开挖的深基坑内设置水平桩 B(用于指示基坑开挖深度与基底整平),使其高程为 $H_设$。地面附近有一水准点 BM_A,高程为 H_A,具体的测设过程如下:

①在基坑一边架设吊杆,杆上吊一根零点向下的经检定的钢尺,尺的下端挂上一个与要求拉力相等的重锤,放在油桶内。

②在地面安置一台水准仪,设水准仪在 BM_A 点所立水准尺上读数为 a_1,在钢尺上读数为 b_1。

③在基坑底安置另一台水准仪,设水准仪在钢尺上读数为 a_2。

④若 B 点水准尺底高程为 $H_设$ 时,B 点处水准尺的读数 $b_应$ 为

$$b_应 = (H_A + a_1) - (b_1 - a_2) - H_设 \qquad (9.7)$$

用同样的方法,亦可从低处向高处测设高程点,如图 9.13 所示,由已知水准点 BM_A 向高层建筑物 B 处测设时,可在该处悬吊钢尺,尺的下端挂上一个与要求拉力相等的重锤,钢尺零点在上,即倒尺。前视读数时,上下移动钢尺,使水准仪的前视读数 $b_应 = H_B - (H_A + a)$,则钢尺零分划线的高程即为所测设的高程 H_B。

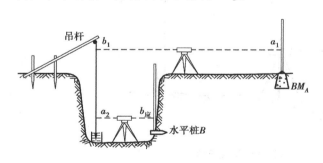

图 9.12 测设建筑基底高程

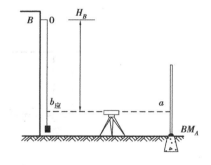

图 9.13 向高处测设高程

9.3.3 测设水平面

工程施工中,欲测设设计高程为 $H_设$ 的某施工平面,如图 9.14 所示,可先在地面上按一定的间隔长度测设方格网,用木桩定出各方格网点。然后,根据高程测设的基本原理,由已知水准点 A 的高程 H_A 测设出高程为 $H_设$ 的木桩点。测设时,在场地与已知点 A 之间安置水准仪,读取 A 尺上的后视读数 a,则仪器视线高程 $H_视 = H_A + a$。依次在各木桩上立尺,使各木桩顶或木桩侧面的尺上读数 $b_应 = H_视 - H_设$。此时各桩顶或桩侧面标记处构成的平面就是需要测设已知高程的水平面。

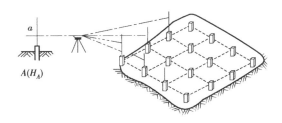

图 9.14　测设已知高程水平面

9.4　坡度线测设

在道路建设、管道及排水沟等工程中,经常需要测设指定的坡度线。所谓坡度 i 是指直线两端的高差 h 与水平距离 D 之比,即

$$i = \frac{h}{D} \tag{9.8}$$

已知坡度线的测设是根据现场附近水准点的高程、设计坡度和坡度端点的设计高程,用水准测量的方法将坡度线上各点的设计高程标定在地面上。测设的方法通常有水平视线法和倾斜视线法。

► 9.4.1　水平视线法

如图 9.15 所示,A、B 为欲测设坡度线的两端,AB 之间的水平距离为 D_{AB},已知 A 点的高程 H_A,设计坡度为 i_{AB},由此可知 B 点设计高程为

$$H_B = H_A + i_{AB} \times D_{AB} \tag{9.9}$$

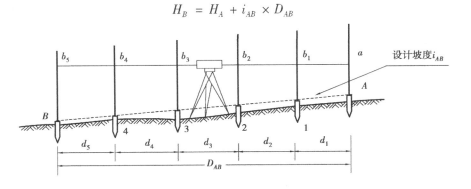

图 9.15　坡度测设的水平视线法

现欲在 AB 方向上,每隔一定距离测定一个木桩,并在木桩上标定坡度为 i_{AB} 的坡度线,测设步骤如下:

①沿 AB 方向,根据施工需要,按一定的间隔在地面上定出中间点 1、2、3、4 的木桩位置,测定每相邻两桩间的距离分别为 d_1、d_2、d_3、d_4、d_5。

②根据坡度定义和水准测量高差法,推算每一个桩点的设计高程 H_1、H_2、H_3、H_4、H_B,如下:

$$1\text{ 点的设计高程：}H_1 = H_A + i_{AB} \times d_1$$
$$2\text{ 点的设计高程：}H_2 = H_1 + i_{AB} \times d_2$$
$$3\text{ 点的设计高程：}H_3 = H_2 + i_{AB} \times d_3 \qquad (9.10)$$
$$4\text{ 点的设计高程：}H_4 = H_3 + i_{AB} \times d_4$$
$$B\text{ 点的设计高程：}H_B = H_4 + i_{AB} \times d_5$$

其中，B 点的设计高程可以用公式(9.9)进行检核。

③如图 9.15 所示，安置水准仪于 A 点附近，读取已知高程点 A 上的水准尺后视读数 a，则视线高程 $H_视 = H_A + a$。

④按照测设高程的方法，根据各点的设计高程计算每一个桩点水准尺的应读前视读数 $b_应 = H_视 - H_设$。

⑤指挥打桩人员仔细打桩，使水准仪的水平视线在各桩顶水准尺读数刚好等于各桩点的应读数 $b_应$，则桩顶连线即为设计坡度线。若木桩无法往下打时，可将水准尺靠在木桩一侧，上下移动，当水准尺读数恰好为应有读数 $b_应$ 时，在木桩侧面沿水准尺底边画一条水平线，此线即在 AB 坡度线上。

▶ 9.4.2 倾斜视线法

如图 9.16 所示，A、B 为欲测设坡度线的两端点，A、B 两点之间的水平距离为 D_{AB}，设 A 点的高程为 H_A，现欲沿 AB 方向测设一条坡度为 i_{AB} 的坡度线，测设的方法如下：

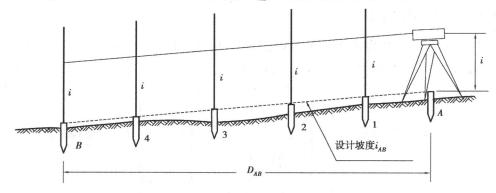

图 9.16　坡度测设的倾斜视线法

①根据公式(9.9)计算出 B 点的设计高程 H_B。

②按测设已知高程的方法，在 B 点处将设计高程 H_B 测设在相应的桩顶上，此时，AB 直线即构成坡度为 i_{AB} 的坡度线，下一步需要定出该坡度线上的若干分点。

③将水准仪安置在 A 点上（当设计坡度较大时，可使用经纬仪），使基座上的一个脚螺旋在 AB 方向线上，其余两个脚螺旋的连线与 AB 方向垂直。量取仪器高度 i，用望远镜瞄准 B 点的水准尺，转动在 AB 方向上的脚螺旋或微倾螺旋，使十字丝中丝对准 B 点水准尺上等于仪器高 i 的读数，此时，仪器的视线与设计坡度线平行。

④在 AB 方向线上测设中间点，分别在 1、2、3、4 处打下木桩，使各木桩上水准尺的读数均为仪器高 i，这样各桩顶的连线就是欲测设的坡度线。若木桩无法往下打时，可将水准尺靠在

木桩一侧,上下移动,当水准尺读数恰好为仪器高 i,在木桩侧面沿水准尺底边画一条水平线,此线即在 AB 坡度线上。

9.5 圆曲线的测设

无论是铁路、公路,其平面线形均要受到地形、地物、水文、地质及其他因素的限制而改变线路的方向。在相邻直线转向处要用曲线连接起来,这种曲线称为平曲线。平曲线的主要形式有圆曲线、缓和曲线、复曲线、反曲线及回头曲线等,其中又以圆曲线的使用最为普遍。近年来,现代办公楼、旅馆、饭店、医院、学校等建筑平面图常被设计成圆弧形。有的整个建筑为圆弧形,有的建筑物是由一组或数组圆弧曲线与其他平面图形组合而成,在施工时也需要测设圆曲线。

圆曲线的测设通常分两步进行:首先,测设曲线上起控制作用的主点,如曲线起点(直圆点 ZY)、曲线中点(曲中点 QZ)和曲线终点(圆直点 YZ);然后,依据主点测设曲线上每隔一定距离的加密细部点,用以详细标定圆曲线的形状和位置。

▶ 9.5.1 圆曲线要素计算与主点测设

1)圆曲线测设要素

为了测设圆曲线的主点,首先要计算圆曲线的要素及主点里程。如图 9.17 所示,圆曲线有三个主点,即直圆点 ZY,按线路前进方向由直线进入曲线的分界点;曲中点 QZ,为圆曲线的中点;圆直点 YZ,按线路前进方向由圆曲线进入直线的分界点。其中,两相邻直线段延长线的相交点称为交点 JD。

在图 9.17 中,转角 α、半径 R 为计算圆曲线要素的必要资料,是已知值。当沿线路前进方向,下一条直线段向左转称为左偏,转角记作 $\alpha_{左}$;向右转称为右偏,转角记作 $\alpha_{右}$。转角 α 可由外业直接测出,亦可由纸上定线求得;R 为曲线的设计半径。圆曲线的测设要素可按下式计算:

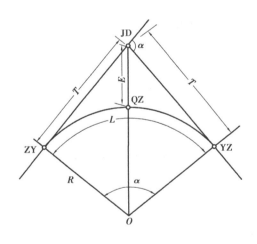

图 9.17 圆曲线要素的计算

$$
\left.
\begin{aligned}
\text{切线长} \quad & T = R \cdot \tan \frac{\alpha}{2} \\
\text{曲线长} \quad & L = R \cdot \alpha \cdot \frac{\pi}{180°} \\
\text{外矢距} \quad & E = R\left(\sec \frac{\alpha}{2} - 1 \right) \\
\text{切曲差} \quad & D = 2T - L
\end{aligned}
\right\} \tag{9.11}
$$

式中 T, E——用于主点测设;

T,L,D——用于里程计算。

测设元素 T、L、E、D 也可按 R 和 α 为引数,从曲线测设用表中查取。

2)圆曲线主点里程计算

根据计算的圆曲线要素,主点里程由一已知点里程来推算。若 JD 里程已知,主点里程一般按以下顺序计算:

$$ZY\ 里程 = JD\ 里程 - T$$
$$YZ\ 里程 = ZY\ 里程 + L$$
$$QZ\ 里程 = YZ\ 里程 - L/2$$
$$JD\ 里程 = QZ\ 里程 + D/2 \quad (检核)$$

【例9.4】已知 ZY 点的里程为 DK53 + 621.56,圆曲线的转角 $\alpha = 55°43'24''$,设计半径 $R = 500$ m,求得曲线要素为 $T = 264.31$ m,$L = 486.28$ m,$E = 65.56$ m,$D = 42.34$ m,则各主点里程计算如下:

$$
\begin{array}{ll}
ZY & DK53 + 621.56 \\
+ L/2 & \qquad 243.14 \\
\hline
QZ & DK53 + 864.70 \\
+ L/2 & \qquad 243.14 \\
\hline
YZ & DK54 + 107.84
\end{array}
$$

3)主点的测设

将经纬仪安置于交点 JD 上,后视相邻交点或转点,在视线方向上量取切线长 T 得到 ZY 点;再将望远镜瞄准前视方向的交点或转点,量取切线长 T 得到 YZ 点;将视线转至内角平分线上量取 E,用盘左、盘右分中法测得 QZ 点。

为了保证主点的测设精度,以利于圆曲线的详细测设,切线长度应往返丈量,其相对误差不大于 1/2 000 时,取其平均位置。

9.5.2 圆曲线的详细测设

仅将圆曲线主点测设于地面,还不能满足设计和施工的需要,为此应在两主点之间按一定桩距 l_0 加测一些曲线桩(也称为中线桩),这项工作称为圆曲线的详细测设。一般规定:$R \geqslant 150$ m 时,曲线上每隔 20 m 测设一个中线桩;150 m $> R >$ 50 m 时,曲线上每隔 10 m 测设一个中线桩;$R \leqslant 50$ m 时,曲线上每隔 5 m 测设一个中线桩。圆曲线的中线桩里程宜为 20 m 的整倍数,在地形变化处或按设计需要应另设加桩,且加桩宜设在整里程处。

按桩距 l_0 在曲线上设桩,通常有两种方法:

①整桩号法:将曲线上靠近 ZY 的第一个桩的桩号凑整成为 l_0 倍数的整桩号,然后按桩距 l_0 连续向 YZ 设桩,这样设桩均为整桩号。

②整桩距法:从曲线起点和终点开始,分别以桩距 l_0 连续向曲线中点设桩,或从曲线的起点,按桩距 l_0 设桩至终点。由于这样设置的桩均为零桩号,因此应注意加设百米桩和公里桩。

需要注意的是,圆曲线中线桩的设置一般采用整桩号法。

圆曲线细部点测设的方法较多,最常采用的有偏角法、切线支距法和极坐标法。

1)偏角法

偏角法实质上是一种方向距离交会法，它是以曲线的起点（或终点）至曲线上任一待定点 P_i 的弦线与切线方向的偏角（即弦切角）Δ_i 和相邻点间的弦长 c_i 来确定待定点的位置。如图 9.18 所示，由 ZY 点拨偏角 Δ_1 方向与量出的弦长 c_1 交于 P_1 点，拨偏角 Δ_2 与由 P_1 点量出的弦长 c_2 交于 P_2 点；同样方法可测设出曲线上的其他点。

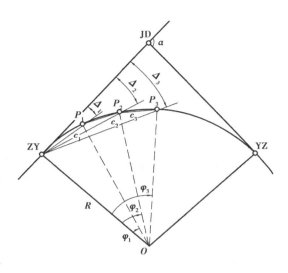

图 9.18　偏角法

（1）弦长计算

在曲线半径很大的情况下，20 m 的圆弧长与相应的弦长相差很小，如 $R = 450$ m 时，弦弧差为 2 mm，两者的差值在距离丈量的容许误差范围内。因而通常情况下，可将 20 m 的弧长当作弦长看待。只有当 $R < 400$ m 时，测设中才考虑弦弧差的影响。

（2）偏角计算

曲线偏角 Δ_i 等于其弦长所对圆心角 φ_i 的一半，即

$$\delta_i = \frac{\varphi_i}{2} = \frac{l_i}{2R} \cdot \frac{180°}{\pi} \tag{9.12}$$

式中　R——曲线半径；

l_i——置镜点至测设点的曲线长。

若测设点间曲线长相等，设第 1 点偏角为 Δ_1，则各点偏角依次计算如下：

$$\Delta_2 = 2 \cdot \Delta_1$$
$$\Delta_3 = 3 \cdot \Delta_1$$
$$\vdots \tag{9.13}$$
$$\Delta_n = n \cdot \Delta_1$$

有了各点的偏角，即可详细测设圆曲线。

（3）偏角法测设算例

圆曲线详细测设前，曲线主点 ZY、QZ、YZ 已测设完毕，因此通常以 ZY 和 YZ 作测站，分别测设 ZY～QZ 和 YZ～QZ 曲线段，并闭合于 QZ 作检核。

下面以某实测数据为例说明偏角法测设的步骤与方法。

首先以 ZY 为测站进行偏角的计算。已知 ZY 里程为 DK53 + 621.56，QZ 为 DK53 + 864.70，$R = 500$ m，曲线 ZY→QZ 为顺时针转（见图 9.19）。偏角资料计算见表 9.1。由于偏角值与度盘读数增加方向一致，故称"正拨"。具体的测设过程如下：

①置经纬仪于 ZY 点，盘左位置后视 JD，配置度盘，使水平度盘读数为 0°00′00″。

②打开照准部并转动，当水平度盘读数为 1°03′24″时制动照准部；然后由 ZY 点开始沿视

线方向丈量 18.44 m,得 l 点,并打下木板桩标定其位置。

表 9.1 曲线偏角资料(1)

桩　　号	点间曲线长/m	偏角/(° ′ ″)	备　　注
↑ZY 53 + 621.56		0　00　00	后视 JD
+640	18.44	1　03　24	
+660	20	2　12　09	
⋮	⋮	⋮	
+860	20	13　39　42	
QZ 53 + 864.70	4.70	13　55　51	校核

③松开照准部,继续转动,当度盘读数为 2°12′09″时制动照准部,由 1 点丈量 20 m,视线与钢尺 20 m 分划相交处即为 2 点。

④同法,依次测出 3,4,…,直至 QZ′。

测得 QZ′点后,与主点 QZ 位置进行闭合校核。当纵向相对闭合差为 ≤1/2 000,横向闭合差为 ≤ ±0.1 m,角度闭合差 ≤60″,曲线点位一般不再作调整;若闭合差超限,则应查找原因并重测。

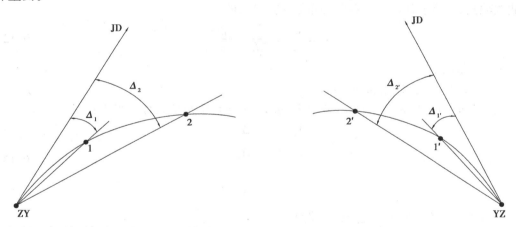

<table>
<tr><td>图 9.19　偏角法正拨</td><td>图 9.20　偏角法反拨</td></tr>
</table>

若利用曲线表测设,为了避免第 1 点的分弦偏角与以后各点 20 m 弦的偏角累计工作,可以使 ZY→1 为零方向(0°00′00″),此时后视 JD 的度盘读数应为 360°00′00″ − 1°03′24″ = 358°56′36″,当照准部转到水平度盘读数为 0°,1°08′45″,…,即为曲线点 1,2,…,的视线方向。

偏角法的优点是有闭合条件做校核,缺点是测设误差累积。

若以 YZ 为测站,如图 9.20 所示,曲线 YZ→QZ 为逆时针,偏角资料计算应采用"反拨"值,见表 9.2。由于偏角值与度盘读数减少方向一致,故称"反拨",其测设方法同上。

表 9.2 曲线偏角资料(2)

桩　号	点间曲线长/m	偏角/(° ′ ″)	备　注
↑ YZ54 +107.84		0　00　00	后视 JD
+100	7.84	359　33　03	
+80	20	358　24　18	
⋮	⋮	⋮	
53 +880	20	346　56　45	
QZ53 +864.70	15.30	346　04　09	校核

2)切线支距法

切线支距法,实质为直角坐标法。它是以曲线起点 ZY 或终点 YZ 为坐标原点,以 ZY(或 YZ)切线方向为 x 轴,以过原点的半径方向为 y 轴。x 轴指向 JD,y 轴指向圆心 O,如图 9.21 所示。切线支距法按曲线各点坐标来测设曲线,测设时分别从曲线起点和终点向中点各测设一半曲线。

曲线点的测设坐标按下式计算:

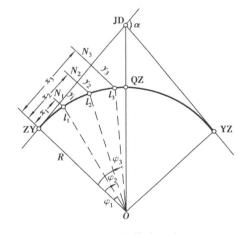

$$\left.\begin{aligned} x_i &= R \cdot \sin \varphi_i \\ y_i &= R(1 - \cos \varphi_i) \\ \varphi_i &= \frac{l_i}{R}\frac{180°}{\pi} \end{aligned}\right\} \quad (9.14)$$

图 9.21 切线支距法

式中　l_i——待定点至原点(ZY 或 YZ 点)的曲线长。

l_i 一般定为 10 m,20 m,…,R 为已知值,即可计算出 x_i、y_i。

切线支距法的测设步骤如下:

①在原点 ZY 安置经纬仪,瞄准交点 JD 定出切线方向,沿此方向从原点量出 x_i,定出垂足点 N_i。

②在 N_i 点用经纬仪或方向架定出垂线方向,沿此方向量取 y_i,即可定出曲线点。

③按照步骤①、②测设到曲中点 QZ,然后由 YZ 点测设曲线的另一半至 QZ,测设数据及方法与 ZY 至 QZ 完全相同。

④检查:丈量各测设点之弦长,与相应的弧长相比较,两者之差的绝对值不宜大于相应的弦弧差。

切线支距法简单,各曲线点相互独立,无测量误差累积。但由于安置仪器次数多,速度较慢,同时检核条件较少,故一般适用于半径较大、y 值较小的平坦地区曲线测设。

仍以偏角法中的算例为例,采用切线支距法并按照整桩号法设桩,各桩的坐标计算如表 9.3 所示。

表 9.3　曲线切线支距资料

桩　号	各桩至 ZY 或 YZ 的曲线长/m	圆心角/(° ′ ″)			x_i/m	y_i/m
ZY 53 + 621.56		0	00	00	0	0
+ 640	18.44	5	16	58	18.41	0.85
+ 660	38.44	11	00	44	38.20	3.68
⋮	⋮	⋮			⋮	⋮
+ 860	238.44	68	18	29	185.84	126.08
QZ 53 + 864.70	—	—			—	—
+ 880	227.84	65	16	17	181.66	116.34
+ 900	207.84	59	32	30	172.40	98.62
⋮	⋮	⋮			⋮	⋮
K54 + 100	7.84	2	14	46	7.84	0.15
YZ 54 + 107.84	0	0	00	00	0	0

3)极坐标法

当采用光电测距仪或全站仪测设圆曲线时,极坐标法是较为理想的方法。仪器可以安置在任何已知坐标的点上,也可以安置在任意未知坐标的点上,具有测设速度快、精度高、使用灵活方便的优点。

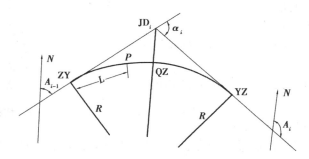

图 9.22　全站仪极坐标法

设 JD 坐标已知,则由图 9.22 可知:

$$\begin{cases} X_{ZY} = X_{JD} + T\cos(A + 180°) \\ Y_{ZY} = Y_{JD} + T\sin(A + 180°) \end{cases} \tag{9.15}$$

式中　X_{JD}, Y_{JD}——JD 坐标;

$\qquad X_{ZY}, Y_{ZY}$——ZY 坐标;

$\qquad A$——ZY 至 JD 的坐标方位角。

圆曲线上任意桩号 P 点坐标计算：

$$\begin{cases} X_P = X_{ZY} + \Delta X = X_{ZY} + 2R\sin\left(\dfrac{90l}{\pi R}\right)\cos\left(A_1 + \xi\dfrac{90l}{\pi R}\right) \\ Y_P = Y_{ZY} + \Delta Y = Y_{ZY} + 2R\sin\left(\dfrac{90l}{\pi R}\right)\sin\left(A_1 + \xi\dfrac{90l}{\pi R}\right) \end{cases} \tag{9.16}$$

式中　l——P 点到 ZY 点的距离, $l = P$ 点桩号 − ZY 桩号；

　　　ξ——转角的符号常数, 左转为"−", 右转为"+"。

利用全站仪极坐标法测设曲线中线桩的步骤如下：

①选择测站点(JD、ZY、YZ、QZ 中的任一点), 在测站点上架设全站仪, 进入"平面放样"子菜单, 输入测站点号或坐标。

②选择后视点(JD、ZY、YZ、QZ 中除测站外的点), 输入后视点的点号或坐标, 按提示完成定向。

③输入待放样点的点号或坐标, 全站仪自动计算并显示放样元素：水平度盘读数 β 及平距 D。

④仪器操作员转动照准部到水平角值 β, 指挥持镜员在该方向上约 D 米处设置棱镜。

⑤照准棱镜, 可得棱镜点实际位置与待测设点理论位置在 x、y 方向上的差值。

⑥按提示移动棱镜, 重复第⑤步操作, 直至棱镜点实际位置与待测设点理论位置在 x、y 方向上的差值满足限差要求为止。

⑦重复③~⑥步, 测设出其他所有的曲线点。

⑧用钢尺检核相邻点间距是否合格。

9.6　施工控制网的布设

► 9.6.1　概述

为了保证施工测量的精度和速度, 使各个建筑物、构筑物的平面位置和高程都能符合设计要求, 施工测量和测绘地形图一样, 也要遵循"从整体到局部, 先控制后碎部"的原则, 即在标定建筑物位置之前, 根据勘察设计部门提供的测量控制点, 先在整个建筑场区建立统一的施工控制网, 作为建筑物定位放线的依据。为建立施工控制网而进行的测量工作, 称为施工控制测量。

施工控制网分为平面控制网和高程控制网。常用的平面控制网有建筑方格网和建筑基线, 对于一般的民用建筑, 平面控制网可采用导线网和建筑基线；对于工业建筑则常采用建筑方格网。高程控制网则需根据场地大小和工程要求分级建立, 根据施工精度要求可采用三、四等水准网或图根水准网。

有时也可利用原测图控制网作为施工控制网进行建筑物的测没。但多数情况下, 由于测图时一般尚无法考虑施工的需要, 因而控制点的位置和精度很难满足施工测量的要求, 且平整场地时多数已遭到破坏, 故较少采用。

施工控制网具有控制范围小、控制点密度大、精度要求高、使用频繁、受施工干扰大等特点。

▶ 9.6.2 施工平面控制网

1)施工坐标系与测量坐标系的坐标换算

施工坐标系亦称建筑坐标系,其坐标轴与主要建筑物主轴线平行或垂直,以便用直角坐标法进行建筑物的测设。然而施工坐标系与测量坐标系往往不一致,为了便于利用原测量控制点进行测设,在施工测量前常常需要进行施工坐标系与测量坐标系的坐标换算。有关坐标转换数据一般由设计单位给出,或在总平面图上用图解法量取施工坐标系坐标原点在测量坐标系中的坐标(x_0,y_0),以及施工坐标系的纵轴在测量坐标系中的坐标方位角α,再根据x_0,y_0,α进行坐标转换。

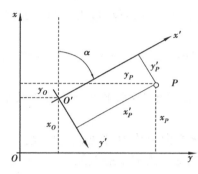

图 9.23 施工坐标系与测量坐标系的换算

如图 9.23 所示,设 xOy 为测量坐标系,$x'O'y'$ 为施工坐标系,已知 P 点的施工坐标为(x'_P,y'_P),则可按下式换算为测量坐标(x_P,y_P):

$$\begin{pmatrix} x_P \\ y_P \end{pmatrix} = \begin{pmatrix} \cos \alpha & -\sin \alpha \\ \sin \alpha & \cos \alpha \end{pmatrix}\begin{pmatrix} x'_P \\ y'_P \end{pmatrix} + \begin{pmatrix} x_0 \\ y_0 \end{pmatrix} \quad (9.17)$$

如果已知 P 点的测量坐标,则可按下式将其换算为施工坐标:

$$\begin{pmatrix} x'_P \\ y'_P \end{pmatrix} = \begin{pmatrix} \cos \alpha & \sin \alpha \\ \sin \alpha & -\cos \alpha \end{pmatrix}\begin{pmatrix} x_P - x_0 \\ y_P - y_0 \end{pmatrix} \quad (9.18)$$

2)建筑基线

当建筑场地比较狭小,平面布置又相对简单时,常在场地内布置一条或几条基准线,作为施工测量的平面控制,称为建筑基线。根据建筑设计总平面图上建筑物的分布,现场地形条件以及原有测图控制点的分布情况,建筑基线的布设形式主要有三点"一"字形、三点"L"形、四点"T"字形、五点"十"字形,如图 9.24 所示。

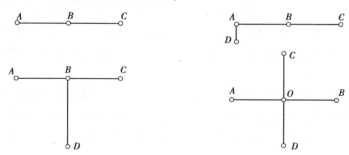

图 9.24 建筑基线的布设形式

建筑基线的布设原则：

①建筑基线应尽可能靠近拟建的主要建筑物,并与主要轴线平行或垂直。

②建筑基线上的基线点应不少于 3 个,以便相互检核。

③建筑基线应尽可能与施工场地的建筑红线相关联。

④基线点位应选在通视良好、不易被破坏的地方,为能长期保存,要埋设永久性的混凝土桩。

根据施工场地的条件不同,建筑基线的测设方法有以下两种：

（1）根据建筑红线测设　在城市建设中,由规划部门确定,并由拨地单位现场测定的建筑用地界定基准线,称为建筑红线。建筑红线通常与拟建的主要建筑物或建筑群中的多数建筑物主轴线平行,因此,在城市建设区,建筑红线可用作建筑基线测设的依据。如图 9.25 所示,Ⅰ—Ⅱ、Ⅱ—Ⅲ为两条互相垂直建筑红线,A、O、B 为欲测设的建筑基线点,利用建筑红线测设建筑基线的方法如下：

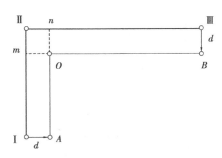

图 9.25　根据建筑红线测设建筑基线

首先,从Ⅱ点出发,沿Ⅱ—Ⅰ和Ⅱ—Ⅲ方向分别量取距离 d 定出 m、n 点；

然后,过Ⅰ和Ⅲ点分别作建筑红线的垂线,并沿垂线量取距离 d 即可定出 A、B 点,在地面上做出标志；用细线拉出直线 mB 和 nA,两条直线的交点即为 O 点,在地面上做出标志；

最后,在 O 点安置经纬仪,精确观测 $\angle AOB$,其与 90°的差值应小于 ±20″,否则应进行点位调整。

如果建筑红线完全符合作为建筑基线的条件,则可将其作为建筑基线使用,即直接用建筑红线进行建筑物的测设,这样更为便捷,简单。

（2）根据测量控制点测设　如果在拟建区,没有建筑红线作为测设依据,可以利用建筑基线的设计坐标和附近已有控制点的坐标,在实地采用极坐标法或角度交会法测设建筑基线。如图 9.26 所示,Ⅰ、Ⅱ为附近已有的测图控制点,A、O、B 为选定的建筑基线点。采用极坐标法测设建筑基线的方法如下：

首先,将建筑基线点 A、O、B 的施工坐标转换为测图坐标；

然后,根据 A、O、B 的测图坐标和控制点Ⅰ、Ⅱ的坐标,计算极坐标法的测设元素:水平角 β_i 和水平距离 D_i,并用极坐标法测设建筑基线点 A、O、B,在地面做出标志；

最后,在 O 点安置经纬仪,精确观测 $\angle AOB$,丈量 OA 和 OB 的距离,检查角度误差和丈量边长的相对中误差应满足规定的精度要求,否则需要调整点位。

3）建筑方格网

由正方形或矩形格网组成的施工平面控制网,称为建筑方格网。建筑方格网适用于按矩形布置的建筑群或大型建筑场地。如图 9.27 所示,布网时应首先选定方格网的主轴线 AOB 和 COD,主轴线的布设应遵循以下原则:主轴线应尽量选在整个场地的中部,方向与主要建筑物的基本轴线平行；纵横主轴线要严格正交成 90°,主轴线的长度以能控制整个建筑场地为宜；主轴线的定位点称为主点,一条主轴线不能少于 3 个主点,其中一个必是纵、横主轴线交

点;主点间距离不宜过小,一般为 $300 \sim 500$ m,以保证主轴线的定向精度;主点应选在通视良好,便于施测的位置。

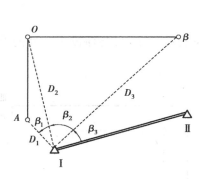

图 9.26　根据控制点测设建筑基线

图 9.27　建筑方格网

选定建筑方格网的主轴线后,再布设其他的方格网点,方格网线要与相应的主轴线成正交,网线交点应能通视;网格的大小视建筑物平面尺寸和分布而定,正方形格网边长多取 $100 \sim 200$ m,矩形格网边长尽可能取 50 m 或其倍数。

(1)建筑方格网主轴线的测设　主轴线测设与建筑基线测设方法相似,可根据建筑红线或已知测图控制点进行测设。如图 9.28 所示,Ⅰ、Ⅱ、Ⅲ 为已知控制点,AOB 为方格网的主轴线。首先,应计算测设数据:水平距离 D_i 和水平角 β_i。然后,采用极坐标法测设主轴线 AOB,得到其概要位置 A'、O'、B' 并在地面上做出标志。由于存在测量误差,3 个主轴线点一般不在一条直线上,因此需要精确检测主轴线点的相对位置关系,即观测 $\angle A'O'B'$ 角值与主轴线的长度,并与设计值相比较。若 $\Delta\beta = \angle A'O'B' - 180°$ 超过表 9.4 所示的限差,则应对 A'、O'、B' 点做出与基线垂直的方向上的等量调整,如图 9.29 所示。调整量 δ 的计算如下:

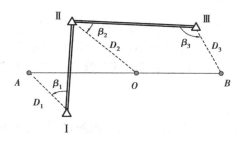

图 9.28　建筑方格网主轴线的测设

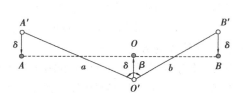

图 9.29　主轴线基线点的调整

表 9.4　建筑方格网的主要技术要求

等级	边长/m	测角中误差	边长相对中误差	测角检测限差	边长检测限差
Ⅰ级	$100 \sim 300$	$5''$	1/30 000	$10''$	1/15 000
Ⅱ级	$100 \sim 300$	$8''$	1/20 000	$16''$	1/10 000

$$\delta = \frac{ab}{2(a+b)} \times \frac{(180° - \beta)}{\rho} \qquad (9.19)$$

式中　β——$\angle A'O'B'$ 的角值;

a,b——分别为 $A'O'$ 与 $O'B'$ 的长度。

测设完主轴线点 A,O,B 后,如图 9.30 所示,将经纬仪安置于 O 点,瞄准 A 点定向,分别向左和向右转 $90°$,测设另一条主轴线 COD,并在地面标定出主轴线点的概要位置 $C'、D'$。然后精确测量 $\angle AOC'$ 和 $\angle AOD'$,分别计算它们与 $90°$ 之间的差值 ε_1 和 ε_2,并计算调整量 $l_1、l_2$,公式如下:

$$l_i = d_i \frac{\varepsilon_i}{\rho''} \; (i = 1,2) \tag{9.20}$$

式中　d_1,d_2——分别为 OC' 与 OD' 的长度。

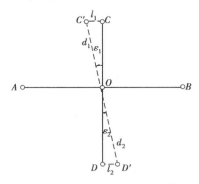

图 9.30　测设另一条主轴线

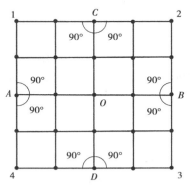

图 9.31　建筑方格网点测设

(2)建筑方格网点的测设　主轴线测设后,进行建筑方格网点的测设。如图 9.31 所示,分别在主点 A、B 和 C、D 安置经纬仪,后视主点 O 定向,向左和向右测设 $90°$ 水平角,即可交会出田字形方格网点。由于观测误差的存在,需要对测设点进行检核,精确测量相邻两点间的距离,检查是否与设计值相等,测量其角度是否为 $90°$,误差均应在允许范围内,并埋设永久性标志。

建筑方格网轴线与建筑物轴线平行或垂直,因此,可用直角坐标法进行建筑物的定位,计算简单,测设方便,而且精度较高。缺点是必须按照总平面图布置,点位易被破坏,而且测设工作量也较大。

▶ 9.6.3 建筑场地的高程控制

建筑施工场地的高程控制测量应与国家高程控制系统相联测,以便建立统一的高程系统,并在整个施工场地内建立可靠的水准点,形成水准网。水准点应布设在土质坚实、不受震动影响、便于长期使用的地点,并埋设永久标志;水准点亦可在建筑基线或建筑方格网点的控制桩面上,并在桩面设置一个突出的半球状标志,作为水准点标志。场地水准点的间距应小于 1 km,水准点距离建筑物、构筑物不宜小于 25 m,距离回填土边线不宜小于 15 m。水准点的密度(包括临时水准点)应满足测量放线要求,尽量做到设一个测站即可测设出待测的水准点。

水准网应布设成闭合水准路线、附合水准路线或结点网形。中小型建筑场地一般可按四等水准测量方法测定水准点的高程;对连续性生产的车间,则需要用三等水准测量方法测定水准点高程;当场地面积较大时,高程控制网可分为首级网和加密网两级布设。

习题与思考

1. 测设的基本工作有哪几项？测设与测量有何不同？

2. 测设点的平面位置有几种方法？各适用于什么情况？

3. 要在坡度一致的倾斜地面上设置水平距离为 126.000 m 的线段，已知线段两端的高差为 3.60 m（预先测定），所用 30 m 钢尺的鉴定长度是 29.993 m，测设时的温度 $t = 10$ ℃，鉴定时的温度 $t_0 = 20$ ℃，试计算用这根钢尺在实地沿倾斜地面应量的长度。

4. 如何用一般方法测设已知数值的水平角？

5. 已测设的直角 AOB，用多个测回测得其平均角值为 90°00′48″，又知 OB 的长度为 150.000 m，问在垂直于 OB 的方向上，B 点应该向何方移动多少距离才能得到 90°00′00″ 的角？

6. 如图 9.32 所示，已知 $\alpha_{AB} = 300°04′00″$，$x_A = 14.22$ m，$y_A = 86.71$ m；$x_1 = 34.22$ m，$y_1 = 66.71$ m；$x_2 = 54.14$ m，$y_2 = 101.40$ m。仪器安置于 A 点，用极坐标法测设 1 与 2 点，试求测设数据及检核角 γ、检核长度 D_{12}，并简述测设点位过程。

7. 利用高程为 9.531 m 的水准点 A，测设设计高程为 9.800 m 的室内 ±0.000 标高，水准仪安置在合适位置，读取水准点 A 上水准尺读数为 1.035 m，问水准仪瞄准 ±0.000 处水准尺，读数应为多少时，尺底高程就是 ±0.000 标高位置？

8. 建筑施工场地平面控制网的布设形式有哪几种？各适用于什么场合？

9. 建筑基线的布设形式有哪几种？简述建筑基线的作用及测设方法。

10. 如图 9.33 所示，"一" 形建筑基线 $A′$、$O′$、$B′$ 三点已测设在地面上，经检测 $\beta′ = 180°00′42″$。设计 $a = 150.000$ m，$b = 100.000$ m，试求 $A′$、$O′$、$B′$ 3 点的调整值，并说明如何调整才能使 3 点成一直线。

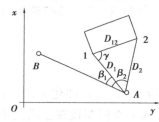

图 9.32　第 6 题图

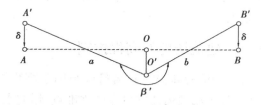

图 9.33　第 10 题图

参考答案

3. 首先根据第 4 章的相关内容计算水平距离 D 的三项改正：

（1）尺长改正　$\Delta L_d = \dfrac{\Delta l}{l_0} D = \dfrac{-0.007}{30} \times 126$ m $= -0.029$ m

（2）温度改正　$\Delta L_t = \alpha(t - t_0) D = 1.25 \times 10^{-5} \times (10 - 20) \times 126$ m $= -0.016$ m

（3）倾斜改正　$\Delta L_h = -\dfrac{h^2}{2D} = -\dfrac{3.6^2}{2 \times 126}$ m $= -0.051$ m

然后根据公式(9.1),计算测设时在实地应量出的长度 L 为:

$$L = D - \Delta L_d - \Delta L_t - \Delta L_h = (126 + 0.029 + 0.016 + 0.051)\,\text{m} = 126.096\,\text{m}$$

最后,在倾斜地面上自 A 点沿 AC 方向用钢尺放样 126.096 m,标定 B 点,则其对应的水平距离就为 126 m。

5. 内移 34.9 mm。

6. $D_1 = 28.284$ m,$\beta_1 = 14°56'00''$;$D_2 = 42.537$ m,$\beta_2 = 80°08'10''$,$D_{12} = 40.003$ m,$\gamma = 74°51'56''$。

7. 0.766 m。

10. $\delta = 6.1$ mm。

10

民用建筑施工测量

〖**本章提要**〗

本章主要介绍民用建筑施工测量的精度要求,民用建筑物的定位、主轴线测量、细部测量、基础施工测量、主体施工测量,以及高层建筑物施工的轴线投测和高程传递方法,简要介绍竣工测量和竣工图的编绘方法。

10.1 概　述

民用建筑是指住宅、食堂、俱乐部、医院、办公楼和学校等建筑,有单层、低层(2~3层)、多层(4~8层)和高层(≥9层)之分。民用建筑施工测量的任务就是按照设计施工图纸的要求,配合施工进度,将民用建筑的平面位置和高程(工程上常称标高)测设到实地,用于指导施工并保证工程质量。由于民用建筑的类型、结构和层数各不相同,因而施工测量的方法和精度要求(见表10.1)也有所不同,但基本过程一致,主要包括建筑物的定位、放线、基础施工测量和墙体施工测量等。进行施工测量之前,除了应对所使用的测量仪器和工具进行检校外,还需要做好以下的准备工作。

(1)了解设计意图,熟悉和核对设计资料　设计图纸是施工测量的依据。在测设前应通过技术交底,了解设计意图和工程建设对测量的精度要求。然后,通过建筑物的设计图纸了解施工建筑物与相邻地物的相互关系,以及建筑物的尺寸和施工要求等;核对建筑总平面图、建筑施工图、结构施工图、基础平面图等资料的标注尺寸是否相符;检查计算总尺寸和各部分尺寸之和、总平面图尺寸与大样图尺寸是否一致。因此,测设时必须具备下列图纸资料:

表 10.1 建筑施工放样的主要技术要求

建筑物的特征	测距时相对中误差	测角中误差/(″)	测站高差中误差/mm	施工水平高程中误差/mm	竖向传递轴线点中误差/mm
钢结构、装配式混凝土结构、建筑物高度 100～120 m 或跨度 30～36 m	1/20 000	5	1	6	4
15 层房屋建筑或建筑物高度 60～100 m 或跨度 18～30 m	1/10 000	10	2	5	3
5～15 层房屋建筑或建筑物高度 15～60 m 或跨度 6～18 m	1/5 000	20	2.5	4	2.5
5 层房屋建筑或建筑物高度 15 m 或跨度 6 m 以下	1/3 000	30	3	3	2
木结构、工业管线或公路铁路专线	1/2 000	30	3	—	—
土工竖向整平	1/1 000	45	10	—	—

①总平面图(图 10.1),是施工测设的总体依据,建筑物就是根据总平面图上所给的尺寸进行定位;

②建筑平面图(图 10.2),给出建筑物各定位轴线间的尺寸及室内地坪高程等;

③基础平面图,给出基础轴线间的尺寸和编号;

④基础图(即基础大样图),给出基础设计宽度、形式及基础边线与轴线的尺寸;

⑤立面图和剖面图,给出基础、地坪、门窗、楼板、屋架和屋面等设计高程,是高程测设的主要依据。

(2)确定定位依据和定位条件 根据建设方(业主)提供的测量资料确定定位的依据,包括测量控制点、建筑红线、建筑物等。同时,判断所给定的定位依据是否是唯一确定建筑物位置的几何条件,有几个已知点或已知边,有没有多余的检核条件等。

(3)现场踏勘 现场踏勘的目的是了解现场的地物、地貌和测量控制点的分布情况,调查与施工测量有关的问题,初步确立施工测量方案。

(4)校核平面控制点与水准点 通过校核平面控制点与水准点,获得正确的测量起始数据和点位。对于平面控制点,主要检查它们之间的距离和角度,从而确定点位是否正确;对于高程控制点,即水准点,检查它们之间的高差是否满足施工测量的要求。

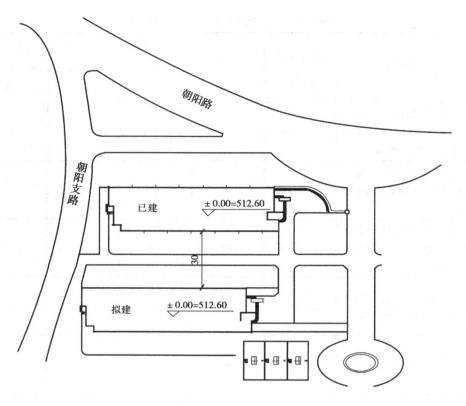

图 10.1　总平面图

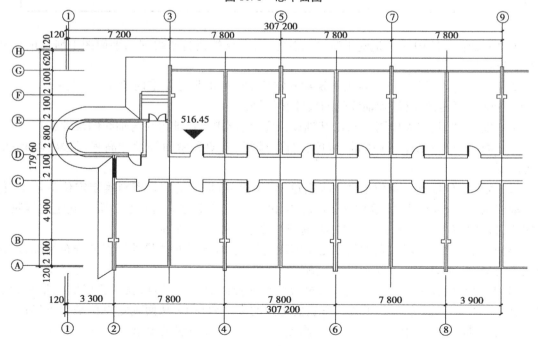

图 10.2　建筑物平面图

（5）制定测设方案　在熟悉设计图纸、掌握施工计划和施工进度的基础上，结合现场条件及实际情况，拟定测设方案。测设方案主要包括测设方法、测设步骤、采用的仪器工具、精度要求、时间安排等。具体内容如下：

①工程概况及对测量放样的基本要求；

②平面控制网的测定与桩位保护；

③高程控制网的测定与桩位保护；

④±0 以下的施工放样工作；

⑤±0 以上的施工放样与高程竖直方向的测定；

⑥特殊工程项目的测量放样工作。

（6）准备放样数据

①定位依据：从建筑总平面图上查取或计算建筑物与原有建筑物或测量控制点之间的平面尺寸及高差作为测设建筑物总体位置的依据。如图 10.1 所示，按照设计要求，拟建建筑物与已建建筑物平行，两相邻墙面相距 30 m，地坪 ±0 高程均为 512.60 m。

②放样数据：从建筑物平面图（图 10.2）中查取建筑物的总体尺寸和内部各定位轴线之间的尺寸，这是施工放样的基本资料。

③基础开挖边线的放样依据：从基础平面图上查取基础边线与定位轴线的平面尺寸，以及基础布置与基础剖面的位置关系。

④基础高程的放样数据：从基础详图中查取基础尺寸、设计高程以及基础边线与定位轴线的尺寸，这是基础高程放样的依据。

⑤高程放样的依据：从建筑剖面图和立面图中，查取基础、地坪、门窗、楼板屋架和屋面的设计高程，这是高程放样的主要依据。

仔细核对设计图纸的有关尺寸及测设数据，并绘出测设略图，如图 10.3 所示。将测设数据标注在略图上，这样可以减少现场测设出错的可能性，且更为方便快捷。

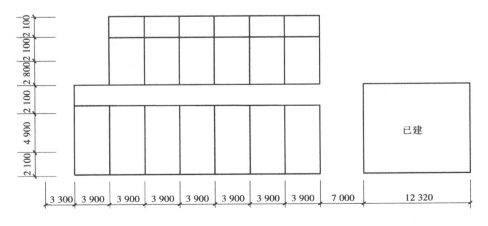

图 10.3　测设略图

10.2 建筑物轴线放样

▶ 10.2.1 建筑物定位

建筑物四周外廓主要轴线的交点决定了建筑物在地面上的位置,称为定位点或角点。建筑物的定位,即主要轴线的测设,就是将建筑物各角点测设到实地,然后再根据这些点进行细部放样。根据设计给定的条件和施工现场的测量控制情况,建筑物的定位方法主要有以下几种。

1)根据与原有建筑物或道路的位置关系定位

如果设计图仅给出拟建建筑物与附近原有建筑物或道路的相互关系,而未提供建筑物定位点的坐标,且周围无测量控制点、建筑方格网和建筑基线可供使用,则可根据原有建筑物边线或道路中心线与拟建建筑物的位置关系,将建筑物的定位点测设出来。

具体测设方法如下:首先,在现场确定原有建筑物的边线或道路中心线,再利用经纬仪、钢尺或全站仪将其延长、平移、旋转或相交,得到拟建建筑物的某条定位轴线;然后,根据这条定位轴线用经纬仪测设角度(一般是直角),用钢尺测设长度,得到其他定位轴线或定位点;最后,检核 4 个大角的角度和 4 条定位轴线的长度是否与设计值一致。下面分别就上述两种情况进行具体说明。

(1)根据与原有建筑物的关系定位 如图 10.4(a)所示,拟建建筑物与原有建筑的外墙边线在同一条直线上,两栋建筑物的间距为 8.00 m,拟建建筑物呈 L 形状,长轴为 12.60 m + 12.60 m,短轴为 11.20 m + 7.80 m,轴线与外墙边线间距为 0.12 m,可按下述方法测设其轴线交点:

①沿原有建筑物的两侧外墙拉线,用钢尺顺线从墙角往外量出一段较短的距离(设为 6.00 m)在地面定出 P_1、P_2 点并做好标志,P_1、P_2 的连线即为原有建筑物的轴线平行线。

②在 P_1 点安置经纬仪,照准 P_2 点,用钢尺从 P_2 点沿视线方向量取 8.00 m + 0.12 m,在地面上定出 B_1 点,再从 B_1 点沿视线方向量取 12.60 m,在地面上定出 B_2 点,再从 B_2 点沿视线方向量取 12.60 m 定出 B_3 点,B_1 和 B_3 连线即为拟建建筑物的轴线平行线,其长度等于长轴尺寸。

③在 B_1 点安置经纬仪,照准 B_3 点,逆时针测设 90°,在视线方向上量取 6.00 m + 0.12 m,在地面上定出 A_1 点,再从 A_1 点沿视线方向量 11.20 m,在地面上定出 E_1 点。同理,在 B_2 点安置经纬仪,照准 B_1 点,顺时针测设 90°,在视线方向上量 6.00 m + 11.20 m + 0.12 m,在地面上定出 E_3 点,再从 E_3 点沿视线方向量 7.80 m,在地面上定出 G_3 点。同理,在 B_3 点安置经纬仪,照准 B_1 点,顺时针测设 90°,在视线方向上量 6.00 m + 0.12 m,在地面上定出 A_8 点,再从 A_8 点沿视线方向量 11.20 m + 7.80 m,在地面上定出 G_8 点。A_1、E_1、E_3、G_3、G_8 和 A_8 点即为拟建建筑物的定位轴线点。

④在 A_1、E_1、E_3、G_3、G_8 和 A_8 点上安置经纬仪,检核各大角是否为 90°,用钢尺丈量轴线长度,检核长、短轴是否满足设计要求。

如果放样的情况如图 10.4(b)所示,则应将原有建筑物的轴线平行线延长到 B_3 点,再在 B_3 点测设 90°并量距,定出 E_1 和 E_8 点,得到拟建建筑物的一条长轴。然后分别在 E_1 和 E_8 点测设90°并量距,定出另一条长轴上的 A_1 和 A_8 点。注意不能先测设短轴的两个定位点,否则容易造成误差超限。

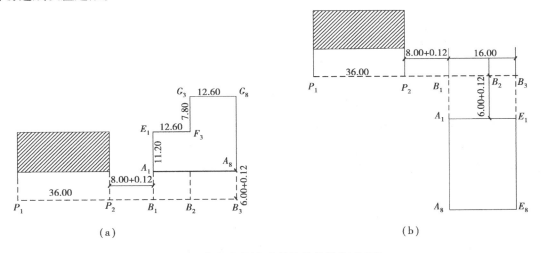

(a) (b)

图 10.4 根据与原有建筑物的位置关系定位

(2)根据与原有道路的位置关系定位 若拟建建筑物的轴线与道路中心线的位置关系已知,如图 10.5 所示,具体的测设方法如下:

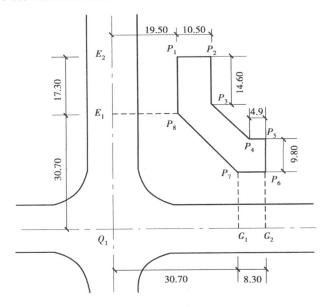

图 10.5 根据与原有道路的位置关系定位

①在每条道路上选取两个合适的位置,分别用钢尺测量该处的道路宽度,其宽度的 1/2 处即为道路中心点,如图 10.5 中的 E_1、E_2、G_1 和 G_2 点,从而构成两条道路中心线 E_1E_2 和 G_1G_2。延长 E_1E_2 和 G_1G_2 至道路相交位置形成交点,设标志为 Q_1。

②分别在 E_1、E_2、G_1 和 G_2 安置经纬仪,后视 Q_1 点,逆时针(或顺时针)测设90°,按照图上标注数据分别量取相应距离定出 P_1、P_2、P_8、P_7、P_6 和 P_5。同理,在 P_2、P_5 安置经纬仪,可测设

P_3、P_4 两点。

③分别在各点安置经纬仪,检核各角度和距离是否满足设计要求。

2)根据控制点定位

若拟建建筑物的定位点坐标在设计时已给出,且附近有高级控制点可供使用,可根据实际情况选用极坐标法、角度交会法或距离交会法来测设定位点。具体选用哪种方法,要根据现场的地形和选用的测量设备而定。极坐标法适用性较强,是最常使用的一种测设方法。

3)根据建筑方格网和建筑基线定位

若拟建建筑物的定位点坐标在设计中给出,且建筑场地内已设有建筑方格网或建筑基线,可利用直角坐标法测设定位点,也可采用极坐标法等其他方法进行测设。相比较而言,直角坐标法所需要的测设数据计算最为简单,在用经纬仪和钢尺实地测设时,建筑物总尺寸和边角的精度容易控制和检核。

▶ 10.2.2 细部轴线测设

建筑物细部轴线的放样,是指根据现场已测设的建筑物定位点,详细测设其他各轴线交点的位置,并将其延长到安全的地方做好标志。然后,以细部轴线为依据,根据基础宽度和放坡要求用白灰撒出基槽开挖边界线。

如图 10.6 所示,D 轴、G 轴、①轴和⑤轴是建筑物的外墙主轴线,其交点 D_1 和 G_1 是测设建筑物的定位点,这些定位点已经在地面上测设完毕并打好桩点,各细部轴线间距已知,现欲测设细部轴线与主轴线的交点。具体做法如下:在 D_1 点安置经纬仪,照准 G_1 点,并把钢尺的零端对准 D_1 点。沿视线方向拉直钢尺,当钢尺读数等于 D、E 两轴间距(8.4 m)时打下木桩,用仪器检查桩顶是否偏离视线方向。打好桩后,在桩顶标注点位,即为①轴与 E 轴的交点 E_1。

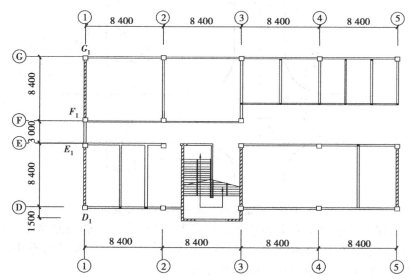

图 10.6 测设细部轴线交点

同理,可测设①轴与 F 轴的交点,需要注意的是要将钢尺的零端对准 D_1 点,并沿视线方向拉直钢尺,而钢尺读数应为 D 轴和相应轴线的轴间距,这样可以减小钢尺的对点误差。如此依次测设①轴与其他轴线的交点。测设完最后一个交点后,用钢尺检查各相邻轴线桩的间距是否等于设计值,误差应小于1/3 000。

如果选用全站仪测设各细部轴线交点,在量距时最好将棱镜倒立,以减少棱镜杆不垂直所产生的误差。

测设完①轴上的轴线点后,用同样的方法可测设其他轴线上的点位。由于基槽开挖会破坏轴线桩,因此,基槽开挖前,应将轴线引测到基槽边线以外的适当位置,以免轴线点受到基槽开挖的影响。引测轴线的方法主要有龙门板法和轴线控制桩法。

1)龙门板法

①如图 10.7 所示,在建筑物四角和中间隔墙的两端,距离基槽边线约 2 m 以外牢固埋设的木桩,称为龙门桩,桩的一侧平行于基槽。

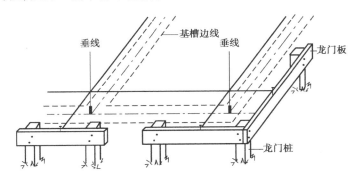

图 10.7　龙门板与龙门桩

②根据附近水准点,用水准仪将地坪 ±0 的高程(该建筑物室内地坪的设计高程)测设到每个龙门桩的外侧,并画出横线标志。如果现场条件不允许,也可测设比 ±0 的高程高或低某一数值的高程线。同一建筑物最好只用一个高程,如因地形起伏较大而使用两个高程时,一定要标注清楚,以免使用时发生错误。

③在相邻两龙门桩上钉设龙门板,龙门板的上沿应和龙门桩上的横线对齐,使龙门板的顶面在一个水平面上,且与 ±0 高程线一致。龙门板顶面高程的误差应在 ±5 mm 以内。

④根据轴线桩,用经纬仪将各轴线投测到龙门板的顶面,并钉上小钉作为轴线标志,如果事先已打好龙门板,可在测设细部轴线的同时钉设轴线钉,以减少重复安置仪器的工作量。

⑤用钢尺沿龙门板顶面检查轴线钉的间距与设计值是否一致,其相对误差不应超过1/3 000。

恢复轴线时,将经纬仪安置在一个轴线钉的上方,照准相应的另一个轴线钉,其视线即为轴线方向,往下转动望远镜,便可将轴线投测到基槽或基坑内。也可用白线将相对的两个轴线钉连接起来,借助于垂球,将轴线投测到基槽或基坑内。

由于龙门板法轴线钉高于地面,采用挂线将轴线投测到基槽较为方便。但该方法需要较多的材料,成本高,工作量大,在施工中占用场地并容易被破坏,因而很少使用。

2)轴线控制桩法

由于设置龙门板需要较多材料,且占用场地,使用机械开挖时容易被破坏,因此也可以在基槽或基坑外各轴线的延长线上测设轴线控制桩,作为以后恢复轴线的依据。即使采用了龙门板,为了防止被破坏,对主要轴线也应测设轴线控制桩。

如图 10.8 所示,在建筑物定位时,将测设出的轴线点沿轴线方向引测到施工建筑物的外围处(一般距离基槽外侧 4 m 以外)作好标志,用水泥砂浆加固。如果附近有固定建筑物和构筑物,最好将轴线点投测在这些物体上,使轴线更容易得到保护。要求每条轴线至少投测两个点位(相邻点位间距离 2~3 m)。

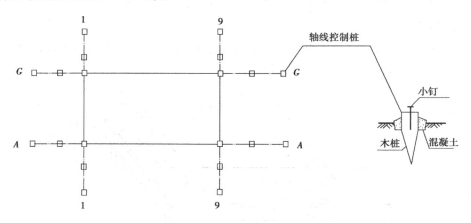

图 10.8 轴线控制桩

引测轴线控制桩多采用经纬仪法,当引测到较远的地方时,要注意采用盘左和盘右两次投测取中法,以减少引测误差。

▶ 10.2.3 基础开挖边线

基础开挖前,根据轴线控制桩(或龙门板)的轴线位置和基础宽度,以及基础放坡尺寸,在地面上用白灰放出基槽边线(或称基础开挖线)。

如图 10.9 所示,首先按照基础剖面图给出的设计尺寸,计算基槽的开挖宽度 d_1、d_2:

$$d_1 = \frac{B}{2} + m_1 \times h_1, d_2 = \frac{B}{2} + m_2 \times h_2 \tag{10.1}$$

式中　B——基础宽度,可由基础剖面图查取;

　　h_1,h_2——基础深度;

　　m_1,m_2——边坡坡度的分母。

根据计算结果,在地面上以轴线为中线往两边各量出 d_1、d_2,拉线并撒上白灰,即为基础开挖边线。如果是基坑开挖,则只需要按最外围墙体基础的宽度、深度及放坡确定开挖边线。

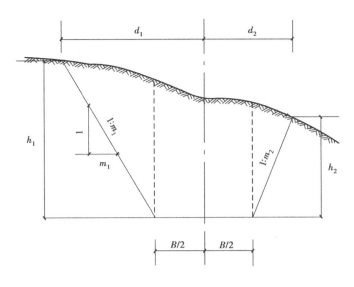

图 10.9　基槽开挖宽度计算

10.3　建筑物基础施工测量

▶ 10.3.1　开挖深度和垫层高程控制

为了控制基槽开挖深度,当基槽挖到接近槽底设计高程时,可利用水准仪根据 ±0 高程在槽壁上测设一些水平小木桩,使木桩的上表面距离槽底的设计高程高出某一固定值(如0.500 m),作为基槽清理和控制基础垫层高程的依据,如图10.10所示。为了便于拉线或弹线,一般在基槽各拐角处、深度变化处每隔3~4 m 设置一个水平桩,在直槽上则每隔10 m 左右设置一个水平桩。最后拉上细线或弹出水平墨线,线下0.500 m 即为槽底设计高程。

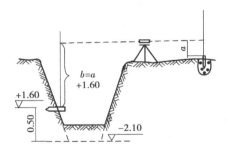

图 10.10　基槽水平桩的测设

水平桩可以是木桩也可以是竹桩。测设时,以画在龙门板或周围固定地物的 ±0 高程线为已知高程点,用水准仪进行测设,小型建筑物也可用连通水管法进行测设。水平桩的高程测设误差应在 ±10 mm 以内。

例如,已知周围固定地物的 ±0 高程线,槽底设计高程为 -2.1 m,要求水平桩高于槽底0.5 m,即水平桩高程为 -1.6 m,用水准仪后视 ±0 高程线上的水准尺,读数 $a=1.286$ m,则水平桩上标尺的应有读数为 0.000 m + 1.286 m - (- 1.600 m) = 2.886 m。测设时,沿槽壁上下移动水准尺,当读数为 2.886 m 时沿尺底水平将桩打进槽壁。然后,检核水平桩面上高程,如果超限则进行调整,直至误差在规定范围以内。

垫层高程的测设可以根据水平桩在槽壁上弹线,也可在槽底打入垂直桩,使桩顶高程等

于垫层面的高程。如果垫层需要安装模板,可以直接在模板上弹出垫层面的高程线。

如果是机械开挖,一般是一次性挖到设计槽底或基坑底的高程,因此要在施工现场安置水准仪,边挖边测,随时指挥挖土机调整挖土深度,使槽底或基坑底的高程略高于设计高程(一般为 10 cm,剩余部分采用人工清土)。机械开挖后,为了给工人清底和打垫层提供高程依据,还应在基槽壁或基坑壁上打出 0.5 m 水平桩或弹出 0.5 m 的高程线。

10.3.2 垫层中线测设

垫层打好后,根据龙门板上的轴线钉或轴线控制桩,用经纬仪或拉线挂吊锤的方法(如图 10.11(a)、(b)所示),把轴线投测到垫层面上,并用墨线弹出墙中心线和基础边线,以便砌筑基础或安装基础模板。

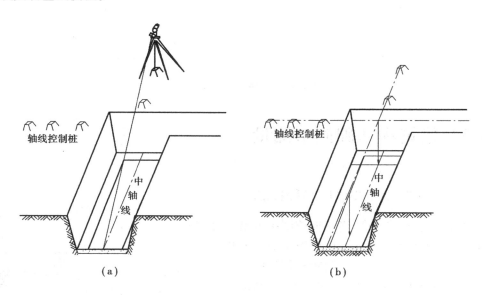

图 10.11　垫层中线测设

10.3.3 基础高程控制

在垫层之上,±0 高程线以下的砖墙称为基础墙。基础墙的高度一般是用基础"皮数杆"来控制。基础皮数杆是用一根木制的杆子,在杆上预先按照设计尺寸将砖、灰缝的厚度画出线条,标明 ±0 的位置线、防潮层的高程位置,如图 10.12所示。

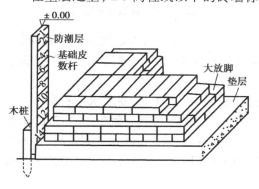

图 10.12　基础皮数杆

立皮数杆时,可先在立杆处打一木桩,用水准仪在木桩侧面测设一条高于垫层设计高程某一数值(如 0.2 m)的水平线;然后,将皮数杆上标明相同高度的一条线与木桩上的水平线对齐,并用铁钉把皮数杆和木桩钉在一起,这样立好皮数杆后,即可作为砌筑基础墙的高程依据。

如果采用钢筋混凝土的基础,可以用水准仪将设计高程测设在模板上。

10.4 建筑物墙体施工测量

▶ 10.4.1 首层楼房墙体施工测量

1)墙体轴线测设

基础工程结束后,应对龙门板或轴线控制桩进行检查复核,以防基础施工期间发生碰动移位。复核无误后,可以根据轴线控制桩或龙门板上的轴线钉,用经纬仪法或拉线法,把首层楼房的墙体轴线测设到防潮层上,并弹出墨线。然后,用钢尺检查墙体轴线的间距和总长是否等于设计值,用经纬仪检查外墙轴线 4 个主要交角是否等于 90°。符合要求后,把墙轴线延长到基础外墙侧面上并弹线或做出标志,作为向上投测各层楼房墙体轴线的依据。同时还应把门、窗和其他洞口的边线,也在基础外墙上做出标志,如图 10.13 所示。

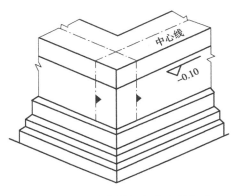

图 10.13 墙体轴线与高程线标志

墙体砌筑前,根据墙体轴线和墙体厚度,弹出墙体边线,依此进行墙体砌筑。砌筑到一定高度后,用吊锤线将基础外墙上的轴线引测到地面以上的墙体,以免基础覆土后看不见轴线标志。如果轴线处是钢筋混凝土柱,则在拆除柱模后将轴线引测到桩身。

2)墙体高程测设

墙体砌筑时,其高程用墙身"皮数杆"控制。如图 10.14 所示,在皮数杆上根据设计尺寸,按照砖和灰缝厚度画线,并标明门、窗、过梁、楼板等的高程位置。杆上高程注记从 ±0.000 向上增加。

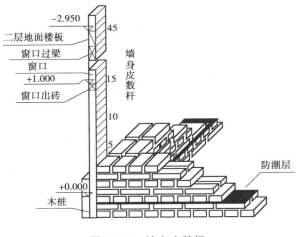

图 10.14 墙身皮数杆

墙身皮数杆一般立在建筑物的拐角和内墙处,固定在木桩或基础墙上。为了便于施工,采用里手架时皮数杆应立在墙内侧。立皮数杆时,先用水准仪在立杆处的木桩或基础墙上测设出 ±0 高程线,测量误差在 ±3 mm 以内。然后,将皮数杆上的 ±0.000 线与该线对齐,用吊锤校正并用铁钉钉牢,必要时可在皮数杆上加两根铁钉斜撑,以保证皮数杆的稳定。

墙体砌筑到一定高度后(1.5 m 左右),应在内、外墙面上测设出 +0.50 m 高程的水平墨线,称为"+50 线"。外墙的 +50 线作为向上传递各楼层高程的依据,内墙的 +50 线作为室内地面施工及室内装修的高程依据。

▶ 10.4.2 二层以上楼房墙体施工测量

1)墙体轴线投测

每层楼面建好后,墙体往上砌筑时,为了保证墙体轴线与基础轴线在同一铅垂面上,要将基础或首层墙面上的轴线投测到楼面上,重新弹出墙体的轴线,检查无误后,弹出墙体边线,继续往上砌筑。在这个施工测量过程中,轴线从下往上投测是否正确非常重要,一般多层建筑常用吊锤线法。

将较重的锤球悬挂在楼面的边缘,慢慢移动,使锤球尖对准地面上的轴线标志,或使锤线下部沿垂直墙面方向与底层墙面上的轴线标志对齐,锤线上部在楼面边缘的位置就是墙体轴线的位置。在此画一条短线作为标志,即得到轴线在楼面上的一个端点。同理可投测另一个端点,两端点的连线即为墙体轴线。

一般应将建筑物的主轴线都投测到楼面上,并弹出墨线,用钢尺检查轴线间的距离,其相对误差不得大于 1/3 000。符合要求之后,再以这些主轴线为依据,采用钢尺内分法测设其他细部轴线。在困难的情况下,至少需要测设两条垂直相交的主轴线,检查交角合格后,再用经纬仪和钢尺测设其他主轴线,然后根据主轴线测设细部轴线。

吊锤线法受风的影响较大,楼层较高时风的影响更大,因此应在风小的时候作业。投测时应等待锤球稳定后再在楼面上定点。为了保证建筑物的竖直度,每层楼面的轴线均应由底层直接投测上来。只有这样,才能控制吊锤球线法进行多层楼房轴线投测的精度。

2)墙体高程传递

多层建筑物施工中,新的施工楼层的高程将由下往上传递。高程传递一般有以下两种方法:

(1)利用皮数杆传递高程 一层楼房墙体砌筑完并建好楼面后,把皮数杆移到二层继续使用。为了使皮数杆立在同一水平面上,用水准仪测定楼面四角的高程,取平均值作为二楼的地面高程,并在立杆处绘出高程线,立杆时将皮数杆的 ±0.000 线与该线对齐,然后以皮数杆为高程依据进行墙体砌筑。如此用同样方法逐层往上传递高程。

(2)利用钢尺传递高程 在精度要求较高时,可用钢尺从底层的 +50 高程线起往上直接丈量,把高程传递到第二层;然后,根据传递上来的高程测设第二层的地面高程线。在墙体砌到一定高度后,用水准仪测设该层的 +50 高程线,再往上一层的高程可以此为准采用钢尺传递,以此类推,逐层传递高程。

10.5 高层建筑的施工测量

高层建筑的特点是体形大、层数多、高度高、造型多样化、建筑结构复杂、设备和装修标准高。特别是在繁华商业区建筑群中，施工场地十分狭窄，而且高空风力大，给施工放样带来较大的困难。此外，高层建筑在施工过程中对建筑物各部位的水平位置、轴线尺寸、垂直度和高程的要求都十分严格，对施工测量的精度要求也较高。

高层建筑的施工方法有很多，目前较常采用的方法有两种，一种是滑模施工，即分层滑升逐层现浇楼板的方法，另一种是预制构件装配式施工。国家建筑施工规范中对高层建筑结构的施工质量标准规定如表 10.2 所示。

表 10.2　高层建筑竖向及高程施工偏差限差

结构类型	竖向施工偏差限差/mm		高程偏差限差/mm	
	每　层	全　高	每　层	全　高
现浇混凝土	8	$H/1\,000$（最大 30）	±10	±30
装配式框架	5	$H/1\,000$（最大 20）	±5	±30
大模板施工	5	$H/1\,000$（最大 30）	±10	±30
滑模施工	5	$H/1\,000$（最大 50）	±10	±30

注明：H 为建筑总高度。

有关规范对于不同结构的高层建筑施工的竖向精度要求不同。为了保证总的竖向施工误差不超限，层间垂直度测量偏差不应超过 ±3 mm，建筑全高垂直度测量偏差不应超过 $3H/10\,000$，且不应大于：

①30 m < H ≤ 60 m 时，±10 mm；

②60 m < H ≤ 90 m 时，±15 mm；

③90 m < H 时，±20 mm。

为了确保施工测量符合精度要求，应事先认真研究和制定测量方案，拟定各种误差控制和检核措施，所用的测量仪器应符合精度要求，并按规定认真检校。此外，由于高层建筑工程量大，机械化程度高，各工种立体交叉大，施工组织严密，因此施工测量应事先做好准备工作，密切配合工程进度，以便及时、快速和准确地进行测量放线，为下一步施工提供平面和高程依据。

高层建筑施工测量主要包括建筑物定位、基础施工、轴线投测和高程传递等。建筑物定位、基础施工已在前文进行了详细的论述，此处不再重复。高层建筑施工放样主要解决如何控制轴线竖向投测误差和层高误差，也就是如何精确向上引测各轴线的问题。

► 10.5.1　轴线投测

高层建筑轴线投测一般采用经纬仪引桩投测法、吊线坠法、垂准仪法等。

1)经纬仪引桩投测法

当施工场地比较宽阔时,可使用经纬仪引桩投测法进行竖向投测。如图 10.15 所示,安置经纬仪于轴线控制桩上,严格对中整平,盘左照准建筑物底部的轴线标志,往上转动望远镜,用竖丝指挥在施工层楼面边缘上画一点,然后盘右再次照准建筑物底部的轴线标志,同法在该处楼面边缘上画出另一点,取两点的中点作为轴线的端点。其他轴线端点的投测方法与此相同。

当施工楼层较高时,经纬仪投测的仰角较大,操作不方便,容易产生误差。此时应将轴线控制桩用经纬仪引测到远处(大于建筑物高度)稳固的地方,然后继续往上投测。如果周围场地有限,可将轴线点引测到附近建筑物的楼顶上。如图 10.16 所示,先在轴线控制桩 A_1 上安置经纬仪,照准建筑物底部的轴线标志,采用盘左盘右取中法将轴线投测到楼面上 A_2 点处。同理在 A_2 上安置经纬仪,照准 A_1 点,将轴线投测到附近建筑物楼顶上 A_3 点处,然后在 A_3 点安置经纬仪,照准 A_2 点,采用盘左盘右取中法投测 C_1。两端点 B_1 和 C_1 投测完后,用墨线标注轴线位置。

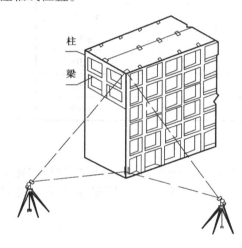

图 10.15 经纬仪轴线竖向投测

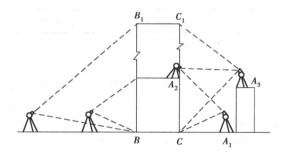

图 10.16 高层建筑物轴线竖向投测

所有主轴线投测完成后,应进行角度和距离的检核,合格后再以此为依据测设其他轴线。

2)吊线坠法

当周围建筑物密集,施工场地窄小,无法在建筑物以外的轴线上安置经纬仪时,可采用此法进行竖向投测。该方法与一般的吊锤线法的基本原理相同,只是线坠的重量更大,吊线(细钢丝)的强度更高。此外,为了减少风力的影响,应将吊线坠的位置放在建筑物内部。

如图 10.17 所示,事先在首层地面上埋设轴线点的固定标志,轴线点之间应构成矩形或十字形等,作为整个高层建筑的轴线控制网。各标志的上方每层楼板都预留孔洞,供吊坠线通过。投测时,在施工层楼面上的预留孔上安置挂有吊线坠的十字架,

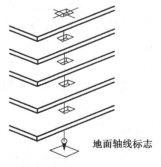

图 10.17 吊线坠投测法

慢慢移动十字架,当吊坠尖静止地对准地面固定标志时,十字架的中心就是应投测的点位,在预留孔四周做上标志即可。各标志连线交点,即为从首层投测上来的轴线点。同理,可测设其他轴线点。

使用吊线坠法进行轴线投测,经济、简单又直观,精度也比较可靠,但投测费时费力,正逐渐被垂准仪法所替代。

3)垂准仪法

垂准仪法就是利用能提供垂直向上(或向下)视线的专用测量仪器进行竖向投测。常用的仪器有垂准经纬仪、激光经纬仪和激光垂准仪等。用垂准仪法进行高层建筑的轴线投测,具有占地小、精度高、速度快的优点,因而在高层建筑施工中得到越来越广泛的应用。

垂准仪法也需要事先在建筑底层设置轴线控制网,建立稳固的轴线标志,在标志上方每层楼板都需要预留孔洞(大于 15 cm × 15 cm),供视线通过,如图 10.18 所示。

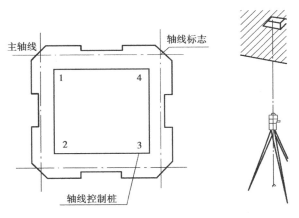

图 10.18　轴线控制桩与投测孔

(1)垂准经纬仪　如图 10.19 所示,仪器特点是在望远镜的目镜位置上配有弯曲成 90° 的目镜,使仪器铅直指向正上方时,测量员能方便地进行观测。此外,仪器中轴是空心的,因而也能观测正下方的目标。

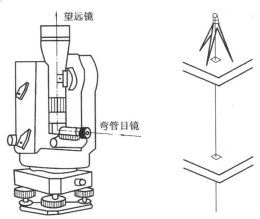

图 10.19　垂准经纬仪

使用时,将仪器安置在首层地面的轴线点标志上,严格对中整平,通过弯管目镜进行观测。当仪器水平转动一周时,若视线一直指向一点,说明视线方向处于铅直状态,可以向上投测。投测时,视线通过楼板上预留孔洞,将轴线点投测到施工层楼板的透明板上定点。为了提高投测精度,应将仪器照准部水平旋转一周,在透明板上投测多个点,这些点应构成一个小圆,然后取小圆的中心作为轴线点的位置。同样方法用盘右再投测一次,取两次的中点作为最后投测结果。由于投测时仪器安置在施工层以下,因此在施测过程中要注意对仪器和人员的安全采取保护措施,防止落物击伤。

如果把垂准经纬仪安置在浇筑后的施工层上,将望远镜调成铅直向下的状态,视线通过楼板预留的孔洞,照准首层地面的轴线点标志,也可将下面的轴线点投测到施工层上来,如图10.19所示。该法较安全,也能保证精度。

垂准经纬仪竖向投测方向的观测中误差不大于±6″,即100 m高处投测点位误差为±3 mm,相当于1/30 000的铅垂度,能满足高层建筑对竖向的精度要求。

(2)激光经纬仪 图10.20为装有激光器的苏州第一光学仪器厂生产的J2-JDE激光经纬仪,它是在望远镜筒上安装一个氦氖激光器,用一组导光系统把望远镜的光学系统联系起来,组成激光发射系统,再配上电源,便成为激光经纬仪。为了测量时观测目标方便,激光束进入发射系统前,设有遮光转换开关。遮去发射的激光束,就可以在目镜(或通过弯管目镜)处观测目标,而不必关闭电源。

激光经纬仪用于高层建筑轴线竖向投测,其方法与配有弯管目镜的经纬仪是一样的,只不过是用可见激光代替人眼观测。投测时,在施工层预留孔中央设置用透明聚酯膜片绘制的接收靶,在地面轴线点处对中整平仪器,启动激光器,调节望远镜调焦螺旋,使投射在接收靶上的激光束光斑最小。然后水平旋转仪器,检查接收靶上光斑中心是否始终在同一点,或划出一个很小的圆圈,以保证激光束铅直。最后,移动接收靶使其中心与光斑中心或小圆圈中心重合,将接收靶固定,则靶心即为欲投测的轴线点。

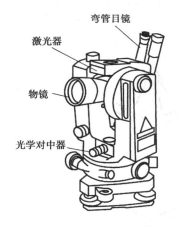

图10.20 激光经纬仪

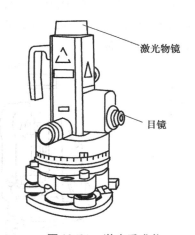

图10.21 激光垂准仪

(3)激光垂准仪 图10.21为苏州第一光学仪器厂生产的DJJ2激光垂准仪,主要由氦氖激光器、竖轴、水准管、基座等部分组成。

激光垂准仪用于高层建筑轴线竖向投影时,其原理和方法与激光经纬仪基本相同,主要区别在于仪器对中。激光经纬仪一般采用光学对中器,而激光垂准仪用激光管尾部射出的光束进行对中。

▶ 10.5.2 高层建筑的高程传递

高层建筑各施工层的高程,是由底层 ±0.000 高程线传递上来的,主要有以下两种方法:

(1)钢尺直接测量

一般用钢尺沿结构外墙、边柱或楼梯间,由底层 ±0.000 高程线向上竖直量取设计高差,即可得到施工层的设计高程线。用这种方法传递高层时,应至少由 3 处底层高程线向上传递,便于相互校核。由底层传递到上面同一施工层的几个高程点,必须用水准仪进行校核,检查各高程点是否在同一水平面上,其误差应该不超过 ±3 mm。合格后以其平均高程为准,作为该层的地面高程。若建筑高度超过一尺段(30 m 或 50 m),可每隔一个尺段的高度,精确测设新的起始高程线,作为继续向上传递高程的依据。

(2)悬吊钢尺法

在外墙或楼梯间悬吊一根钢尺,分别在地面和楼面上安置水准仪,将高程传递到楼面上。用于高层建筑传递高程的钢尺,应经过检定,量取高差时尺身应铅直,采用规定的拉力,并进行温度改正。

高层建筑施工的高程偏差限差见表 10.2。

10.6 竣工测量及竣工总平面图的编绘

▶ 10.6.1 竣工测量

建筑物和构筑物竣工验收时进行的测量工作,称为竣工测量,竣工测量的目的一方面是为了检查工程施工定位质量,另一方面是为今后的扩建、改建及管理维护提供必要的资料。

竣工测量的主要内容:测定建筑物和构筑物的墙角坐标;地下管线进出口点、地下管线转折点、窨井中心的坐标和高程;道路的起止点、转折点、交叉点、变坡点坐标和高程;测定主要建筑物的室内地坪高程,并附房屋编号、结构层数、面积和竣工时间等资料;编制竣工总平面图、分类图、断面图,以及细部坐标和高程明细表。这些点位的坐标和高程与施工时的测量系统一致,如果没有变更设计,则竣工测量结果一般与设计数据吻合,超限大小可反映施工质量的优劣。若有变更设计,竣工测量结果应与变更设计数据吻合,并附上变更设计资料。

▶ 10.6.2 竣工总平面图的编绘

竣工总平面图是设计总平面图在施工后实际情况的全面反映,所以设计总平面图不能完全代替竣工总平面图。编绘竣工总平面图的目的在于:

①在施工过程中可能由于设计时没有考虑到的问题而使设计有所变更,这种临时变更设计的情况必须通过测量反映到竣工总平面图上;

②便于日后进行各种设施的维修工作,特别是地下管道等隐蔽工程的检查和维修工作;

③为企业的扩建提供了原有各项建筑物、构筑物、地上和地下各种管线及交通线路的坐标、高程等资料。

新建企业竣工总平面图的编绘,最好是随着工程的陆续竣工相继进行编绘。一面竣工,一面利用竣工测量成果编绘竣工总平面图。如果发现地下管线的位置有问题,可及时到现场核对,使竣工图能真实反映实际情况。边竣工边编绘的优点是:当企业全部竣工时,竣工总平面图也大部分编制完成;既可作为交工验收的资料,又可大大减少实测工作量,从而节约了人力和物力。

编制竣工总平面图的比例尺一般采用1∶500~1∶1 000,其编制的内容如下:

①现场保存的测量控制点和建筑方格网、主轴线、矩形控制网等平面及高程控制点位;

②地面建筑及地下建筑的平面位置、屋角坐标、层数、底层及室外高程;

③室外给水、排水、电力、电讯及热力管线等位置,与建筑物的关系、编号、高程、坡度、管径、流向及管材等;

④铁路、公路等交通线路,桥涵等构筑物的位置和高程;

⑤沉淀池、污水处理池、烟囱、水塔等及其附属构筑物的位置和高程;

⑥室外场地、绿化环境工程的位置和高程。

习题与思考

1. 民用建筑施工测量前有哪些准备工作?

2. 设置龙门板或轴线桩的作用是什么? 在引测过程中要进行哪些测量工作?

3. 一般民用建筑墙体施工过程中,如何投测轴线? 如何传递高程?

4. 如图10.22所示,已知原有建筑物与拟建建筑物的相对位置关系。

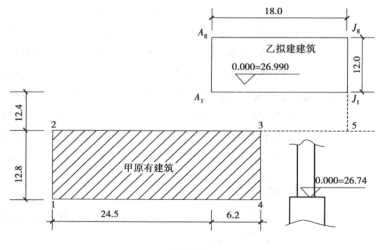

图 10.22

(1)写出根据原有建筑甲放样拟建建筑物乙(乙建筑尺寸为轴线尺寸)的测设方法和操

作步骤。

(2)写出根据原有建筑物,在 J_8 点处测设出室内地坪高程($\pm 0.000 = 26.990$ m)位置的操作步骤。

参考答案

4. 答:(1)作原有建筑物 23 点的外墙皮延长线,从 3 点沿此方向量取 11.615 m 定木桩记为 5 点,在此点安置经纬仪,后视 3 点顺时针拨 90°,并沿此方向分别量取 12.4 m 和12.0 m,钉木桩即为 J_1 点和 J_8 点,然后分别在 J_1 和 J_8 点安置经纬仪,后视 5 点顺时针拨 90°分别量取 17.76 m,依次放样出 A_1,A_8 点;

(2)已知原有建筑物的 $\pm 0.000 = 26.74$ m,要测设拟建建筑物乙在 J_8 点的室内地坪设计高程 $\pm 0.000 = 26.990$ m 的位置,将水准仪置于原有建筑物和待测点 J_8 之间,设在后视点上的读数为 a,则待测点的前视读数 b 应为 $b = (H_A + a) - H = 26.74$ m $+ a - 26.99$ m $= a - 0.25$ m;

测设时,将水准尺沿待测点桩的侧面上下移动,当水准尺的读数刚好为 $a - 0.25$ m 时,紧靠尺底在待测点桩上划一条红线,该红线的高程即为所测设的 26.990 m 高程线。

11

工业建筑施工测量

〖本章提要〗

本章主要介绍工业厂房、烟囱的施工测量方法,详细论述工业厂房的控制网测设、厂房柱列轴线和柱基的测设、构件的安装测量及烟囱施工测量。

11.1　概　述

工业建筑主要以厂房为主。工业厂房多为排柱式建筑,跨距和间距大,隔墙少,平面布置简单,施工测量精度明显高于民用建筑,定位一般是根据现场基线或建筑方格网,采用柱轴线控制桩组成的矩形方格网作为厂房的基本控制网。

厂房有单层和多层、装配式和现浇整体式之分。单层工业厂房以装配式为主,采用预制的钢筋混凝土柱、吊车梁、屋架、大型屋面板等构件,在施工现场进行安装。为了保证厂房构件就位的正确性,施工测量主要包括以下几个方面的工作:厂房矩形控制网的测设、厂房柱列轴线放样、杯形基础施工测量、厂房构件及设备安装测量等。

在进行工业建筑施工测量前,除与民用建筑施工测量相同的准备工作之外,还需做好下列工作:

(1)制定厂房矩形控制网的测设方案及计算测设数据　鉴于工业厂房的特点,厂区原有控制点的密度和精度不能完全满足厂房测设的要求。因此,在每个厂房原有控制网的基础上,应根据厂房的规模大小建立满足精度要求的独立矩形控制网,作为厂房施工测量的基本控制。

对于一般中、小型厂房,可测设一个单一的厂房矩形控制网,即在基础开挖边线以外,测设一个与厂房轴线平行的矩形控制网 *RSTU*,即可满足测设的需要。如图 11.1 所示,*E*,*F*,*G* 等为建筑方格网点,已知厂房外廓各轴线交点的坐标为设计值,*R*,*S*,*T*,*U* 是根据原有控制网布置在厂房基坑开挖范围以外的厂房矩形控制网的 4 个交点。对于大型厂房或设备基础复杂的厂房,为了保证厂房各部分精度一致,需要事先测设一条主轴线,然后以此测设出矩形控制网。

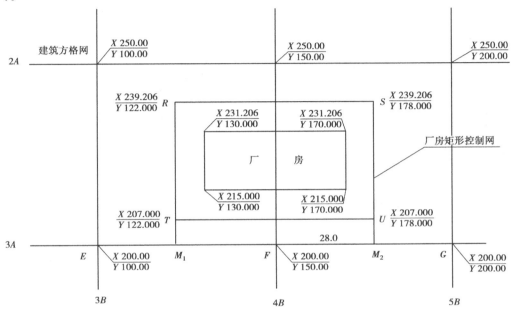

图 11.1　厂房矩形控制网测设略图

厂房矩形控制网的测设方案,通常是根据厂区的总平面图、厂区控制网、厂房施工图和现场地形情况等资料来制定。主要内容为:确定主轴线位置、矩形控制网位置、测设方法和精度要求。在确定主轴线点及矩形控制网时,应考虑到控制点能长期保存,尽量避开施工影响,同时应避开地上和地下管线,位置一般距离厂房基础开挖边线以外 1.5~4 m。

(2)绘制测设略图　根据厂区的总平面图、厂区控制网、厂房施工图等资料,按一定比例绘制测设略图,如图 11.1 所示,为测设工作做好准备。

11.2　工业厂房施工测量

▶　11.2.1　厂房控制网的测设

(1)中、小型工业厂房控制网的建立　对于单一的中、小型工业厂房而言,测设一个简单的矩形控制网就可满足施工测设的要求,矩形控制网的测设可以采用直角坐标法、极坐标法和角度交会法等,下面以直角坐标法为例,阐述依据建筑方格网建立厂房控制网的方法。

如图 11.1 所示,根据测设方案与测设略图,将经纬仪安置在建筑方格网点 F 上,分别精确照准 E、G 点。自 F 点沿视线方向分别量取 $FM_1 = 28.00$ m 和 $FM_2 = 28.00$ m,定出 M_1、M_2 两点。然后,将经纬仪分别安置于 M_1、M_2 两点上,用测量直角的方法分别测出 M_1T、M_2U 方向线,沿 M_1T 方向测设出 T、R 两点,沿 M_2U 方向测设出 U、S 两点,分别在 T、S、R、U 4 个点钉上木桩,做好标志。最后,检查控制桩 T、U、R、S 各点的直角是否符合精度要求,一般情况下其误差不应超过 ±10″,各边长度相对误差不应超过1/10 000 ~ 1/25 000。

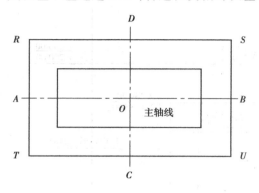

图 11.2 厂房矩形控制网

(2)大型工业厂房控制网的建立 对于大型工业厂房、机械化程度较高或有连续生产设备的工业厂房,需要建立有主轴线的较为复杂的矩形控制网。主轴线一般应与厂房某轴线方向平行或重合,如图 11.2 所示,主轴线 AOB 和 COD 分别选定在厂房柱列轴线 B 轴和⑤轴上(图 11.3),T、U、R、S 为拟测设控制网的 4 个控制点。测设时,首先按主轴线测设方法将 AOB 测设于地面上,再以 AOB 轴为依据测设短轴 COD,并对短轴方向进行方向改正,使轴线 AOB 与 COD 正交,限差为 ±5″。主轴线方向确定后,以 O 点为中心,用精密丈量的方法测定纵横轴端点 A、B、C、D 位置,主轴线长度相对精度为1/5 000。

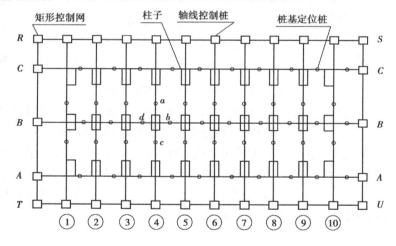

图 11.3 厂房柱列轴线测设

主轴线测设后,可测设矩形控制网。测设时分别将经纬仪安置在 A、B、C、D 4 点,瞄准 O 点测设直角,交会定出 R、S、U、T 4 个角点,精密丈量 AT、AR、BU、BS、CT、CU、DS、DR 的长度,精度要求同主轴线,不满足时应进行调整。

▶ 11.2.2 厂房柱列轴线和柱基的测设

图 11.3 是某厂房的平面示意图,A、B、C 轴线及1,2,3 等轴线分别是厂房的纵、横柱列轴线,又称定位轴线。纵向轴线的距离表示厂房的跨度,横向轴线的距离表示厂房的柱距。在

进行柱基测设时,应注意定位轴线不一定是柱的中心线,一个厂房的柱基类型很多,尺寸不一,测设时应特别注意。

(1)厂房柱列轴线的测设 如图11.3所示,A、B、C和①、②、③等轴线均为柱列轴线,在厂房控制网建立以后,即可按柱间距和跨距沿矩形控制网各边上用钢尺定出各柱列轴线桩的位置,并在桩顶上钉入小钉,作为桩基放线和构件安置的依据。

(2)柱基测设 柱基的测设应以柱列轴线为基线,按基础施工图中基础与柱列轴线的关系尺寸进行。现以图11.4所示B轴与④轴交点处的基础详图为例,说明柱基的测设方法。

首先,将两台经纬仪分别安置在B轴与④轴一端的轴线控制桩上,瞄准各自轴线另一端的轴线控制桩,交会定出轴线交点作为该柱基础的定位点(该点不一定是基础中心点),并作好标志。然后,沿轴线方向在基础开挖边线以外1~2 m的轴线上打入4个小木桩a、b、c、d,并在桩上用小钉标明位置。木桩应在基础开挖影响范围以外的一定位置,并留有一定空间保证基坑开挖和立模。最后,根据基础图的尺寸和放坡宽度,量出基坑开挖的边线,并撒上石灰线作为标志,此项工作称为柱列基线的测设。

(3)柱基施工测量 当基坑挖到一定深度后,用水准仪在坑壁四周离坑底0.3~0.5 m处测设水平桩,用作检查坑底高程和打垫层的依据。

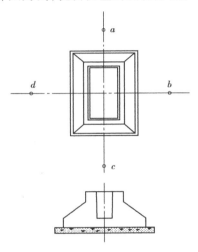

图11.4 柱基的测设

基础垫层做好后,根据基坑旁的定位小木桩,用拉线吊锤球法将基础轴线投测到垫层上,弹出墨线,作为柱基础安装钢筋和立模的依据。

立模板时,将模板底线对准垫层上的定位线,并用锤球检查模板是否垂直。最后将柱基顶面设计高程测设在模板内壁。

▶ 11.2.3 厂房构件的安装测量

在装配式工业厂房的构件安装测量中,精度要求较高,特别是柱的安装就位是关键,应引起足够重视。

1)柱的安装测量

(1)柱吊装前的准备工作 柱身的中心线、高程线和相应的基础顶面中心定位线、基础内侧高程是柱的安装就位和校正的重要依据。故在柱安装前须做好以下准备工作:

在柱子安装之前,应对基础中心线及间距、基础顶面和杯底高程等进行复核。然后将柱子按轴线编号,并在柱身3个侧面弹出柱子的中心线,并且在每条中心线的上端和靠近杯口处画上"▼"标志。根据牛腿面设计高程,向下用钢尺量出 -0.6 m 的高程线,并画出"▼"标志,以便校正时使用,如图11.5所示。在杯形基础上,由柱列轴线控制桩用经纬仪把柱列轴线投测到杯口顶面上,如图11.6所示,并弹出墨线,用红油漆画上"▼"标志,作为柱子吊装时确定轴线的依据。当柱子中心线不通过柱列轴线时,还应在杯形基础顶面四周弹出柱子中心线,仍用红油漆画上"▼"标志。同时用水准仪在杯口内壁测设一条 -0.6 m 高程线,并画

"▼"标志,用以检查杯底高程是否符合要求,如图11.6所示。然后用1∶2水泥砂浆抹在杯底进行找平,使牛腿面符合设计高程。柱子安装测量的基本要求如下:

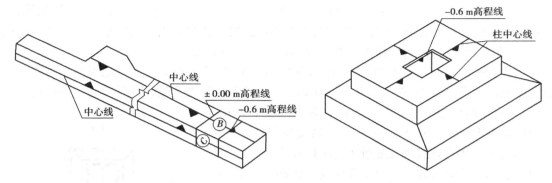

图 11.5　柱身弹线图　　　　　　　　　图 11.6　杯形基础杯口弹线图

①柱子中心线应与相应的柱列中心线一致,其允许偏差为 ±5 mm;

②牛腿顶面及柱顶面的实际高程应与设计高程一致,其允许偏差为:当柱高≤5 m 时,应不大于 ±5 mm;柱高 >5m 时,应不大于 ±8 mm;

③柱身垂直允许误差:当柱高≤5 m 时,应不大于 ±5 mm;当柱高 5 ~ 10 m 时,应不大于 ±10 mm;当柱高超过 10 m 时,限差为柱高的 1‰,且不超过 20 mm。

(2)柱子安装时的测量工作　柱子被吊装进入杯口后,先用木楔或钢楔暂时进行固定。用铁锤敲打木楔或者钢楔,使柱子向大杯中平移,直到柱中心线与杯口顶面中心线平齐。用水准仪检测柱身已标定的 ±0.00 m 高程线,其容许误差为 ±3 mm。然后进行垂直校正,校正时分别在相互垂直的两条柱列轴线上安置两台经纬仪,在离柱子的距离不小于 1.5 倍柱高处同时观测,如图 11.7 所示。观测时,将经纬仪照准柱子底部中心线,固定照准部后逐渐向上抬高望远镜,若柱子中心线始终与十字丝的竖丝重合,表明柱子在这个方向上是垂直的,否则应进行校正。经过两个互相垂直的方向校正后,将杯口的楔块打紧,然后实测柱子的垂直度偏差值。其做法是先用盘左仰视柱顶中心标志点,再俯视柱底中心标志点,若视线与其不重合,则投测出一点,做好标记,同法用盘右位置再投测另一点。若两点不重合,取两点中点,其到柱底中心标志点的距离即为柱子的垂直偏差值。若柱子垂直偏差值在允许值内,随即浇灌混凝土进行柱子的最后固定。

实际工作中,常遇到成排的柱子,经纬仪不能安置在柱列中线上,如图 11.8 所示。为了提高工作效率,一般可以将经纬仪安置在轴线的一侧,与轴线夹角 β 成 10° 左右的方向线上(为保证精度,与轴线角度不得大 15°),这样一次可以校正几根柱子。当校正变截面柱子时,经纬仪必须放在轴线上进行校正,否则容易出现差错。

在柱子垂直校正时需注意以下几个问题:

①校正用的经纬仪应经过严格检校,因为校正柱子垂直度时,往往只用盘左或盘右观测,仪器误差影响很大。操作时还应注意使照准部水准管气泡严格居中。

②柱子在两个方向的垂直度都校正好后,应再复查平面位置,观察柱子下部的中心线是否仍对准基础的轴线。

③过强的日照将使柱子产生弯曲,使柱顶发生位移。因此,当对柱子垂直度要求较高时,

柱子垂直度校正应尽量选择在早晨无阳光直射或阴天进行。

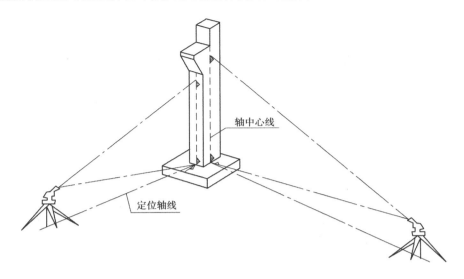

图 11.7 单根柱子校正图

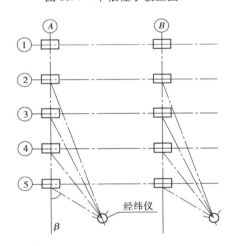

图 11.8 多根柱子校正图

2)吊车梁的安装测量

吊车梁安装测量工作的主要任务是保证吊车梁中线位置、顶面高程及两端中心线的垂直度满足设计要求。吊装前,首先弹出吊车梁的顶面中心线和吊车梁两端中心线,如图 11.9 所示。然后,将吊车轨道中心线投到牛腿面上,如图 11.10(a)所示,其步骤如下:利用所测设的厂房中心线 A_1A_1,根据设计轨道间距在地面上放样出吊车轨道中心线 $A'A'$ 和 $B'B'$。然后分别安置经纬仪于吊车轨道中心线的一端点 A' 上,瞄准另一端点,向上倾斜望远镜,即可将吊车轨道

图 11.9 吊车梁中心线

中心线投测到每根柱子的牛腿面上,并弹出墨线。吊装前,要检查预测柱、梁的施工尺寸以及牛腿面到柱底高度,看是否与设计要求相符,如不相符且相差不大时,可根据实际情况及时做出调整,确保吊车梁安装到位。吊装时使牛腿面上的中心线与梁端中心线对齐,将吊车梁安装在牛腿上。吊装完后,还需要检查吊车梁的高程,可将水准仪安置在地面上,在柱子侧面放样 50 cm 的高程线,再用钢尺从该线沿柱子侧面向上量出梁面的高度,检查梁面高程是否正确,然后在梁下用钢板调整梁面高程。

3) 吊车轨道的安装测量

安装吊车轨道前,一般需先用平行线法对梁上的中心线进行检测,如图 11.10(b) 所示,首先在地面上从吊车轨道中心线向厂房中心线方向量出长度 a(一般为 1 m),得平行线 $A''A''$ 和 $B''B''$。然后安置经纬仪于平行线一端点 A'' 上,瞄准另一端点,固定照准部,向上倾斜望远镜进行投测。此时另一个人在梁上移动横放的木尺,当视线正对准尺上一米刻划线时,尺的零端与梁面中心线重合。若不重合应予以改正,可用撬杆移动吊车梁,使吊车梁中心线移到 $A''A''(B''B'')$ 的间距等于 $a(1$ m) 为止。在校正吊车梁平面位置的同时,用吊锤球的方法检查吊车梁的垂直度,不满足时在吊车梁支座处加垫块进行校正。

在吊车梁就位后,先根据柱面上定出的吊车梁设计高程线检查梁面的高程,不满足精度要求时采用抹灰调整。然后把水准仪安置在吊车梁上,进行精确检测实际高程,其误差应在 ±3 mm 以内。同时还需要用钢尺检查两吊车轨道间的跨距,并与设计跨距比较,误差应在 ±5 mm 以内。

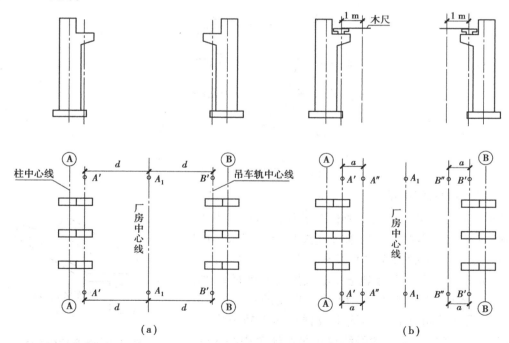

图 11.10 吊车梁及吊车轨道安装测量

11.3 烟囱、水塔施工测量

烟囱和水塔是典型的高耸构筑物,如图11.11所示,虽然形式不同,但有共同特点:基础小,筒身高,抗倾覆性能差,对称轴是通过基础圆心的铅垂线。烟囱和水塔施工测量的主要目的是严格控制它们的中心位置,以确保主体竖直。按施工规范规定,筒身中心轴线垂直度偏差最大不得超过110 mm;当筒身高度 $H > 100$ m时,其偏差不应超过0.05H%,烟囱圆环的直径偏差不得大于30 mm。由于烟囱和水塔的施工测量具有相似性,现以烟囱为例加以说明。

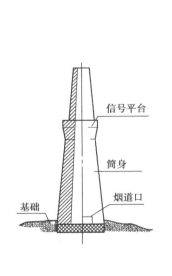

图 11.11 烟囱

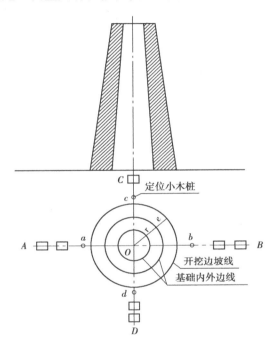

图 11.12 烟囱基础放样图

► 11.3.1 基础施工测量

首先按照设计施工平面图的要求,根据控制点或原有建筑物与基础中心的尺寸关系,在施工场地上测设出基础中心位置 O 点。如图11.12所示,首先,在 O 点上安置经纬仪,任选一点 A 作为后视点,同时在此方向上定出 a 点。然后,顺时针旋转照准部依次测设90°直角,定出 OC、OB、OD 方向上的 C、c、B、b、D、d 各点,并转回 OA 方向归零校核,其中 A、B、C、D 各控制桩至烟囱中心的距离应大于其高度的 $1 \sim 1.5$ 倍,并应妥善保护。a、b、c、d 4个定位桩,应尽量靠近所建构筑物但又不影响桩位的稳固,主要用于修复烟囱的中心位置。最后,以基础中心点 O 为圆心,以 $r + e$ 为半径(e 为基坑的放坡宽度,r 为构筑物基础的外侧半径)在场地上画圆,撒上石灰线以标明土方开挖范围,如图11.12所示。

当基坑开挖深度接近设计高程时,可在基坑内壁测设水平桩,作为检查基础深度和浇筑

混凝土垫层的依据。

浇筑混凝土基础时,应在基础中心位置埋设钢筋作为标志,并在浇筑完毕后把中心点 O 精确地引测到钢筋标志上,刻上"+"线,作为简体施工时控制简体中心位置和简体半径的依据。

11.3.2 烟囱筒体施工测量

1)引测简体中心线

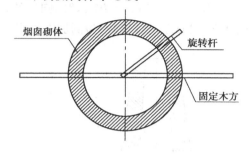

图 11.13 旋转尺杆

在简体施工中,必须随时将构筑物中心位置引测到施工作业面上,以此为依据,随时检查作业面的中心是否在构筑物的中心铅垂线上。通常,每施工一个作业面高度(每砌筑一步架或每升模板一次)引测一次中心线。具体引测方法是:先在施工作业面上横向设置一根控制方木和一根带有刻度的旋转尺杆,如图 11.13 所示,尺杆零端铰接于方木中心。方木中心下悬挂质量为 8~12 kg 的锤球。平移方木,将垂球尖对准基础面上的中心标志,即可检核施工作业面的偏差,并在正确位置继续施工。

简体每施工 10 m 左右,还应向施工作业面用经纬仪引测一次中心,对简体进行检查。检查时,如图 11.12 所示,分别在轴线控制桩 A、B、C、D 安置经纬仪,瞄准各轴线相应一侧的定位小木桩 a、b、c、d,将轴线投测到施工面上,并做好标记。然后,用拉线法交出正确的中心点,并与垂球引测的中心点比较,以作校核。校核无误后,以经纬仪投测的中心为圆心,对简体进行检查,若有偏差应立即进行纠正,然后再继续施工。

对精度要求高的混凝土烟囱,为保证施工精度要求,可采用激光经纬仪进行烟囱的铅垂定位。定位时将激光经纬仪安置在烟囱基础的"+"字交点上,在工作平台面上安放激光铅垂仪接收靶,每次提升工作平台前、后均应进行铅垂定位测量,及时调整偏差。

2)简体外壁收坡的控制

为了保证简体收坡满足设计要求,除用尺杆画圆控制外,还需随时用靠尺板来检查简体的收坡情况。靠尺板形状如图 11.14 所示,两侧的斜边是严格按照设计要求的筒壁收坡系数制作的。在使用过程中,把斜边紧靠简体外侧,若简体外侧的收坡满足要求,则垂球线正好通过下端的标志位置或缺口。若收坡控制不好,可通过坡度尺上小木尺读数反映偏差大小,使简体收坡得到及时有效控制。

在简体施工过程中,还要检查简体砌筑到一定高度时的设计半径。

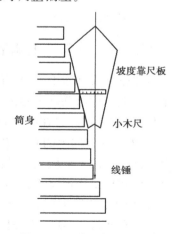

图 11.14 靠尺板工作示意

3) 筒体的高程控制

筒体的高程控制是用水准仪在筒壁上测出 + 0. 500 m
(根据情况可测出任意整分米数)的高程控制线,然后以此线为准用钢尺量取筒体的高度。

习题与思考

1. 在工业厂房施工测量中,为何要建立独立的厂房控制网?

2. 如何进行柱子吊装的竖直校正工作?

3. 简述如何根据厂房矩形控制网进行杯形柱基的放样。试述柱基的施工测量过程。

4. 烟囱等高耸构筑物有何特点? 如何控制烟囱施工过程中的垂直度?

12

管道工程测量

〖本章提要〗

本章主要介绍管道工程的施工测量方法,详细论述管道的中线测设、纵横断面图测绘、施工测量及竣工测量。

12.1 概　述

随着我国城市化建设的发展,为满足人民生活需要的给水、排水、燃气、热力、输电、网络通讯、电视等管道建设越来越多。针对管道设计和施工服务的测量工作统称为管道工程测量。管道工程测量的主要任务是:在准备阶段为管道工程的设计提供地形图和断面图;在建设阶段按设计要求将管道位置测设到实地,以指导施工。其工作内容主要有:

①收集规划设计区域大比例尺地形图、原有管道平面图和断面图等资料;

②结合现场勘察,利用已有资料进行规划设计、纸上定线;

③根据初步规划线路,实测(或修测)管道附近的带状地形图;

④管道中线测量,即在地面上定出管道中心线位置的测量工作;

⑤测量并绘制管道纵、横断面图;

⑥管道施工测量,即管道的实地放样;

⑦管道竣工测量,即绘制反映管道实际敷设情况的竣工图,为日后管理、维修、改建、扩建提供依据。

管道工程多敷设于地下,各种管道常常相互上下穿插,纵横交错。如果在设计和施工中出现差错,一经埋设,将会为日后留下隐患或带来严重后果。因此,管道测量工作必须采用规划区域内统一的坐标和高程系统,并且严格按设计要求进行测量工作,以确保工程质量。

12.2   管道中线测量

管道中线测量的任务是将设计的管道中心线的位置在地面上测设出来,其内容包括:管道主点(包括起点、转向点、终点)桩测设、管道转向角测量、中桩测设及绘制里程桩手簿等。

▶ 12.2.1   管道主点的测设

管道的起点、终点和转向点称为管道的主点。主点的测设方法可参见第9章9.2节"点的平面位置的测设"。根据管道设计的精度要求,主点测设数据的计算可采用下述方法:

1)图解法

当管道规划设计图的比例尺较大(一般为1∶200或1∶500),且管道主点附近有明显可靠的地物时,可按图解法计算测设数据。如图12.1所示,Ⅰ、Ⅱ是原有管道检查井位置,A、B、C点是设计的管道主点,已知A点到检查井Ⅱ的距离为21.5 m。欲在地面上定出A、B、C的点位,可根据比例尺在图上分别量出a、b、c、d和e的长度,即为测设数据。然后,在实地沿原管道Ⅱ—Ⅰ方向,从Ⅱ点量出21.5 m即得A点;用直角坐标法从建筑甲的房角量取a,并垂直房边量取b即得B点,再量取c来校核B点测设是否正确。同理,可采用距离交会法从建筑乙的两个房角同时量出d、e交出C点。

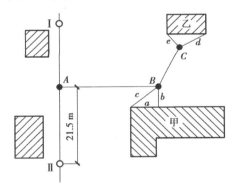

图 12.1   图解法

图解法的精度受图纸比例尺的影响较大,一般情况下图纸的比例尺越大,图解法得到的测设数据精度就越高。当管道中线测量精度要求较低时,可采用该方法测设主点。

2)极坐标法

当管道规划设计图上已给出管道主点的坐标,且主点附近有控制点时,采用极坐标法测设管道主点。如图12.2所示,A、B、C、D为管道附近的测量控制点,Ⅰ,Ⅱ,…,Ⅴ为管道主点。以主点Ⅱ的测设为例进行说明:首先,利用坐标反算获取主点Ⅱ的测设数据角度∠ABⅡ和距

离 D_2；然后，在 B 点安置经纬仪，后视 A 点，拨角 $\angle AB \text{II}$，得到 $B\text{-II}$ 方向，在此方向上用钢尺测设距离 D_2，即得 II 点。其他主点均可按上述方法进行测设。当管道中线测设精度要求较高时，一般采用极坐标法测设主点。

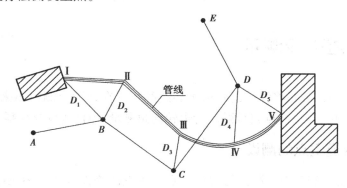

图 12.2　极坐标法

主点的测设工作必须及时进行校核，检核方法如下：首先用主点的设计坐标计算相邻主点间的距离，然后在实地量取主点间距离，最后判断两者之差是否超限。

如果在拟建管道附近没有控制点或控制点密度不够，首先应在管道附近敷设一条导线，或采用交会法加密控制点，然后再按上述方法计算测设数据，进行主点的测设。

▶ 12.2.2　管道转向角测量

转向角（偏角）是在管道转折处，转变后管道的方向与原来方向的夹角。转向角有左、右之分，通常左偏角用 α_z 表示，右偏角用 α_y 表示。

若已知管道折线的左角 β，则：

①当 $\beta_左 > 180°$ 时，为右转角，有：$\alpha_y = \beta_左 - 180°$；

②当 $\beta_左 < 180°$ 时，为左转角，有：$\alpha_z = 180° - \beta_左$。

若已知观测线路的右角 β，则：

①当 $\beta_右 < 180°$ 时，为右转角，有：$\alpha_y = 180° - \beta_右$；

②当 $\beta_右 > 180°$ 时，为左转角，有：$\alpha_z = \beta_右 - 180°$。

▶ 12.2.3　中桩（里程桩）的测设

为了测定管道的实际长度和进行纵横断面图的测绘，需从管道起点开始沿管道方向在地面上设置整桩和加桩的工作称为中桩测设。从起点开始按规定每隔某一整数距离设置一中桩，称为整桩。不同管道，整桩之间距离不同，一般为 20 m、30 m，最长不超过 50 m。在相邻整桩之间，管道穿越的重要地物如铁路、公路、旧有管道等，及地面坡度变化较大的地方需要增设加桩。

为了便于施工和计算，管道中桩需要按管道起点至该桩的里程进行编号，并用红油漆写在木桩侧面，如整桩号为 1 + 150，表示此桩距离起点 1 150 m（" + "号前的数字以 km 为单位）。为了避免中桩的测设错误，量距一般用钢尺丈量 2 次，相对精度不超过 1/1 000。

不同的管道工程,起点的规定也有所不同,如给水管道以水源为起点;煤气、热力等管道以来气方向为起点;电力、电讯管道以电源为起点;排水管道以下游出水口为起点。

▶ 12.2.4　绘制里程桩手簿

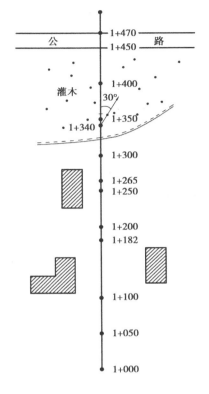

管道里程桩手簿是绘制纵断面图和设计管道时的重要参考资料,它是表示管道两侧带状地区地物、地貌情况的草图,一般根据中桩的位置进行描绘。

里程桩手簿一般绘制在毫米方格纸上,如图 12.3 所示。图中直线表示管道的中心线,K1 +000 表示该标段管道工程的起点。K1 +340 处标注偏角,表示管道在此处发生转向,箭头指示管道转折的方向,并注明偏角值(图中偏角为 30°)。转向后管道仍按原直线方向绘出。K1 +450 和 K1 +470 是管道穿越公路的加桩,K1 + 182 和 K1 +265 是地面坡度变化的加桩,其他均为整桩。测绘管道带状地形图时,其宽度一般为管道中心线两侧 20 m 左右,如遇到建筑物,则需测绘完整建筑物,并用统一的图式表示。

管道里程桩手簿的测绘方法可以采用距离交会法、直角坐标法或极坐标法,必要时选用测绘仪器进行大比例尺测图。若管道施工区域已有大比例尺地形图,应充分予以利用,直接在地形图上表示出管道中线各中桩的位置及其编号。

图 12.3　管道里程桩手簿

12.3　管道纵横断面图测绘

▶ 12.3.1　纵断面图测绘

纵断面图是沿中线方向绘制的反映地面起伏和纵坡设计的线状图,它表示出各段管道的纵坡大小和中线位置的填挖尺寸,是设计管道埋设深度、坡度及计算土方量的重要资料。目前,纵断面测量的方法主要有水准测量和全站仪光电三角高程测量。采用三角高程测量法测绘纵断面时,可与中桩测设同时进行,这里只介绍水准测量的纵断面测绘方法。

1)水准点的布设

为了保证全线高程测量的精度,在进行纵断面水准测量前,首先沿管道方向设置足够的水准点作为高程控制。当管道路线较长时,应沿管道方向每 1 ~ 2 km 设一个永久性水准点;永久性水准点之间每隔 300 ~ 500 m 设置一个临时水准点,作为纵断面水准测量分段附合和

引测高程的依据。水准点应埋设在不受施工影响、使用方便和易于保存的地方。为重力自流管道布设的水准点,按四等水准测量的精度要求进行观测;为一般管道布设的水准点,水准路线闭合差不超过 $\pm 30\sqrt{L}$ mm(L 以 km 为单位)。

2)纵断面水准测量

纵断面水准测量一般以相邻的两个水准点为一测段,从一个水准点出发,逐点测量中桩的高程,再附合到另一个水准点上,以资校核。纵断面水准测量的视线长度可适当放宽,一般情况下采用中桩点作为转点(如图 12.4 中的 ZD_1,ZD_2,…,ZD_6),但也可另设。在两转点间的各桩,通称为中间桩。中间桩的高程通常用视线高法(又称仪器高法)测得。由于转点起传递高程的作用,转点上读数需读至 mm,如果只为计算本点高程的中间点读数,可读至 cm。图 12.4 是从水准点 BM_5 开始至水准点 BM_6 结束,由 K1 + 00 到 K1 + 500 桩的纵断面水准测量示意图,表 12.1 为对应的记录手簿。纵断面水准测量的高差闭合差,对于重力自流管道不应大于 $\pm 40\sqrt{L}$ mm;对于一般管道,不应大于 $\pm 50\sqrt{L}$ mm。

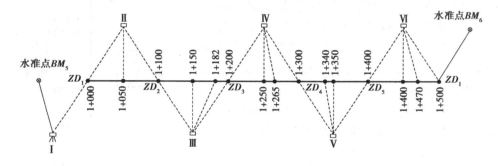

图 12.4　纵断面水准测量

表 12.1　纵断面水准测量记录手簿

测　站	桩　号	后视读数/m	视线高程/m	前视读数/m 转　点	前视读数/m 中间点	高程/m
I	BM_5	2.204	259.004			256.800
	K1 + 000			1.895		257.109
II	K1 + 100	2.054	259.163			257.109
	K1 + 050				1.510	257.653
	K1 + 100			1.766		257.397
III	K0 + 100	1.970	259.367			257.397
	K1 + 150				2.20	257.167
	K1 + 182				1.35	258.017
	K1 + 200			1.848		257.519
⋮	⋮	⋮	⋮	⋮	⋮	⋮

在纵断面水准测量中,应特别注意做好与其他管道交叉的调查工作,记录管道交叉口的桩号,测量原有管道的高程和管径等数据,并在纵断面图上标出其位置,以供设计人员参考。

3)纵断面图的绘制

绘制纵断面图时,一般在毫米方格纸上进行。绘制时,以管道的里程为横坐标,高程为纵坐标。为了更明显地表示地面的起伏,一般纵断面图的高程比例尺要比水平比例尺大10倍或20倍。自流管道和压力管道纵断面图的水平、高程比例尺可按表12.2进行选择,也可根据实际情况作适当变动。

表 12.2 纵横断面图的水平、高程比例尺参考表

管道名称	纵断面图		横断面图
	水平比例尺	高程比例尺	(水平、高程比例尺相同)
自流管道	1∶1 000	1∶100	1∶100
	1∶2 000	1∶200	1∶200
压力管道	1∶2 000	1∶200	1∶100
	1∶5 000	1∶500	1∶200

纵断面图绘制方法如下:

①如图12.5所示,在方格纸的适当位置绘出水平线。水平线以下各栏注记实测、设计和计算的有关数据,水平线以上绘制管道的纵断面图。

②根据水平比例尺,在管道平面图内标明整桩和加桩的位置,在距离栏内注明各桩之间的距离,在桩号栏内标明各桩的桩号,在地面高程栏内注记各桩的地面高程,并凑整到 cm(排水管道技术设计的断面图上高程应注记到 mm),根据里程桩手簿绘出管道平面图。

③在水平线上部,按高程比例尺,根据整桩和加桩的地面高程,在相应的垂直线上确定各点的位置,再用直线连接相邻点,得到纵断面图。

④根据设计要求,在纵断面图上绘出管道的设计线,在坡度栏内注记坡度方向,用"/"、"\"和"—"分别表示上、下坡和平坡。坡度线之上注记坡度值,以千分数表示,线下注记斜坡的距离。

⑤各个桩点的管底高程是根据起点的管底高程、设计坡度以及各桩之间的距离,逐点推算出来的。例如 K1 + 000 的管底高程为 255.31 m,管道坡度 $i = +5‰$," + "表示上坡,可计算出 K1 + 100 管底高程为:255.31 + 100 × 5‰ = 255.81 m。

⑥管道的埋深 = 地面高程 − 管底高程。

在纵断面图上,还应将本管道与旧管道连接处和交叉处,以及与其交叉的地道和地下构建物的位置关系在管道平面图栏内绘出。

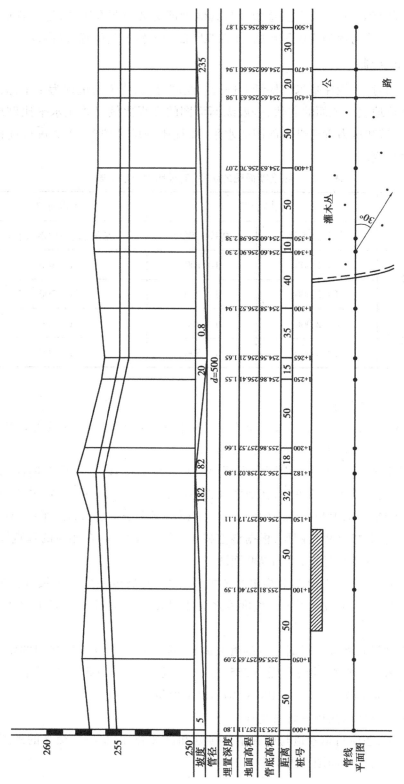

图12.5 管道纵断面图

238

▶ 12.3.2　横断面测量

　　为了计算土方量及确定管道的开挖边界,需要进行横断面测量。横断面测量是测定中桩两侧垂直于中线的地面线,因此首先要确定横断面方向,然后在此方向上测定地面坡度变化点的距离和高差。

　　横断面图施测的宽度,由管道的直径和埋深来确定,一般为每侧 20 m。测量时,横断面的方向可用十字架(见图 12.6)定出。用小木桩或测钎插入地面,以标志地形特征点。特征点到管道中线的距离用皮尺丈量。地形特征点高程与纵断面水准测量同时施测,作为中间点看待,但分开记录。现以图 12.4 中的测站Ⅲ为例,说明 K1 + 100 整桩处横断面水准测量的方法。如图 12.7 所示,将水准仪安置在测站Ⅲ上,后视 K1 + 100,读数为 1.514 m,此时仪器视线高程为

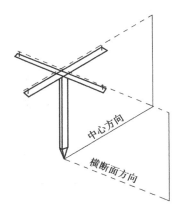

图 12.6　横断面方向

258.911 m。前视横断面上各点,读取左8(在管道中线左面,离中线距离 8 m)、左20、右20 各点的中间读数,记入表 12.3 所示横断面水准测量手簿中。仪器视线高程减去各点的中间读数,即得横断面各点的高程,高程应凑整到 cm。

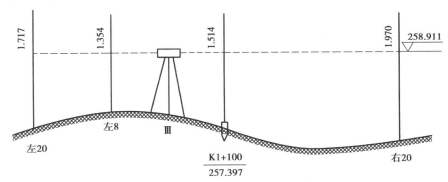

图 12.7　横断面测量

表 12.3　横断面水准测量手簿

断面桩号	桩号	后视读数/m	视线高程/m	前视读数/m 转　点	前视读数/m 中间点	高程/m
	K1 + 100	1.514	258.911			257.397
	左 8				1.354	257.56
K1 + 100	左 20				1.717	257.19
	右 20				1.970	256.94
	⋮	⋮	⋮	⋮	⋮	⋮

图 12.8 所示是 K1 + 100 整桩处的横断面图。横断面图一般在毫米方格纸上绘制。绘制时，以中线上的地面点为坐标原点，以水平距离为横坐标，高程为纵坐标。图 12.8 中，中间一栏为横断面相邻地面特征点之间距离，竖写的数字是地面特征点的高程。为了计算横断面的面积和确定管道开挖边界，水平比例尺和高程比例尺应相同，一般选择 1∶100 或 1∶200。

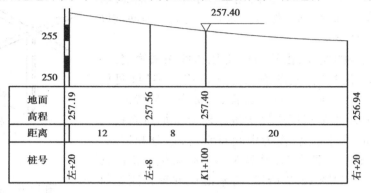

图 12.8　横断面

如果管道施工的开挖管槽不宽，管道两侧地势平坦，可不必进行横断面测量。计算土方量时，横断面上地面高程可视为与中桩高程相同。

12.4　地下管道施工测量

12.4.1　中线桩的校核及施工控制桩的测设

从管道勘测到开始施工这段时间里，往往会有一部分中桩丢失或遭破坏。为了保证管道施工位置的正确可靠，应根据设计要求，在施工前对原有的管道中线进行复核，并对破坏的中桩进行恢复测量，同时还要测设检查井等设计阶段涉及的附属构筑物及支线的位置。

在施工过程中，由于中线上各桩均会遭到破坏，为了便于恢复中线和其他附属构筑物的位置，应在不受施工干扰、引测方便且易于保存的地方测设施工控制桩，如图 12.9 所示。

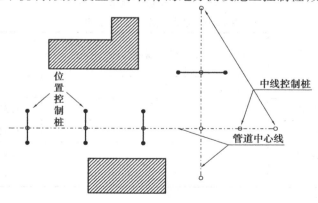

图 12.9　管道施工控制桩

施工控制桩分为中线控制桩和位置控制桩两种。测设中线控制桩是在中线的延长线上设置木桩;位置控制桩是在与中线垂直方向打桩,以控制里程桩和井位等的位置。

▶ 12.4.2　槽口放线

根据管径大小、埋置深度以及土质情况确定开槽宽度,并在地面上定出槽边线的位置,撒上白灰线标明。槽边线的确定方法同第 10 章 10.2.3 节基础开挖边线。

▶ 12.4.3　基槽管底的中线与高程测设

1)龙门板法

龙门板由坡度板和高程板组成,如图 12.10 所示。中线测设时,根据中线控制桩,用经纬仪将管道中心线投测到坡度板上,并钉一小钉标定其位置,此钉称为中线钉。各龙门板中线钉的连线表示管道的中线方向。在连线上挂锤球,可将中线位置投测到管槽内,以控制管道中线测设。

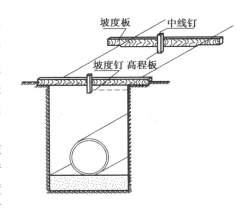

图 12.10　龙门板法

为了控制管槽开挖深度,应根据附近的水准点,用水准仪测出各坡度板板顶的高程。根据管道的设计坡度计算该处管道的设计高程,则坡度板板顶与管道设计高程之差就是从坡度板顶向下开挖的深度,称为下返数。下返数往往不是一个整数,且各坡度板的下返数都不一致,给施工测设带来不便。为此,需要计算每一个坡度板板顶向上或向下量的改正数 Δ,使下返数为一个整数 C,即

$$\Delta = C - (H_{板顶} - H_{管底}) \qquad (12.1)$$

式中　$H_{板顶}$——坡度板板顶高程;

　　　$H_{管底}$——管底设计高程。

根据计算的调整数 Δ,在高程板上用小钉标定其位置,称为坡度钉。测设坡度钉的方法很多,较常用的方法是"应读前视法",现以图 12.11 及表 12.4 为例,具体说明坡度钉位置的测设方法。

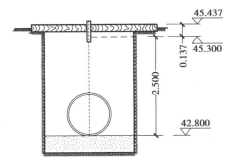

图 12.11　确定设计高程

表 12.4　坡度钉测设手簿

工程名称:××污水管道			设计坡度:-3‰		水准点高程:$BM_{05}=256.800$ m		
测点(板号)	后视/m	视线高程/m	管底设计高程/m	坡度钉下反数/m	坡度板实读数/m	坡度板应读数/m	改正数 Δ/m
1	2	3	4	5	6	7	8 = 6 - 7
BM_{05}	1.357	258.157					

续表

工程名称:××污水管道			设计坡度:-3‰		水准点高程:BM_{05} = 256.800 m		
测点(板号)	后视/m	视线高程/m	管底设计高程/m	坡度钉下反数/m	坡度板实读数/m	坡度板应读数/m	改正数 Δ/m
K1+000			255.335	2.5	0.352	0.322	0.030
K1+010			255.305	2.5	0.185	0.352	-0.167
K1+020			255.275	2.5	0.396	0.382	0.014
K1+030			255.245	2.5	0.357	0.412	-0.055
K1+040			255.215	2.5	0.453	0.442	0.011
K1+050			255.185	2.5	0.435	0.472	-0.037

①安置水准仪,后视已知水准点 BM_{05},高程为256.800 m,后视读数为1.357 m,计算视线高程:$H_{视}$ = 256.800 m + 1.357 m = 258.157 m,将后视读数和视线高程分别填入表12.4中2、3栏内。

②设桩点 K1+000 的管底设计高程为255.335 m,管道设计坡度为-3‰,计算每10 m处的管底设计高程,填入表12.4中第4栏,如 K1+020 处的管底设计高程为:255.335 m - 20 m × 3‰ = 255.275 m。

③根据现场实际情况选定下返数,填入第5栏(本例为2.5 m)。下返数的选择应使坡度钉钉在不影响施工和使用的高度上,一般为1.5~2.5 m。地面起伏较大时可分段选取下返数。

④计算各坡度钉的前视应读数 $b_{应}$ = 视线高程 - (管底设计高程 + 下反数),填入第7栏。

⑤计算各坡度板板顶的改正数 $\Delta = b_{实} - b_{应}$,填入第8栏。若 Δ 为"-"时,则应从板顶向下改正 Δ 钉坡度钉;若 Δ 为"+"时,则应从板顶向上改正 Δ 钉坡度钉。

钉好坡度钉后,立尺于所钉坡度钉上,检查实读前视与应读前视读数是否一致,若误差在 ±2 mm 内,认为坡度钉位置正确。在施工过程中,应定期检查本段和已完成段坡度钉的高程,以免因测量错误或坡度板移位造成各段管道无法衔接。

2)平行轴腰桩法

该方法主要适用于精度要求较低的管道中线和坡度施工控制。

开工之前,在管道中线一侧或两侧开挖槽边线外设置一排平行于管道中线的轴线桩,称为平行轴线桩。各桩间距以10~20 m为宜。各检查井的位置也应在平行轴线上设置相应的桩位,如图12.12(a)所示。

为控制管底高程,在两侧槽壁上(距离槽底约1 m)测设一排与平行轴线桩相对应的水平桩,称为腰桩,如图12.12(b)所示。在腰桩上钉一小钉,小钉高程与管底设计高程之差 h 即为下返数。施工时只需用皮尺量取小钉到槽底的距离,并与下返数比较,即可检查是否挖到管底设计高程。

图 12.12　平行轴腰桩法

　　设置腰桩时,首先根据管底设计高程及选定的下返数,计算各腰桩点的高程;然后根据已知高程点测设出各腰桩;最后用小钉标明其位置,各腰桩小钉的连线与设计坡度平行,且小钉的高程与管底的设计高程之差为一常数,即下返数。

12.5　架空管道施工测量

　　架空管道主点的测设与地下管道相同。架空管道支架基础开挖中的测量工作和基础模板定位与厂房柱子基础的测设相同,架空管道安装测量与厂房构件安装测量基本相同,这里仅介绍支架位置控制桩的测设工作。

　　在架空管道上,每个支架的中心桩在开挖基础时均会被破坏,为此必须将其位置引测到互为垂直方向的 4 个控制桩上,如图 12.13 的 a、b、c、d。有了控制桩后,就可确定开挖边线(如图 12.13 中虚线)进行基础施工。

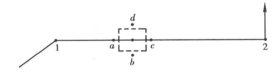

图 12.13　支架位置控制桩的测设

12.6　顶管施工测量

　　当管道穿越铁路、公路、河流或重要建筑物时,为了保证正常的交通运输,并避免大量的拆迁工作,往往不允许在地面开挖沟槽,此时需要采用顶管法施工。顶管法施工可克服雨季和严冬对施工的影响,减轻劳动强度和改善劳动条件。在顶管法施工过程中,首先在管道一端挖好的工作坑内安放导轨,并将管筒放在导轨上;然后用顶镐将管筒沿管道方向顶进土中;最后挖出管内的土方,形成连续的整体管道。

　　顶管施工测量的主要任务是控制管道顶进时的中线方向、管底高程和坡度。

▶ 12.6.1 顶管施工测量的准备工作

1)顶管中线桩的设置

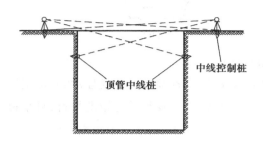

图 12.14 顶管中线桩的设置

首先根据设计图上管道的要求,在工作坑的前后钉立两个桩,称为中线控制桩,如图 12.14 所示。然后确定开挖边界。开挖到设计高程后,将中线引到坑壁上,并钉立大钉或木桩,此桩称为中线桩,以标定顶管的中线位置。

2)设置临时水准点

为了控制管道按设计高程和坡度,需要在工作坑内设置临时水准点。一般要求设置两个,以便相互检核。

3)安装导轨

导轨一般安装在方木或混凝土垫层上,垫层面的高程及纵坡都应符合要求(中线高程应稍低,利于排水并防止磨擦管壁)。根据导轨宽度安装导轨,并利用顶管中线桩及临时水准点检查中心线和高程,无误后,将导轨固定。

▶ 12.6.2 顶进过程中的测量工作

1)中线测量

如图 12.15 所示,在坑内两个顶管中线桩之间拉一条细线,并在细线上挂 2 个锤球,两锤球的连线即为顶管中线方向。为了保证测量精度,两锤球间的距离应尽量大。在管内前端横放一木尺,尺长等于或略小于管径,使它恰好能放在管内。木尺上的分划是以尺的中央为零向两端增加的。顶管时用水准器将尺子在管内放平,通过瞄线法将管外两锤球线的连线方向瞄入,如果两锤球连线方向线与木尺上的零分划线重合,则说明

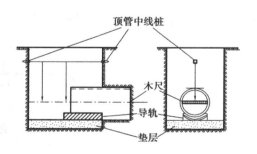

图 12.15 中线测量

管子中心在设计管道方向上;如不重合,则管子有偏差。其偏差值可直接在木尺上读出,偏差超过 ±1.5 cm,则必须对顶管进行校正。通常顶管每顶进 0.5 ~ 1 m 进行一次检查。一般在管道上每隔 100 m 设一个工作坑或检查井,分段对顶管施工。接通时,管子错口误差不得超过 ±3 cm。

在条件允许的情况下,宜采用激光经纬仪或激光指向仪进行定向。

2)高程测量

将水准仪安置在工作坑内,以临时水准点为后视,以顶管内待测点为前视(使用一根小于管径的标尺)。一般每顶进 0.5 m 测量一次高程,将测量计算的待测点高程与管底的设计高

程相比较,其差数超过 ±1 cm 时,需对管子进行校正。

12.7　管道竣工测量

在管道工程中,竣工图反映了管道施工的成果及其质量,是管道建成后进行管理、维修和扩建不可缺少的资料;同时,它也是城市规划设计的必要依据。

1)管道竣工带状平面图

主要测绘内容包括:管道的主点、检查井位置以及附属构筑物施工后的实际平面位置和高程。图 12.16 是管道竣工带状平面图示例,图上除标注各种管道位置外,还根据资料在图上标有:检查井编号、检查井顶面高程和管底(或管顶)高程,以及井间的距离和管径等。对于管道中的阀门、消火栓、排气装置和预留口等,应用统一的符号标注。

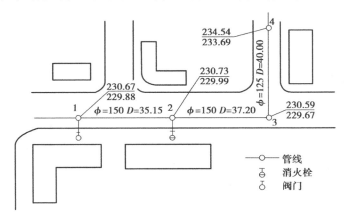

图 12.16　管道竣工带状平面图

当已有实测详细的大比例地形图时,可以根据已测定的永久性建筑物采用图解法来测绘管道及其构筑物的位置。当地下管道竣工测量的精度要求较高时,以图根导线的技术要求测定管道主点的解析坐标,其点位中误差(指与相邻的控制点)不应大于 ±5 cm。

地下管道平面图的测绘要求:地下管道与邻近的地上建筑物、相邻管道、规划道路中心线的间距中误差,如采用解析法测绘,1∶500 ~ 1∶2 000 比例尺不应大于图上 0.5 mm;如采用图解法测绘,1∶500 ~ 1∶1 000 比例尺不应大于图上 0.7 mm。

2)管道竣工断面图

管道竣工断面图的测绘一般在回填土前进行。根据图根水准测量的精度要求测定检查井口顶面和管顶高程,管底高程则由管顶高程和管径、管壁厚度计算得到。但是对于自流管道,应直接测定管底高程,其高程中误差(指测点相对于邻近高程起始点)不应大于 ±2 cm,井间距离应用钢尺丈量。如果管道互相穿越,在断面图上还应表示出管道的相互位置,并注明尺寸。图 12.17 为图 12.16 所示管道的竣工断面图。

目前,我国很多城市旧的地下管道多数没有竣工图,为此应对原有旧管道进行调查测量。首先向各专业单位收集现有的旧管道资料,再到实地对照核实,弄清来龙去脉,进行调查测

绘。无法核实的直埋管道,可在图上画虚线示意。

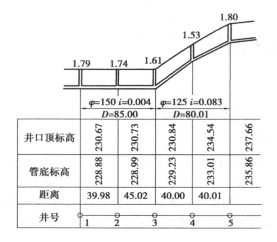

井号	1	2	3	4	5

图 12.17　管道竣工断面图

习题与思考

1. 管道工程测量的主要工作是什么?

2. 管道纵、横断面测量的目的是什么? 纵断面图绘制的特点有哪些?

3. 地下开挖管道的施工测量的主要内容有哪些?

4. 什么是管道的下返数和调整数? 调整数如何计算?

5. 顶管施工测量的主要任务是什么? 如何控制顶管的中线?

13

建筑物的变形测量

〚本章提要〛
本章主要介绍建筑物的沉降观测、倾斜观测、裂缝观测和水平位移观测方法及相关数据处理。

13.1 概　述

高层建筑、重要厂房和大型设备基础在施工期间和使用初期,由于建筑物基础的地质构造不均匀、土壤的力学性质不同、大气温度变化、地基的塑性变形、地下水位季节性和周期性的变化、建筑物本身的荷重、建筑物结构及动荷载的作用,引起基础及其四周地面变形;建筑物本身因基础变形及外部荷载与内部应力的作用,也要发生变形。这种变形在一定限度内应视为正常的现象,但如果超过了规定的限度,则会导致建筑物结构变形或开裂,影响正常使用,严重的还会危及建筑物的安全。为了建筑物的安全使用,研究变形的原因和规律,为建筑物的设计、施工、管理和科学研究提供可靠的资料,在建筑物的施工和使用初期,必须进行建筑物变形观测。

建筑物的变形包括沉降、倾斜、裂缝和位移等。建筑物变形观测的任务是周期性地对设置在建筑物上的观测点进行重复观测,求得观测点位置的变化量。建筑物变形观测能否达到预定的目的受很多因素的影响,其中最基本的因素是变形测量点的布设、变形观测的精度与频率。

建筑物变形观测的精度,视变形观测的目的及变形值的大小而异,很难有一个明确的规

定,国内外对此有各种不同的看法。原则上,如果观测的目的是为了监视建筑物的安全,精度要求稍低,只要满足预警需要即可,在1971年的国际测量师联合会(FIG)上,建议观测的中误差应小于允许变形值的1/20~1/10;如果目的是为了研究变形的规律,则精度应尽可能高些,因为精度的高低会影响观测成果的可靠性。当然,在确定精度时,还要考虑设备条件的可能,在设备条件具备且增加工作量不大的情况下,以尽可能高些为宜。

观测频率的确定,随载荷的变化及变形速率而异。例如,高层建筑在施工过程中的变形观测,通常楼层加高1~2层即应观测一次;大坝的变形观测,则随着水位的高低来确定观测周期。对于已经建成的建筑物,在建成初期,因为变形值大,观测的频率宜高。如果变形逐步趋于稳定,则周期逐渐加长,直至完全稳定后,即可停止观测。对于濒临破坏的建筑物,或者是即将产生滑坡、崩塌的地面,变形速率会逐渐加快,观测周期也要相应地逐渐缩短。观测的精度和频率两者是相关的,只有在一个周期内的变形值远大于观测误差,所得结果才是可靠的。

13.2 建筑物沉降观测

▶ 13.2.1 水准基点和沉降观测点布设

建筑物沉降观测是采用水准测量的方法进行的,因此需要在建筑物的外围布设高程控制网,并以控制网中的水准点为参考周期性地观测建筑物上沉降观测点的高程。测量工作中,这些水准点又被称为水准基点。

1)水准基点

水准基点是沉降观测的基准,其布设要综合考虑稳定性、观测方便和精度等要求,合理地进行埋设。水准基点通常分为两类:直接用来观测沉降观测点的水准点称为工作基点;用来定期检查工作基点稳定性的水准点称为基准点。两者应联成水准路线,共同构成沉降观测的高程控制网,图13.1为某沉降观测高程控制网的布置情况。

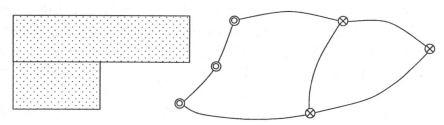

⊗ 基准点

◎ 工作基点

图13.1 沉降观测高程控制网

水准基点的布设形式和永久性水准点相同,应满足以下要求:

①水准基点要有足够的稳定性,因此必须设置在沉降影响范围以外的安全地带,冰冻地区水准基点应埋设在冰冻线以下 0.5 m;

②为了对水准基点进行检核,以保证水准基点高程的正确性,水准基点至少应布设 3 个,以组成水准线路或水准网,方便检核。其精度等级及主要技术要求见表 13.1;

表 13.1　沉降观测控制网的主要技术要求

等级	相邻基准点高差中误差 /mm	每站高差中误差 /mm	往返较差、附合或环线闭合差 /mm	检测已测高差较差 /mm	使用仪器、观测方法及要求
一等	±0.3	±0.07	$0.15\sqrt{n}$	$0.2\sqrt{n}$	$DS_{0.5}$型仪器,视线长度≤15 m,前后视距差≤0.3 m,视距累计差≤1.5 m,宜按国家一等水准测量的技术要求施测
二等	±0.5	±0.13	$0.30\sqrt{n}$	$0.5\sqrt{n}$	$DS_{0.5}$型仪器,宜按国家一等水准测量的技术要求施测
三等	±1.0	±0.30	$0.60\sqrt{n}$	$0.8\sqrt{n}$	$DS_{0.5}$或 DS_1 型仪器,宜按国家二等水准测量的技术要求施测
四等	±2.0	±0.70	$1.40\sqrt{n}$	$2.0\sqrt{n}$	$DS_{0.5}$或 DS_1 型仪器,宜按国家三等水准测量的技术要求施测

注:n 为测段的测站数。

③为了满足一定的观测精度,水准基点和观测点之间的距离应适中,相距太远会影响观测精度,一般应在 100 m 范围内;

④距离铁路、公路、地下管线和滑坡地带不少于 5 m。

2)沉降观测点

进行沉降观测的建筑物,应埋设沉降观测点。观测点的数目和位置应能全面反应建筑物的沉降情况,这与建筑物的大小、荷重、基础形式和地质条件有关。建筑物、构筑物的沉降观测点,应按设计图纸埋设。沉降观测点的布设应满足以下要求:

(1)沉降观测点的位置　沉降观测点应布设在能全面反映建筑物沉降情况的部位,一般情况下,建筑物四角或沿外墙每隔 10 ~ 15 m 处或每隔 2 ~ 3 根柱基上布置一个观测点;另外在最容易变形的地方,如设备基础、柱子基础、裂缝或伸缩缝两旁、基础形式改变处、地质条件改变处等也应设立观测点;对于烟囱、水塔和大型储藏罐等高耸构筑物的基础轴线对称部位,每一构筑物不得少于 4 个观测点。

(2)沉降观测点的数量　一般沉降观测点是均匀布置的,它们之间的距离一般为 10 ~ 20 m。

(3)沉降观测点的设置形式　沉降观测点的埋设要求稳固,通常采用角钢、圆钢或铆钉作为观测点的标志,并分别埋设在砖墙上、钢筋混凝土柱子上和设备基础上,观测点埋在墙内或柱内的部分应大于露出墙外部分的 5 ~ 7 倍,以便保持观测点的稳定性。一般常用的几种观测点有预制墙式、燕尾式以及角钢埋设观测点,如图 13.2 所示。

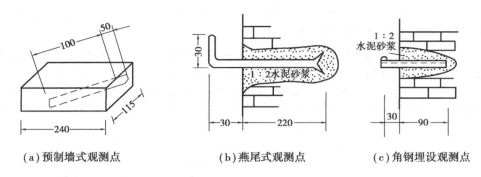

| (a)预制墙式观测点 | (b)燕尾式观测点 | (c)角钢埋设观测点 |

图 13.2　沉降观测点的布设形式

▶ 13.2.2　沉降观测方法

　　建筑物沉降观测是用水准测量的方法,周期性地观测建筑物上的沉降观测点和水准工作基点之间的高差变化值,以求得各个观测点的高程。比较不同周期所测得的同一观测点的高程,由此得到建筑物或设备基础的沉降量。

　　沉降观测的时间和次数,应根据工程的性质、施工进度、地基地质情况及基础荷载的变化情况而定。具体要求如下:

　　①当埋设的沉降观测点稳固后,在建筑物主体开工前,进行第一次观测。

　　②在建(构)筑物主体施工过程中,一般每盖 1～2 层观测一次。如中途停工时间较长,应在停工时和复工时进行观。

　　③当发生大量沉降或严重裂缝时,应立即或几天一次连续观。

　　④建筑物封顶或竣工后,一般每月观测一次,如果沉降速度减缓,可改为 2～3 个月观测一次,直至沉降停止为止。

　　沉降观测时,先后视工作基点,接着依次前视各沉降观测点,最后再次后视该工作基点,两次后视读数之差不应超过 ±1 mm。另外,沉降观测的水准路线(从一个水准基点到另一个水准基点)应为闭合或附合水准路线,如图 13.3 所示。

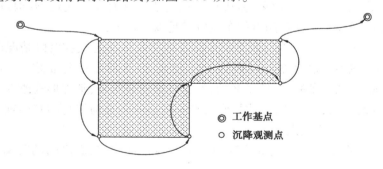

　　　　　　　　　　　　◎ 工作基点
　　　　　　　　　　　　○ 沉降观测点

图 13.3　沉降观测水准路线

　　沉降观测的精度应根据建筑物的性质而定。对于重要厂房和重要设备基础的观测,要求能反映出 1～2 mm 的沉降量。因此,必须应用 S_1 级以上精密水准仪和精密水准尺进行往返观测,其观测的闭合差不应超过 $\pm 0.6\sqrt{n}$ mm(n 为测站数),观测应在成像清晰、稳定的时间内进行。对于一般厂房建筑物,精度要求可放宽些,可以使用四等水准测量的水准仪进行往返观测,观测闭合差应不超过 $\pm 1.4\sqrt{n}$ mm。具体要求详见表 13.2 所列。

表 13.2　沉降观测的精度要求和观测方法

等级	高程中误差 /mm	相邻点高差 中误差/mm	观测方法	往返较差、附合或 环线闭合差/mm
一等	± 0.3	± 0.15	除按国家一等水准测量的技术要求施测外,尚需设双转点,视线 $\leqslant 15$ m,前后视距差 $\leqslant 0.3$ m,视距累计差 $\leqslant 1.5$ m	$\leqslant 0.15\sqrt{n}$
二等	± 0.5	± 0.30	按国家一等水准测量的技术要求施测	$\leqslant 0.30\sqrt{n}$
三等	± 1.0	± 0.50	按国家二等水准测量的技术要求施测	$\leqslant 0.60\sqrt{n}$
四等	± 2.0	± 1.00	按国家三等水准测量的技术要求施测	$\leqslant 1.40\sqrt{n}$

沉降观测是一项长期、连续的工作,为了保证观测成果的正确性和精度,应尽可能做到四定,即固定观测人员,使用固定的水准仪和水准尺,基于固定的水准基点,按固定的实测路线和测站进行。

▶ 13.2.3　沉降观测成果整理

沉降观测采用专用的外业手簿。每次观测结束后,应检查观测手簿中的记录数据和计算是否正确,精度是否符合要求。然后把历次观测点的高程列入汇总表中,如表 13.3 所示,计算本次沉降量 S 和累计沉降量 $\sum S$,并在表中注明观测日期和荷载情况。其中,沉降观测点的本次沉降量 S = 上次观测所得的高程 − 本次观测所得的高程,累积沉降量 $\sum S$ = 本次沉降量 + 上次累积沉降量。

为了更直观地显示所获得的信息,根据表中数据绘制沉降—荷重—时间关系曲线图,如图 13.4 所示。图中横坐标为时间 t,可以十天或一月为单位,纵坐标向下为沉降量 S,向上为荷载 P。所以横坐标轴以下是随着时间变化的沉降量曲线,即 S-t 曲线;横坐标轴以上则是荷载随时间而增加的曲线,即 P-t 曲线。施工结束后,荷载不再增加,则 P-t 曲线呈水平直线。从图中分析可以清楚地看出沉降量与荷载的关系及变化趋势是渐趋稳定。

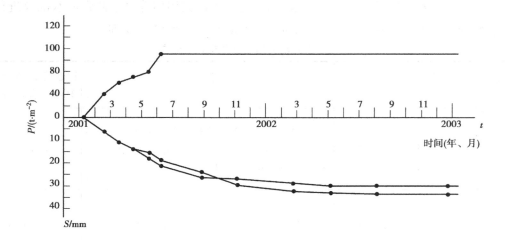

图 13.4　沉降曲线图

表 13.3　沉降观测数据汇总表

观测次数	观测时间	各观测点的沉降情况							施工进展情况	荷载情况/(t·m⁻²)
		1			2			…		
		高程/m	本次下沉/mm	累积下沉/mm	高程/m	本次下沉/mm	累积下沉/mm	…		
1	2001.01.10	50.454	0	0	50.473	0	0	…	一层平口	
2	2001.02.23	50.448	−6	−6	50.467	−6	−6		三层平口	40
3	2001.03.16	50.443	−5	−11	50.462	−5	−11		五层平口	60
4	2001.04.14	50.440	−3	−14	50.459	−3	−14		七层平口	70
5	2001.05.14	50.438	−2	−16	50.456	−3	−17		九层平口	80
6	2001.06.04	50.434	−4	−20	50.452	−4	−21		主体完	110
7	2001.08.30	50.429	−5	−25	50.447	−5	−26		竣工	
8	2001.11.06	50.425	−4	−29	50.445	−2	−28		使用	
9	2002.02.28	50.423	−2	−31	50.444	−1	−29			
10	2002.05.06	50.422	−1	−32	50.443	−1	−30			
11	2002.08.05	50.421	−1	−33	50.443	0	−30			
12	2002.12.25	50.421	0	−33	50.443	0	−30			

注:水准点的高程 BM_1:49.538 mm;BM_2:50.123 mm;BM_3:49.776 mm。

13.3   建筑物水平位移观测

位移观测是根据平面控制点测定建筑物在平面上随时间移动的大小及方向。水平位移观测的常用方法有基准线法、小角法、前方交会法等。

▶ 13.3.1   基准线法

某些建筑物只要求测定在特定方向上的位移量,如大坝在水压力方向上的位移量,这种情况可采用基准线法或小角法进行水平位移观测。

基准线法的基本原理是以通过建筑物轴线或平行于建筑物轴线的竖直平面为基准面,在不同时期分别测定大致位于轴线上的观测点相对于此基准面的偏离值。比较同一点在不同时期的偏离值,即可求出观测点在垂直于轴线方向的水平位移量。如图 13.5 所示,设基准线的两端控制点为 A、B(简称基准点),变形点 P 布设在 AB 的连线上,其偏差不宜超过 2 cm。观测时,将经纬仪安置于一端基准点 A 上,瞄准另一基准点 B 进行定向,此视线方向即为基准线方向。观测变形点 P 相对于基准线偏移量的变化,即是建(构)筑物在垂直于基准点方向上的位移。

图 13.5   基准线法观测水平位移

基准线法中量测偏移量的设备为活动觇牌,它是一种专用的可移动测量标志,其移动距离可在活动觇牌上测定出来。如图 13.6 所示,觇牌图案可以左右移动,移动量则在刻划上读出。当图案中心与竖轴中心重合时,其读数应为零,这一位置称为零位。活动觇牌读数尺的最小分划值为 1 mm,使用活动觇牌可以量测出较小的水平变形量。

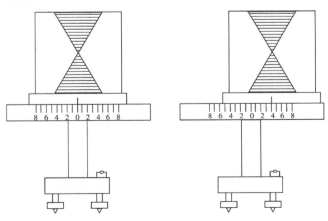

图 13.6   活动觇牌

观测时,在基准线的一端架设经纬仪,照准另一端的观测标志,这时的视线称为基准线。将活动觇牌安置在变形点上,左右移动觇牌的图案,直至图案中心位于基准线上,此时的读数即为变形点相对基准线的偏移量。不同周期所得偏移量的变化,即为其变形值。与此法类似的还有激光准直法,就是用激光光束代替经纬仪的视线。

▶ 13.3.2 小角法

用小角法测量水平位移的方法如图 13.7 所示。观测时,首先在建筑物位移方向的垂直方向布设控制点 A、B,构成观测基线,P 为建筑物上牢固、明显的观测点。由于建筑在某一方向发生水平位移,P 点发生偏移至 P' 点。观测时,在工作基点 A 点上安置仪器,在工作基点 B 及观测点 P 上设立标志,用精密经纬仪(如 DJ$_1$ 级)测出小角 α(注意:这个角度很小,观测时只需要转动水平微动螺旋即可),则 P 相对于基准线 AB 的偏离值(水平位移)λ 按下式计算:

$$\lambda = \frac{\alpha}{\rho} \cdot S \tag{13.1}$$

式中　S——基线端点 A 到观测点 P 的距离;

　　　ρ——弧度的秒值,$\rho = 206\ 265''$。

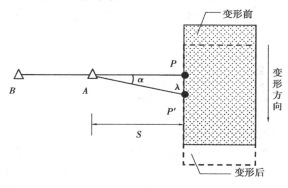

图 13.7　小角法观测水平位移

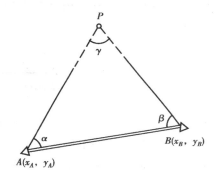

图 13.8　前方交会

▶ 13.3.3 前方交会法

在测定大型工程建筑物的水平位移时,也可利用变形影响范围以外的控制点,采用前方交会法或后方交会法进行测定。以前方交会法为例,如图 13.8 所示,设 A、B 为已知控制点,坐标分别为 (x_A, y_A) 和 (x_B, y_B),P 为建筑物上设定的变形观测点。通过定期在测站点 A、B 向 P 点观测水平角 α 和 β,利用公式(6.25)计算观测点 P 的坐标,比较各个周期的坐标,获得坐标差值,即为观测点的水平变形量。

13.4　建筑物的倾斜观测

用测量仪器来测定建筑物的基础和主体结构倾斜变化的工作,称为倾斜观测。建筑物产生倾斜的主要原因是地基承载力不均匀、建筑物体型复杂形成不同荷载及受外力风荷载、地震等影响引起基础的不均匀沉降。一般用倾斜率 i 值来衡量建筑物的倾斜程度,如图 13.9 所示,当已知建筑物的高度为 H,建筑物上下部之间相对水平位移量为 δ,则倾斜率 i 的计算公式如下:

$$i = \tan \alpha = \frac{\delta}{H} \tag{13.2}$$

式中　α——倾斜角,($^\circ$)。

由上式可知,要确定建筑物的倾斜率 i 值,需要同时测定建筑物上下部之间相对水平位移量 δ 和高度 H。一般 H 可以采用直接丈量或三角高程测量的方法获得。因此,倾斜观测主要讨论的问题是如何确定 δ 值。

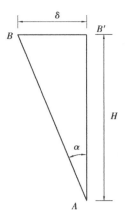

图 13.9　倾斜率

▶ 13.4.1　一般建筑物的倾斜观测

对建筑物的倾斜观测应取互相垂直的两个墙面,同时观测其倾斜度。如图 13.10 所示,在距离墙面大于墙高的地方选择站点安置经纬仪瞄准墙顶一点 M,向下投影得一点 M_1,并做标志。过一段时间,再用经纬仪瞄准同一点 M,向下投影得 M_2 点。若建筑物沿侧面方向发生倾斜,M 点已移位,则 M_1 点与 M_2 点不重合,于是量得水平偏移量 ΔX。同时,在另一侧面也可测得偏移量 ΔY,则建筑物的总倾斜量 Δ 为

$$\Delta = \sqrt{(\Delta X)^2 + (\Delta Y)^2} \tag{13.3}$$

若建筑物的高度为 H,则根据公式(13.2)建筑物的倾斜度 $i = \tan \alpha = \Delta/H$。

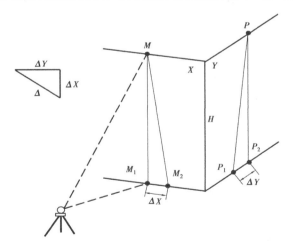

图 13.10　一般建筑物的倾斜观测

▶ 13.4.2　圆形建筑物的倾斜观测

当测定塔式或圆形建筑物,如烟囱、水塔等的倾斜度时,首先要求得顶部中心 O' 点对底部中心 O 点的偏心距,如图 13.11 中的 OO',然后计算倾斜度。具体的做法是在烟囱底部边沿平放一根标尺,设标尺方向为 y 方向。在标尺的垂直平分线方向上安置经纬仪,使经纬仪距烟囱的距离不小于烟囱高度的 1.5 倍。用望远镜瞄准顶部边缘两点 A、A' 及底部边缘两

点 B、B'，并分别投点到标尺上，设读数为 y_1、y_1' 和 y_2、y_2'，则烟囱顶部中心 O' 点对底部中心 O 点在 y 方向的偏心距为

$$\Delta Y = \frac{y_2 + y_2'}{2} - \frac{y_1 + y_1'}{2} \tag{13.4}$$

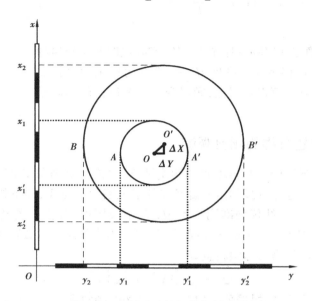

图 13.11　圆形建筑物的倾斜观测

同法再安置经纬仪及标尺于烟囱的另一垂直方向，设为 x 方向，测得顶部边缘和底部边缘在标尺上投点读数为 x_1、x_1' 和 x_2、x_2'，则在 x 方向上的偏心距为

$$\Delta X = \frac{x_2 + x_2'}{2} - \frac{x_1 + x_1'}{2} \tag{13.5}$$

因此，烟囱的总偏心距为

$$\Delta = \sqrt{(\Delta X)^2 + (\Delta Y)^2} \tag{13.6}$$

烟囱的倾斜角 α 为

$$\alpha = \arctan\left(\frac{\Delta}{H}\right) \tag{13.7}$$

式中　H——塔式或圆形建筑物的高度。

▶ 13.4.3　激光倾斜仪的倾斜观测

采用激光铅垂仪可直接测定建（构）筑物的倾斜量。

图 13.12 为美国史丹利 PB2 自动调平激光铅垂仪。当仪器整平后，即形成一条铅垂视线。如果在目镜处加装一个激光器，则形成一条铅垂的可见光束，称为激光铅垂线。激光铅垂线可提高工作效率，快速实现传统铅垂的功能。

观测时，在建筑物底部安置仪器，只需按下开关键，马上发射从地板到天花板的铅垂线，在顶部量取相应点的偏移距离。其工作范围最长达到 30 m，室内可视范围工作精度：上光束

±3 mm@15 m,下光束 ±6 mm@15 m,自动调平范围：±5°。

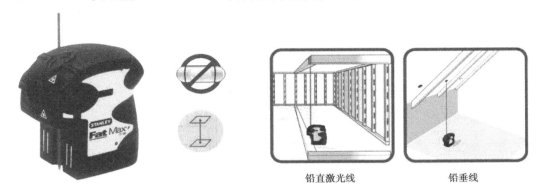

铅直激光线　　　　　　铅垂线

图 13.12　PB2 自动调平铅垂仪及使用

13.5　建筑物的裂缝观测和挠度观测

▶ 13.5.1　建筑物的裂缝观测

当建筑物出现裂缝之后,应及时进行裂缝观测。常用的裂缝观测方法有以下三种：

（1）石膏板标志　用厚 10 mm,宽 50~80 mm 的石膏板（长度视裂缝大小而定）,固定在裂缝的两侧。当裂缝继续发展时,石膏板也随之开裂,从而观察裂缝继续发展的情况,如图 13.13 所示。

石膏板
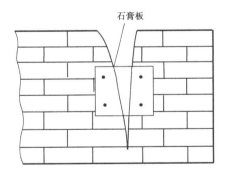
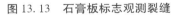

白铁皮
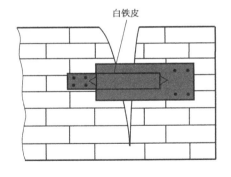

图 13.13　石膏板标志观测裂缝　　　　　　图 13.14　白铁皮标志观测裂缝

（2）白铁皮标志　如图 13.14 所示,用两块白铁皮,一片取 150 mm×150 mm 的正方形,固定在裂缝的一侧；另一片为 50 mm×200 mm 的矩形,固定在裂缝的另一侧,使两块白铁皮部分重叠,并使上下边缘相互平行。当两块铁皮固定好后,在其表面涂上红色油漆。如果裂缝继续发展,两块白铁皮将逐渐拉开,露出矩形铁皮上原被覆盖没有油漆的部分,其宽度即为裂缝加大的宽度,可用尺子量出。

（3）金属棒标志　如图 13.15 所示,将长约 100 mm,直径 10 mm 的钢筋插入发生裂缝变形的墙体,两钢筋之间的间距 l 不得小于 150 mm,并使其露出墙外约 20 mm。然后,用水泥砂

浆进行固定。待水泥砂浆凝固后,用尺子量出两个钢筋之间的距离,记录在相应的表格中。若裂缝继续发展,则金属棒之间的间距也不断增大。定期观测两金属棒的间距并比较,即可获得裂缝的变化情况。

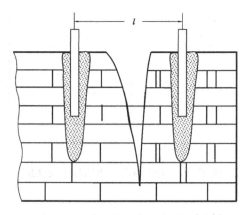

图 13.15　金属棒标志观测裂缝

▶ 13.5.2　建筑物的挠度观测

所谓挠度,是指建(构)筑物或其构件在水平方向或竖直方向上的弯曲值。例如桥的梁部在中间会产生向下弯曲,高耸建筑物会产生侧向弯曲。测定建筑物构件受力后产生弯曲变形的工作称为挠度观测。

挠度是通过测量观测点的沉降量来计算的。如图 13.16 所示,对水平放置的梁进行挠度观测,首先需要在梁的两端及中部设置 3 个变形观测点 A、B 及 C,定期对这 3 个点进行沉降观测,根据下式计算各期相对于首期的挠度值:

$$F_e = (S_C - S_B) - \frac{L_A}{L_A + L_B}(S_B - S_A) \tag{13.8}$$

式中　L_A,L_B——观测点间的距离;
　　　S_A,S_B,S_C——观测点的沉降量。

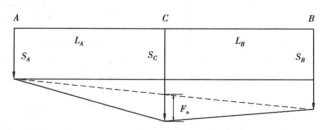

图 13.16　挠度观测示意图

对于直立的构件,至少要设上、中、下三个位移观测点进行位移观测,利用三点的位移量可算出挠度。

对高层建筑物的主体挠度观测,可采用垂线法,测出各点相对于铅垂线的偏离值,利用多点观测值可以画出构件的挠度曲线。

习题与思考

1. 什么是建筑物的变形观测？变形观测的目的是什么？

2. 建筑物变形观测的内容有哪些？

3. 建筑物变形观测的精度和频率如何确定？

4. 何谓建筑物的沉降观测？在建筑物的沉降观测中,水准基点和沉降观测点的布设要求分别是什么？

5. 水平位移的观测方法有哪些？什么是基准线法？

6. 何谓建筑物的倾斜观测？倾斜观测的方法有哪几种？

14

测量实验

14.1 水准仪的使用

1）目的

①了解 DS$_3$ 型水准仪的基本构造,认识各螺旋的名称和作用。

②练习水准仪的正确安置、瞄准和读数。

③掌握用 DS$_3$ 水准仪测定地面上两点间高差的方法。

2）任务

熟悉 DS$_3$ 水准仪的操作,每人用变动仪器高法观测与记录两组以上高差。

3）仪器工具

DS$_3$ 水准仪 1 套,水准尺 2 根,尺垫 2 个,测伞 1 把,铁锤 1 把,木桩 3 个,2H 铅笔(自备)。

4）操作步骤

(1)安置仪器　先将三脚架张开,使其高度适当,架头大致水平,并将架腿踩实,再开箱取出仪器,将其固连在三脚架上。

(2)认识仪器　指出下列各部件的名称和位置,了解其作用并熟悉使用方法,同时弄清水准尺分划注记。

(3)水准仪操作

①粗略整平:调节 3 个脚螺旋使圆水准器气泡居中。

②目镜对光:转动目镜调焦螺旋,看清十字丝。

③粗略瞄准:在地面上选定两立尺点,用粗瞄器瞄准其中一点上的水准尺,固定制动螺旋。

④物镜对光:调节物镜对光螺旋,看清水准尺。

⑤精确瞄准:转动微动螺旋,使十字丝竖丝平分标尺。

⑥视差消除:若有视差,仔细进行物镜和目镜对光调焦,消除视差。

⑦精确整平:调节微倾螺旋,使水准管气泡两端的半影像吻合成抛物线,即气泡居中。

⑧读数:从望远镜中观察十字丝在水准尺上的分划位置,读取 4 位数,即直接读出米、分米、厘米,并估读毫米数值。

⑨重复③~⑧中的步骤,读取另一立尺点读数,并计算出对应高差。

⑩变动仪器高后,重新测定上述两点间高差。

按此方法,每人测两组以上高差。

5)限差要求

采用变动仪器高法测得的相同两点间的高差之差不得超过 ±4 mm。

6)注意事项

①读取中丝读数前,一定要使水准管气泡居中,并消除视差。

②不能把上、下丝看成中丝读数。

③观测者读数后,记录者应回报一次,观测者无异议时,记录并计算高差,一旦超限应及时重测。

④每人必须轮流担任观测、记录、立尺等工作,不得缺项。

⑤各螺旋转动时,用力应轻而均匀,不得强行转动,以免损坏螺丝。

7)水准测量练习计算表

观测日期＿＿＿＿＿＿　仪器型号＿＿＿＿＿＿　观测者＿＿＿＿＿＿
天　　气＿＿＿＿＿＿　工程名称＿＿＿＿＿＿　记录者＿＿＿＿＿＿

测　站	测　点		后视读数	前视读数	高　差	高差互差	高差平均值
	后						
	前						
	后						
	前						
	后						
	前						
	后						
	前						

续表

测 站	测 点	后视读数	前视读数	高 差	高差互差	高差平均值
	后					
	前					
	后					
	前					

14.2　普通水准测量

1)目的

①掌握普通水准测量的观测、记录与计算方法。

②掌握水准测量校核方法和成果处理方法。

2)任务

在指定场地选定一条闭合或附合水准路线,长度以安置 4~6 个测站为宜,采用双面尺(黑面、红面)法或变仪器高法施测,两台仪器各测一组数据。

3)仪器工具

水准仪 1 套,水准尺 2 根,木桩 4 个,尺垫 2 个,测伞 1 把,铁锤一个,2H 铅笔(自备)。

4)操作步骤

①选定一条闭合或附合水准路线,用木桩标定待求高程点。

②安置仪器于距起点一定距离的测站 I ,粗平仪器,一人将尺立于起点即后视点,另一人在路线前进方向的适当位置选定一点即前视点 1,设立木桩,并在桩顶钉一铁钉,将尺立于其上。

③瞄准后视尺,精平、读数 a_1 ,记入表格中,转动仪器瞄准前视尺,精平、读数 b_1 ,记入表格中,计算高差 $h_1 = a_1 - b_1$ 。

④将仪器搬至 II 站,第一站的前视尺变为第二站的后视尺,起点的后视尺移至前进方向的点 2,为第二站的前视尺,重复第 3 步操作,依次获得 a_2 和 b_2 ,得 $h_2 = a_2 - b_2$ 。

⑤同法继续测量其他待求点,最后闭合回到起点,构成一闭合圈,或附合到另一已知高程点,构成一附合水准路线。

5)限差要求

视线长≤100 m,前后视距较差≤10 m,高差闭合差 $f_{h容} = \pm 12\sqrt{n}$ mm(n 为测站数)或 $f_{h容} = \pm 40\sqrt{L}$ mm(L 为路线长度,单位 km)。

当 $f_h > f_{h容}$ 时,成果超限,应重测;当 $f_h \leq f_{h容}$,将 f_h 进行调整,求出待定点高程。

6)注意事项

①起点和待测高程点上不能放尺垫,转点上要求放尺垫。

②读完后视读数后仪器不能搬动,读完前视读数后尺垫不能动。

③读数时注意消除视差,水准尺不得倾斜。

④做到边测边记边计算检核。

7)水准测量计算表

观测日期＿＿＿＿＿＿＿ 仪器型号＿＿＿＿＿＿＿ 观测者＿＿＿＿＿＿＿

天　　气＿＿＿＿＿＿＿ 工程名称＿＿＿＿＿＿＿ 记录者＿＿＿＿＿＿＿

测　站	测　点	水准尺读数/m		高差/m	高程/m	备　注
		后视读数	前视读数			
	$\sum$					
校核计算		$\sum a - \sum b =$		$\sum h =$		

14.3　经纬仪的使用

1)目的

①了解 DJ_6 光学经伟仪的基本构造,各部件的名称和作用。

②掌握经纬仪对中、整平、瞄准和读数的基本方法。

2)任务

熟悉 DJ_6 光学经伟仪的基本操作,每人至少安置一次经纬仪,用盘左、盘右分别瞄准两个目标,读取水平度盘读数。

3）仪器工具

经纬仪1套，木桩4个，铁锤4个，花杆2根，测钎2根，2H铅笔（自备）。

4）操作步骤

①各组在指定场地选定测站点并设置点位标记。

②仪器开箱后，仔细观察并记清仪器在箱中的位置，取出仪器并连接在三脚架上，旋紧中心连接螺旋，及时关好仪器箱。

③认识经纬仪各部分的名称和作用。

④经纬仪的对中、整平。

a. 粗略对中（即找目标）：眼睛从光学对点器中看，看到地面和小圆圈，固定一条架腿，左、右两只手拿起另两条架腿，前后左右移动这两条架腿，使地面点位落在小圆圈附近。踩紧三条架腿，并调节脚螺旋，使点位完全落在圆圈中央。

b. 粗略整平：转动照准部，使水准管平行于任意两条架腿的脚尖方向，升降其中一条架腿，使水准管气泡大致居中，然后将照准部旋转90°，升降第三条架腿，使气泡大致居中。

c. 精确整平：转动照准部，使水准管平行于任意两个脚螺旋的连线方向，相向旋转这两个脚螺旋（左手大拇指旋进的方向为气泡移动的方向），使水准管气泡严格居中，再将照准部旋转90°，调节第三个脚螺旋，使管水准气泡在此方向严格居中，如果达不到要求需重复②、③步，直到照准部转动到任何方向，气泡偏离不超过一格为止。

d. 精确对中：经过a～c步，若对中有少许偏移，松开中心连接螺旋，使仪器在架头上作微小平移，使点位精确在小圈内，再拧紧中心连接螺旋，并进行精确整平。

经过以上4个步骤，最后对中、整平同时满足。否则，需重复以上操作。

⑤瞄准：利用望远镜的粗瞄器，使目标位于视线内，固定望远镜和照准部制动螺旋，调目镜调焦螺旋，使十字丝清晰；转动物镜调焦螺旋，使目标清晰；转动望远镜和照准部微动螺旋，精确瞄准目标，并注意消除视差。读取水平盘读数时，使十字丝竖丝单丝平分目标或双丝夹准目标；读取竖盘读数时，使十字丝中横丝切准目标。

⑥读数：调节反光镜的位置，使读数窗亮度适当；调节读数窗的目镜调焦螺旋，使读数清晰，最后读数，并记入测量计算表。

5）注意事项

①使用各螺旋时，用力应轻而均匀。

②经纬仪从箱中取出后，应立即用中心连接螺旋连接在脚架上，并做到连接牢固。

③各项练习要认真仔细完成，并能熟练操作。

6) **角度测量计算表**

观测日期_____ 仪器型号_____ 观测者_____
天　　气_____ 工程名称_____ 记录者_____

测　站	盘　位	目　标	水平度盘读数 ° ′ ″	半测回角值 ° ′ ″	一测回角值 ° ′ ″	方向略图

14.4　水平角度测量

1) **目的**

①掌握 DJ$_6$ 经纬仪的操作方法及水平度盘读数的配置方法。

②掌握测回法观测水平角的观测顺序、记录和计算方法。

2) **任务**

在指定场地内视野开阔的地方,选择四个固定点,构成一闭合多边形,分别观测多边形各内角的大小,用测回法测一个测回。

3) **仪器工具**

经纬仪 1 套,木桩 4 个,铁锤 4 个,花杆 2 根,测钎 2 根,2H 铅笔(自备)。

4）操作步骤

①选定各测站点的位置，并用木桩标定出来。

②在某一测站点上安置仪器，对中整平后，按下述步骤观测：

a. 盘左，瞄准左边目标，将水平度盘配置稍大于0°，读取读数 $a_左$，顺时针转动照准部，再瞄准右边目标，读取读数 $b_左$，则上半测回角值为 $\beta_左 = b_左 - a_左$。

b. 盘右，先瞄准右边目标，并读取读数 $b_右$，逆时针转动照准部，再瞄准左边目标，读取数 $a_右$，则下半测回角值为 $\beta_右 = b_右 - a_右$。

当 $\left|\beta_右 - \beta_左\right| \leqslant 24''$ 时，取其平均值作为该测回角值。

③同法测定其他测站上的水平角，并及时将观测成果记入手簿。

5）注意事项

①瞄准目标时，尽可能瞄准其底部，以减少目标倾斜引起的误差。

②同一测回观测时，切勿碰动度盘变换手轮，以免发生错误。

③观测过程中若发现气泡偏移超过两格时，应重新整平，重测该测回。

④限差：上、下半测回角值之差 $\leqslant \pm 24''$，若成果超限，应及时重测。

⑤观测过程时，动手要轻而稳，不能用手压扶仪器。

6）水平角测量计算表

水平角测量记录（测回法）计算表

观测日期_____ 仪器型号_____ 观测者_____
天　　气_____ 工程名称_____ 记录者_____

测站	盘位	目标	水平度盘读数 ° ′ ″	半测回角值 ° ′ ″	一测回角值 ° ′ ″	方向略图

续表

测站	盘位	目标	水平度盘读数 ° ′ ″	半测回角值 ° ′ ″	一测回角值 ° ′ ″	方向略图

14.5 竖角观测与视距测量

1)目的

①掌握不同竖盘注记类型的竖直角计算公式的确定方法。

②掌握竖直角的观测计算方法。

③掌握视距法测定水平距离和高差的观测、计算方法。

2)任务

利用盘左、盘右观测某一竖直角,并完成竖盘指标差的计算。进行两点间的视距测量,获得两点间的水平距离。

3)仪器工具

DJ_6 级经纬仪 1 台,水准尺 2 根,自备计算器、铅笔、小刀、记录表格等。

4)操作步骤

(1)观测

①在 A 点安置经纬仪,对中、整平。在水准尺上与仪器同高处作标记(或量取仪器高 i)后,立尺于 B 点。转动望远镜,观察所用仪器的竖盘注记形式,确定竖直角的计算公式,并记在备注栏内。

②盘左位置:瞄准目标,使十字丝中丝的单丝精确切准所做标记,转动竖盘指标水准管微动螺旋,使竖盘指标水准管气泡居中(或将竖盘归零装置的开关转到"ON"),读取竖盘读数 L,记录并计算 $\alpha_{左}$。同时读取上、中、下三丝读数 a、v、b。

③盘右位置:瞄准目标,同法读取竖盘读数 R,记录并计算 $\alpha_{右}$。

④立尺于 B 点重复上面第②~③步骤,观测、记录并计算。将往返结果进行比较,若误差

不超限,取平均值作为最后结果;否则,应重测。

（2）计算

①竖直角平均值:$\alpha = 1/2(\alpha_左 + \alpha_右)$

②竖盘指标差:$x = 1/2(\alpha_右 - \alpha_左)$（$J_6$ 级限差 $\leqslant \pm 25''$）

③尺间隔:$L = |a - b|$

④水平距离:$D = KL\cos^2\alpha$

⑤高差:$h = D\tan\alpha + i - v = \dfrac{1}{2}KL\sin 2\alpha + i - v$

5）注意事项

①观测竖直角时,每次读取竖盘读数前,必须使竖盘指标水准管气泡居中;盘左读取竖盘读数后,微动望远镜微动螺旋,使上、下丝其中之一卡整分划,读数更方便。视距测量（读上、下丝）只用盘左位置观测即可。

②计算竖直角和高差时,要区分仰、俯视情况,注意"＋""－"号;计算竖盘指标差时,注意"＋""－"号;计算高差平均值时,应将反方向高差改变符号,再与正方向取平均值。如 $h = 1/2(h_{AB} - h_{AB})$。

③各边往返测距离的相对误差应 $\leqslant 1/300$,再取平均值。

6）记录与计算表格

竖直角观测记录表

观测日期_____ 仪器型号_____ 观测者_____

天　　气_____ 工程名称_____ 记录者_____

测　站	目　标	竖盘位置	竖盘读数 ° ′ ″	竖　角 ° ′ ″	平均竖角 ° ′ ″	竖盘指标差	备　注
		左					
		右					
		左					
		右					
		左					
		右					
		左					
		右					
		左					
		右					
		左					
		右					

视距测量记录计算表

观测日期＿＿＿＿＿＿＿　　仪器型号＿＿＿＿＿＿＿　　观测者＿＿＿＿＿＿＿

天　　气＿＿＿＿＿＿＿　　工程名称＿＿＿＿＿＿＿　　记录者＿＿＿＿＿＿＿

测站：　　　　　　仪器高 i：　　　　　　指标差 x：　　　　　　测站高程 H_0：

测点	视距 k /m	水平角 β ° ′ ″	竖盘读数 L ° ′ ″	垂直角 α ° ′ ″	目标高 v /m	水平距 D /m	高差 h /m	高程 H /m

14.6　全站仪的使用

1）目的

了解全站仪的构造与使用方法,各部件的名称和作用,以及全站仪内设测量程序的应用及测距参数的设置。

2）任务

每人至少安置一次全站仪,分别瞄准两个目标,读取水平度盘读数及距离。

3）仪器工具

全站仪一套。

4)操作步骤

①仪器开箱后,仔细观察并记清仪器在箱中的位置,取出仪器并连接在三脚架上,旋紧中心连接螺旋,及时关好仪器箱。

②认识全站仪各部分的名称和作用。

③全站仪对中、整平。接通电源,打开激光对点器(其余步骤基本同经纬仪)。

④测距参数的设置:测距类型、使用的棱镜及对应的常数、气象改正数。

5)注意事项

①使用各螺旋时,用力应轻而均匀。

②全站仪从箱中取出后,应立即用中心连接螺旋连接在脚架上,连接牢固。

③各项练习均要认真仔细完成,并能熟练操作。

14.7　全站仪导线的测量

1)目的

掌握用全站仪测量导线水平角、水平距离、高差和坐标的方法。

2)任务

以选定的多边形作为闭合导线,用全站仪测定导线转角和导线边长的大小,并用罗盘测定起始边的磁方位角。内业计算导线点坐标。

3)仪器工具

全站仪 1 套,罗盘 1 个,2H 铅笔(自备)。

4)操作步骤

①将全站仪安置在其中一个导线点上,在相邻的另外两个导线点上安置反光镜。

②接通电源进行仪器自检(显示功能和电压),并配置各项常数。

③盘左位置,先瞄准角度左边目标的反光镜,进行光照准和电照准,按启动键进行水平距离测量,然后,尽量瞄准目标底部,将水平度盘置零。同时再瞄准角度右边目标的反光镜,测得另一导线边的水平距离,并尽量瞄准目标底部,读取盘左读数。

④倒转望远镜成盘右位置,分别测定两导线点的盘右读数。

⑤重复①~④步,可测定各导线边长和转角的大小。

⑥用罗盘测定起始边的磁方位角。

⑦根据闭合导线外业观测资料和假定的起始点坐标,计算各导线点的坐标。采用的角度闭合差限差 $f_{\beta容} = \pm 60''\sqrt{n}$,导线全长闭合差限差 $K_容 \leqslant 1/2\ 000$。

5)注意事项

①认真观看仪器外形,了解操作板面上各按键在测距和测角中的作用。

②不得随意操作仪器或改变仪器参数,以免因误操作产生错误。

③严禁将照准头对向太阳或其他强光物体,不能用手摸仪器或反光镜镜面。

④不得带电搬移仪器,远距离或困难地区应装箱搬运,并及时携带其他工具。

6)导线边长角度测量计算表

导线边长测量记录表

观测日期＿＿＿＿＿＿　仪器型号＿＿＿＿＿＿　观测者＿＿＿＿＿＿

天　气＿＿＿＿＿＿　工程名称＿＿＿＿＿＿　记录者＿＿＿＿＿＿

边　名	水平距离读数/m		全站仪测量得到的坐标/m			备　注
	第一次	第二次	点　名	x	y	

导线角度测量记录表

观测日期＿＿＿＿＿＿　仪器型号＿＿＿＿＿＿　观测者＿＿＿＿＿＿

天　气＿＿＿＿＿＿　工程名称＿＿＿＿＿＿　记录者＿＿＿＿＿＿

测站	盘位	目标	水平度盘读数 ° ′ ″	半测回角值 ° ′ ″	一测回角值 ° ′ ″	方向略图

14.8　地形图的测绘

1)目的

①了解大比例尺地形图测绘的基本程序。

②掌握经纬仪测绘法测图的基本方法。

2)任务

每人测定 3 个以上的地物或地貌特征点,并按极坐标法展绘到地形图上。

3)仪器工具

经纬仪 1 套,图板 1 块,图纸 1 张,标尺 1 根,花杆 1 根,皮尺 1 支,量角器 1 个,2H 或 3H 铅笔、函数型计算器、三角板、橡皮(自备)。

4)操作步骤

①在已绘制好坐标格网(图幅大小为 40 cm × 50 cm)的图纸上,展绘实验 13.7 中的各导线点,然后用 1∶500 比例尺测绘一定区域的地形图。

②在一导线点上安置仪器,量取仪器高 i(桩顶至仪器横轴中心的高度,取至厘米)。

③检验并计算仪器指标差。

④定向:盘左位置瞄准另一导线点,将水平度盘设置成 $0°00'00''$。

⑤盘左位置瞄准地物和地貌特征点上的标尺,转动望远镜微动螺旋,使上丝对准标尺上一整分米刻划线,直接读出视距 K 和中丝读数 v,然后读取水平度盘读数 β,调节竖盘指标水准管螺旋使气泡居中,读取竖盘读数 L,计算竖直角 α(若为竖盘自动归零装置,打开相应钮即可读取竖盘读数)。

⑥根据以上测量记录计算水平距离 D、高差 h 和高程 H。

⑦根据所测得的碎部点,用量角器按极坐标法将碎部点展绘到图纸上。

⑧重复⑤~⑦步,测定并计算其余碎部点,逐点展绘到图纸上,并绘出相应的地物和地貌符号。

5)注意事项

①标尺要立直,尤其防止前后倾斜。

②读取竖盘读数前,应使竖盘指标水准管气泡居中。

③水平距离、高差算至厘米,三角函数的运算应将角度化为十进制。

④地形点间距 15 m;最大视距,对于地物为 60 m,地貌为 100 m。

6）视距测量记录计算表

观测日期＿＿＿＿＿＿＿＿＿　　仪器型号＿＿＿＿＿＿＿＿＿　　观测者＿＿＿＿＿＿＿＿＿

天　　气＿＿＿＿＿＿＿＿＿　　工程名称＿＿＿＿＿＿＿＿＿　　记录者＿＿＿＿＿＿＿＿＿

测站：　　　　仪器高 i：　　　　　　指标差 x：　　　　　　　测站高程 H_0：

测　点	视距 K/m	水平角 β 。′″	竖盘读数 L 。′″	垂直角 α 。′″	目标高 v /m	水平距离 D /m	高差 h /m	高程 H /m

14.9 点位的放样

1）目的

①练习用一般方法测设水平角、水平距离和高程，以确定点的平面和高程位置。

②测设限差：水平角不大于 ±40″，水平距离的相对误差不大于 1/5 000，高程不大于 ±10 mm。

2）任务

实验安排 2 学时，每组 3 ～ 5 人。每组选择间距为 30 m 的 A，B 两点，在点位上打木桩，桩上钉小钉（如果是水泥地面，可用红色油漆或粉笔在地面上画十字作为点位），以 A，B 两点的连线为测设角度的已知方向线，在附近再布置一个临时水准点，作为测设高程的已知数据。实验结束后，每人上交"点的平面位置测设"、"高程的测设"实验报告一份。

3）仪器工具

设备为每组 DJ₆ 型光学经纬仪、DS₃ 水准仪各 1 台，钢卷尺 1 把，水准尺 1 根，记录板 1 块，斧头 1 把，木桩（红色油漆或粉笔）、小钉、测钎数个。

4)操作步骤

（1）测设水平角和水平距离,以确定点的平面位置(极坐标法) 设欲测设的水平角为β,水平距离为D。在A点安置经纬仪,盘左照准B点,置水平度盘为$0°00'00''$,然后转动照准部,使度盘读数为准确的β角;在此视线方向上,以A点为起点用钢卷尺量取预定的水平距离D(在一个尺段以内),定出一点为P'。盘右,同样测设水平角β和水平距离,再定一点为P'';若P'、P''不重合,取其中点P,并在点位上打木桩、钉小钉(或用红色油漆,或用粉笔在水泥地面上画十字)标出其位置,即为按规定角度和距离测设的点位。最后以点位P为准,检核所测角度和距离,若与规定的β和D之差在限差内,则符合要求。测设数据:假设控制边AB起点A的坐标为$X_A=56.56$ m,$Y_A=70.65$ m,控制边方位角$\alpha_{AB}=90°$,已知建筑物轴线上点P_1、P_2设计坐标为:$X_1=71.56$ m,$Y_1=70.65$ m;$X_2=71.56$ m,$Y_2=85.65$ m。

（2）测设高程 设上述P点的设计高程为H_P。视线高$H_I=H_水+a$;计算P点的尺上读数$b=H_I-H_P$,即可在P点木桩上立尺进行前视读数。在P点上立尺时标尺要紧贴木桩侧面,水准仪瞄准标尺时要使其贴着木桩上下移动,当尺上读数正好等于b时,沿尺底在木桩上画横线,即为设计高程的位置。在设计高程位置和水准点立尺,再前后视观测,以作检核。测设数据:假设$H_水=50.000$ m,点P_1、P_2的设计高程为$H_{P_1}=50.550$ m,$H_{P_2}=49.850$ m。

5)注意事项

①做好测设前的准备工作,正确计算测设数据。

②测设水平角时,注意对中整平,精确对准起始方向调$0°00'00''$,然后转动照准部旋转至β值附近制动水平螺旋,再缓缓旋转水平微动螺旋直至β精确值。

③量距时,注意钢尺的刻划注记规律,搞清零点位置。

④确定点的平面位置既要注意测设水平角的方向,又要注意量距精确,否则都将直接影响点的平面位置。

⑤钢尺性脆易折断,防止打结、扭曲、拖拉,并严禁车碾、人踏,以免损坏,用毕擦净。

6)点的平面位置测设表格

观测日期_____ 仪器型号_____ 观测者_____

天 气_____ 工程名称_____ 记录者_____

已知点坐标			待测设点坐标			测设数据				
点名	x/m	y/m	点名	x/m	y/m	边名	水平距离/m	坐标方位角 °′″	角名	水平角 °′″
检测	设计距离						设计角度			
	实际距离						实际角度			
	相对精度						角度误差			

参考文献

[1] 合肥工业大学等. 测量学[M]. 北京:中国建筑工业出版社,1995.

[2] 刘绍堂. 建筑工程测量[M]. 郑州:郑州大学出版社,2006.

[3] 岳建平,陈伟清. 土木工程测量[M]. 武汉:武汉理工大学出版社,2006.

[4] 冯晓,吴斌. 现代工程测量仪器应用手册[M]. 北京:人民交通出版社,2005.

[5] 孔祥元,郭际明,刘宗泉. 大地测量学基础[M]. 武汉:武汉大学出版社,2007.

[6] 武汉测绘科技大学《测量学》编写组. 测量学[M]. 北京:测绘出版社,2000.

[7] 李生平. 建筑工程测量[M]. 武汉:武汉理工大学出版社,2003.

[8] 邹永廉. 土木工程测量[M]. 北京:高等教育出版社,2004.

[9] 周秋生,郭明建. 土木工程测量[M]. 北京:高等教育出版社,2004.

[10] 过静珺. 土木工程测量[M]. 武汉:武汉理工大学出版社,2000.

[11] 王云江. 建筑工程测量(含实习指导)[M]. 北京:中国计划出版社,2008.

[12] 中华人民共和国国家标准. 工程测量规范(GB 50026—2007)[S]. 北京:中国计划出版社,2008.

[13] 中华人民共和国行业标准. 城市测量规范(CJJ 8—99)[S]. 北京:中国建筑工业出版社,1999.

[14] 国家标准局. 1:500、1:1 000、1:2 000 地形图图式[S]. 北京:测绘出版社,1995.